Revit + VR
建筑设计实操实战
思维课堂

优路教育 BIM 教学教研中心　组编

U0178722

机械工业出版社
CHINA MACHINE PRESS

本书系统全面地讲解了如何使用 Revit 开展建筑设计的整个流程，针对应用广泛的虚拟现实技术，本书专门介绍了创建建筑虚拟现实的方法。

本书共有 17 章。第 1 章为基础部分，帮助新用户入门，讲解 Revit Architecture 的特点，软件工作界面的组成构件，以及构件的应用方法，最后介绍一些基础操作。第 2 ~ 11 章为进阶部分，主要介绍在 Revit 中创建图元的方法，包括标高轴网、墙柱、门窗、屋顶、楼梯与房间对象面积等。第 12 ~ 15 章为高手部分，主要介绍如何借助外部文件辅助建模，以及设置模型在视图中显示样式的方法。掌握族的相关知识，对建模的帮助很大。第 16 章为实例部分，以创建公共建筑模型为例，综合前面章节所学习的知识，向用户演练创建模型的方法。第 17 章为漫游部分，结合 Revit + Live，为用户展现在虚拟场景中感受设计效果的方法。

本书定位于 Revit 初、中级用户，可作为广大 Revit 初学者和爱好者学习 Revit 的专业指导教材。对广大专业技术人员来说也是一本不可多得的参考手册。

图书在版编目（CIP）数据

Revit + VR 建筑设计实操实战思维课堂/优路教育 BIM 教学教研中心组编 . —北京：机械工业出版社，2021.9
ISBN 978-7-111-68897-6

Ⅰ.①R… Ⅱ.①优… Ⅲ.①建筑设计 – 计算机辅助设计 – 应用软件 Ⅳ.①TU201.4

中国版本图书馆 CIP 数据核字（2021）第 160221 号

机械工业出版社（北京市百万庄大街 22 号　邮政编码 100037）
策划编辑：刘志刚　责任编辑：何文军　刘志刚
责任校对：刘时光　封面设计：张　静
责任印制：郜　敏
三河市宏达印刷有限公司印刷
2021 年 9 月第 1 版第 1 次印刷
184mm × 260mm · 28 印张 · 746 千字
标准书号：ISBN 978-7-111-68897-6
定价：119.00 元

电话服务　　　　　　　　网络服务
客服电话：010-88361066　机 工 官 网：www.cmpbook.com
　　　　　010-88379833　机 工 官 博：weibo.com/cmp1952
　　　　　010-68326294　金 书 网：www.golden-book.com
封底无防伪标均为盗版　机工教育服务网：www.cmpedu.com

Revit 是 Autodesk 公司推出的一个建筑信息模型构建软件。Revit 提供支持建筑设计、MEP 工程设计和结构工程的工具，并具有互操作性增强、IFC 支持、参数化构件、工作共享、Vault 集成等特色。

◆ 编写目的

鉴于 Revit 强大的功能和在建筑设计领域广泛的应用，我们力图编写一本全方位讲解运用 Revit 开展建筑设计的实用教程。以 Revit 命令为脉络，以操作实例为阶梯，使用户逐步掌握使用 Revit 创建建筑项目的基本技能和技巧。

虚拟现实的应用领域日渐广泛，渗透至各行业。在本书中，以 Live 软件为基础，介绍将 Revit 模型导入至 Live 中的方法。引领用户在 Live 中畅游，感受建筑设计的效果。

◆ 本书内容

本书首先从易到难、由浅及深地介绍了 Revit 软件的基本操作，然后结合实际案例，深入讲解了 Revit 的应用方法和技巧。

在最后一章，以建筑样例为基础，介绍在 Live 中感受虚拟现实的方法。通过此项操作，用户可以提前在自己的建筑设计作品中畅游。

章节	内容安排
第 1 章	帮助新用户入门，讲解 Revit Architecture 的优点，软件工作界面的组成构件，以及构件的应用方法，最后介绍一些基础操作 第 1 章 主要介绍工作界面的组成构件，基本的操作方式，编辑与绘图命令的调用方法
第 2~11 章	主要介绍在 Revit 中创建图元的方法，包括标高轴网、墙柱、门窗等 第 2 章 以创建轴网与标高为重点，穿插实战演练，帮助用户学会轴网和标高的相关知识 第 3 章 以创建墙柱为主要知识点，介绍创建方法及技巧。Revit 中的基本墙体、叠层墙以及幕墙、柱子都需要先设置参数再绘制，所以设置参数的方法为首要重点，其次为创建以及编辑的方法 第 4 章 介绍在墙体上放置门窗的方法。Revit 提供门窗族，但通常不能满足需求。所以在内容介绍上会安排载入族的知识点，帮助用户了解添加门窗类型的方法。此外，放置门窗、设置门窗参数也是重点介绍的内容 第 5 章 介绍创建屋顶、楼板与天花板的方法。Revit 中的屋顶有好几种类型，还可以为屋顶添加必须的构件，介绍了创建屋顶与构件的方法。绘制楼板与天花板的方法大致相同，所以详细介绍绘制楼板方法，简略叙述如何创建天花板 第 6 章 介绍创建楼梯与坡道的方法。Revit 提供多种楼梯类型供用户选择，在本章介绍创建不同类型楼梯的方法。在绘制坡道时，需要先设置参数，因为坡道的样式与参数有直接的联系。着重介绍载入栏杆族、设置栏杆参数

（续）

章节	内容安排
第 2～11 章	第 7 章　介绍创建房间对象以及计算面积的方法。包括创建房间对象、绘制房间分隔线以及标记房间，以及定义面积边界，计算边界内的面积 第 8 章　介绍创建洞口的方法。Revit 可以创建面洞口、竖井洞口以及墙洞口等，以实战的形式介绍创建楼梯井的方法 第 9 章　介绍创建注释的方法。包括尺寸标注，如线性标注、高程点标注，以及文字标注 第 10 章　介绍创建标记的方法。通过添加标记与注释符号，帮助用户表达图元的详细信息。主要介绍载入标记族、放置标记族的操作方法 第 11 章　介绍创建体量模型与场地的方法。包括创建体量模型、载入体量模型，以及创建场地、载入构件和创建子面域等内容
第 12～15 章	主要介绍如何利用借助外部文件辅助建模，以及设置模型在视图中显示样式的方法。掌握族的相关知识，对建模的帮助很大 第 12 章　介绍链接与导入外部文件的方法。链接文件与导入文件是不同的两个知识点，在本章中会为用户具体解释不同之处 第 13 章　介绍工作平面与临时尺寸标注的使用方法。利用工作平面可以帮助用户确定模型的位置。临时尺寸标注是 Revit 的一个利器，在用户绘制或者编辑图元时提供定位。但是在退出命令后标注即消失不见，不影响图元的显示效果 第 14 章　介绍管理视图的方法。用户的绘制、编辑结果都在视图中体现，为了更好地观察视图或者表现模型，需要掌握如何管理视图 第 15 章　介绍族的知识。学会运用族是使用 Revit 创建建筑模型必须掌握的技能。本章介绍的知识点包括选择族样板的方法、族编辑器的使用方法、创建族的方法等
第 16 章	以创建公共建筑模型为例，综合前面章节所学习的知识，向用户演练创建模型的方法
第 17 章	结合 Revit + Live，为用户展现在虚拟场景中感受设计效果的方法

◆ 本书特色

零点起步、轻松入门：本书内容讲解循序渐进、通俗易懂、易于入手，每个重要的知识点都采用实例讲解，用户可以边学边练，通过实际操作理解各种功能的实际应用。

实战演练、逐步精通：安排了行业中大量经典的实例，每个章节都有实例示范来提升用户的实战经验。实例串起多个知识点，提高用户应用水平，快步迈向高手行列。

视频教学、身临其境：附赠资源内容丰富超值，不仅有实例的素材文件和结果文件，还有由专业领域的工程师录制的全程同步语音教学视频。

◆ 配套资源

配套高清语音教学视频。用户可以先通过教学视频学习本书内容，然后对照本书加以实践和练习，以提高学习效率。

◆ 本书作者

本书由优路教育 BIM 教学教研中心组编，具体参加编写和资料整理的有：北京市轨道交通建设管理有限公司赵校伟，以及李沛然、戴京京、黄思乐、李颖、曾雄、朱玉秀、向龙洲、江涛、李杏林、李红萍、赵鑫、李红术、姚义琴、甘蓉晖、李红艺、杨敏、刘雅妮、翟羽茜、李思蕾、林小群、陈云香等。

本书视频课程读者可扫描下面二维码进行学习。PPT 及相关源文件读者可扫描二维码关注"机械工业出版社建筑分社"并回复"REVITVR"得到获取方式。

配套视频课程

教学 PPT + 源文件

由于作者水平有限，书中不足、疏漏之处在所难免。在感谢用户选择本书的同时，也希望用户能够把对本书的意见和建议告诉我们。

编　者

目录
CONTENTS

第1章

Revit Architecture入门

在本章中，首先了解Revit　Architecture的优点及其工作界面的组成，以及一些基本的操作方法。

1.1 认识 Revit Architecture 的优点

与以往的二维设计软件不同，Revit Architecture 同时兼顾了二维与三维设计。在设计绘制二维图形的时候，可以同步生成三维模型，方便设计师观察、推敲设计效果。

1.1.1 与设计师协同工作，提高工作效率

利用 Revit Architecture，可以自动创建设计所需要的"平、立、剖"工程视图，还可以添加必要的标注，例如尺寸标注、文字标注等。为了方便记录图纸信息，还开发了"明细表"工具。通过绘制明细表，能够以表格的形式罗列相关数据，为了解工程的相关信息提供了极大的便利。

利用 Revit Architecture，建筑师可以与其他工程师协同，就设计方案提供决策参考以及建筑性能分析。还可实时获得设计反馈，轻松跟进设计进度。

1.1.2 修改与更新同步，实时查看修改结果

建筑师在设计构思的过程中，可以在三维空间中查看设计细节。无论是异形建筑还是管线综合模型，修改其中任何一处，都可以在整个设计以及文档中自动更新。整个设计团队可以实时获得最新的修改结果。

1.1.3 转变沟通方式，改善工程质量管理

在以往的建筑设计中，往往是由建筑师在初步绘制的工程图纸上为委托方讲解设计意图。委托方在平面图纸上很难理解建筑师想要表达的意思，所以常常造成沟通上的困难。利用 Revit Architecture，设计师能够以逼真的三维效果与委托方沟通，展现设计的可视化。在沟通过程中发现错误可以及时修改，避免因为错误而造成返工的现象。

1.2 Revit Architecture 工作界面

了解 Revit Architecture 工作界面的组成构件及其使用方法，是利用软件开展建筑设计的前提之一。工作界面中包括快速访问工具栏、选项卡以及工具面板等，学会运用这些构件，即可轻松进入下一个学习环节。

1.2.1 启动 Revit Architecture

Revit Architecture 的启动方式常见的有好几种，包括双击软件图标、在程序列表中选择软件名称，以及打开已有的 Revit Architecture 文件等。

◆在计算机中安装 Revit Architecture2019 后，系统自动在桌面创建软件图标，如图 1-1 所示。鼠标置于图标之上双击左键，即可启动软件。

◆选择软件图标，单击鼠标右键，弹出快捷菜单，选择"打开"选项，如图 1-2 所示，启动软件。

◆单击计算机桌面左下角的"开始"

图 1-1 双击软件图标

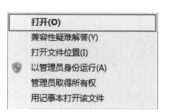

图 1-2 选择"打开"选项

图标，在列表中选择"所有程序"选项，展开"Autodesk"子菜单，选择"Revit2019"选项，如图1-3所示，启动软件。

◆在计算机中打开文件夹，找到已存储的Revit文件。选择文件，单击鼠标右键，在弹出的菜单中选择"打开"选项，如图1-4所示，启动软件。或者双击文件，也可启动软件。

图1-3 选择"Revit 2019"选项

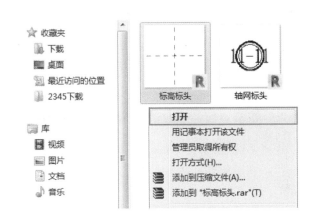

图1-4 选择"打开"选项

1.2.2 【最近使用的文件】页面

启动软件后，默认显示【最近使用的文件】页面，如图1-5所示。在页面中包括很多对于用户来说很有用的信息，包括各种类型的样板、案例项目展示以及学习资源等。

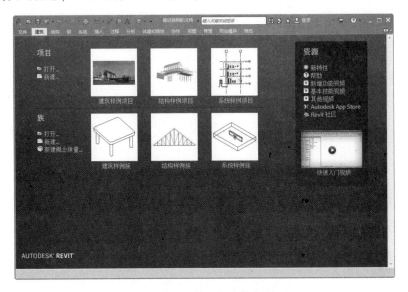

图1-5 【最近使用的文件】界面

左上角的"项目"列表中各选项含义如下所述。

◆单击"打开"按钮，弹出【打开】对话框，打开已存储的Revit文件。

◆单击"新建"按钮，打开【新建项目】对话框，新建项目文件或者项目样板。

"族"列表中各选项含义如下所述。

◆单击"打开"按钮，在【打开】对话框中选择族文件，单击"打开"按钮打开文件。

◆单击"新建"按钮，选择族样板新建文件。

◆单击"新建概念体量"按钮，选择概念体量样板新建文件。

在【最近使用文件】页面的正中央，显示六个样例项目，分别是"建筑样例项目""结构样例项目""系统样例项目"以及"建筑样例族""结构样例族""系统样例族"。

单击图标，打开样例文件。在文件中包括该项目的所有信息，例如"平、立、剖视图""明细表"等。用户通过查阅样例文件，初步了解利用 Revit 创建建筑项目的效果。

在右侧的"资源"列表中，单击按钮了解相应的内容。例如单击"新特性"按钮，打开帮助页面，在其中查看与软件相关的功能介绍。但是必须在连接网络的前提下才可以进入帮助页面。

1.2.3 新手点拨——取消显示【最近使用的文件】页面

视频课程：1.2.3 新手点拨——取消显示【最近使用的文件】页面

（1）在工作界面中选择"文件"选项卡，在列表的左下角单击"选项"按钮，如图 1-6 所示。

（2）打开【选项】对话框，默认选择"常规"选项卡。

（3）选择"用户界面"选项卡，取消选择右侧界面中的"启动时启用'最近使用的文件'页面"选项，如图 1-7 所示。

（4）单击"确定"按钮关闭对话框，结束设置。下一次启动软件就可直接进入工作界面。

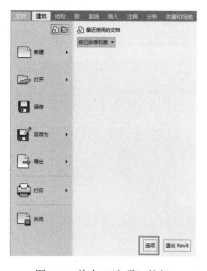

图 1-6　单击"选项"按钮　　　　　图 1-7　【选项】对话框

1.2.4 工作界面

在【最近使用的文件】页面中单击左上角的"新建"按钮，选择创建项目文件，进入工作界面，如图 1-8 所示。工作界面由快速访问工具栏、选项卡以及工具面板等组成，将会在接下来的内容中详细介绍。

1.2.5 快速访问工具栏

快速访问工具栏如图 1-9 所示，位于工作界面的最上方，包含若干命令按钮，例如"新建"命令、"打开"命令以及"保存"命令等。

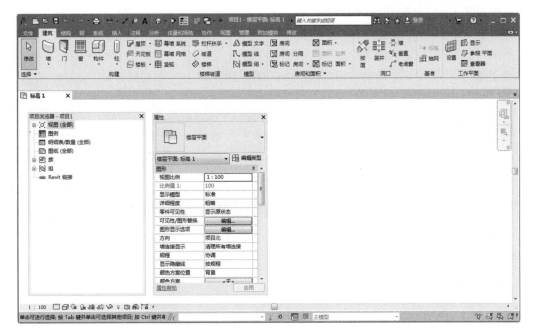

图1-8　工作界面

图1-9　快速访问工具栏

单击工具栏上的命令按钮，即可启用相对应的命令。例如单击"新建"按钮，弹出【新建项目】对话框，选择样板单击"确定"按钮即可新建项目文件。

在工具栏的中间，显示当前项目文件的名称。例如显示"项目1-楼层平面：标高1"，表示当前的项目文件名称为"项目1"，正处在名称为"标高1"的楼层平面图中。

在工具栏的右侧，显示三个控制工作界面窗口大小的按钮，分别是"最小化"、"恢复窗口大小"以及"关闭"。单击按钮，选择控制窗口的显示方式。

在工具栏中单击向下实心箭头，弹出显示命令名称的列表，如图1-10所示。默认情况下每个命令前都显示"√"，表示该命令处于被选中状态，同时显示在工具栏上。

在列表中取消选择命令，关闭命令在工具栏上的显示，如图1-11所示。在列表中仅选择"新建""打开"以及"保存"三个命令，结果是工具栏上仅显示这三个命令按钮。

在列表中选择"自定义快速访问工具栏"选项，打开如图1-12所示的对话

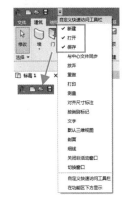

图1-10　弹出列表　　　　图1-11　关闭命令

框。在对话框中选择命令，激活左侧的按钮。单击按钮，可以"上移""下移"命令，或者在命令之间添加分隔符，还可以删除命令。

在对话框中选择"在功能区下方显示快速访问工具栏"，改变快速访问工具栏的位置，使其

移动至功能区下方，如图1-13所示。

图1-12　弹出对话框

图1-13　向下移动快速访问工具栏

新手指点：在如图1-10所示的列表中选择"在功能区下方显示"选项，也可以向下移动快速访问工具栏。

1.2.6　选项卡

在工作界面中包含"文件""建筑""结构"等多个选项卡，如图1-14所示。每个选项卡包含的工具面板都不相同。

文件　建筑　结构　钢　系统　插入　注释　分析　体量和场地　协作　视图　管理　附加模块　修改

图1-14　选项卡

"钢"的选项卡中提供"板""螺栓""焊缝"等工具，方便用户创建钢结构项目。

在选项卡的右侧，单击如图1-15所示的按钮，在列表中选择选项，调整选项卡的显示方式。例如选择"最小化为选项卡"选项，可以隐藏工具面板，仅显示选项卡，增大了绘图区域的面积，如图1-16所示。

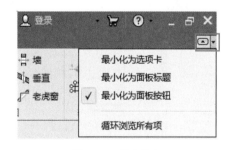

图1-15　单击按钮

图1-16　最小化为选项卡

1.2.7　修改选项卡

激活命令后进入"修改"选项卡，在绘图或者编辑的过程中可以调用选项卡中的命令辅助操作。例如启用"楼梯"命令后，进入"修改 | 创建楼梯"选项卡，如图1-17所示。

在"构件"面板中，提供了创建楼梯的多种方式，包括"直梯""全踏步螺旋"等。在选项栏中设置参数，指定绘制楼梯的方式，例如"梯段：中心"。或者指定绘制起点的位置，例如设置"偏移"选项值。还可以指定"实际梯段宽度"参数，定义梯段的宽度。

图 1-17　修改选项卡

新手指点：每个命令所对应的"修改"选项卡都包含不同的内容，请用户自行去尝试操作。

1.2.8　工具面板

以"建筑"选项卡中的"楼梯坡道"工具面板为例，介绍工具面板的相关知识。在面板中，显示命令按钮及其名称。例如在"楼梯坡道"面板中，显示"栏杆扶手"命令、"坡道"命令、"楼梯"命令及其命令按钮，如图 1-18 所示。

在"栏杆扶手"命令下方显示黑色的实心箭头，单击箭头弹出列表，如图 1-19 所示。在列表中显示"绘制路径"以及"放置在楼梯/坡道上"两个命令，表示创建栏杆扶手有两个方法。选择列表选项，开始创建栏杆扶手。

单击"坡道"按钮或者"楼梯"按钮，直接进入命令，开始绘制图元。

图 1-18　工具面板

图 1-19　向下弹出列表

1.2.9　属性选项板

"属性"选项板默认显示在绘图区域的左侧，如图 1-20 所示。在选项板中显示当前视图的相关信息，例如"视图比例""显示模型"的模式、"详细程度"等。可以直接修改选项值调整视图相关参数，或者单击选项按钮，打开相应的对话框设置参数。

例如单击"图形显示选项"右侧的"编辑"按钮，打开【图形显示选项】对话框，如图 1-21所示。在对话框中设置相关参数，调整图形的显示效果。

图 1-20　"属性"选项板

图 1-21　【图形显示选项】对话框

在执行命令的过程中，"属性"选项板显示与命令相关的信息。执行"楼梯"命令，在"属性"选项板中显示与之相关的各项参数，如"底部标高""底部偏移"等，如图1-22所示。

单击"编辑类型"按钮，打开【类型属性】对话框，如图1-23所示。在对话框中设置梯段的详细参数，包括"最大踢面高度""最小踏板深度"等。

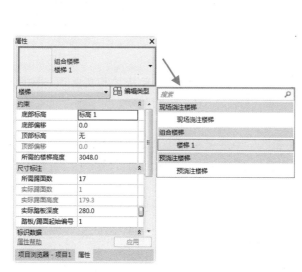

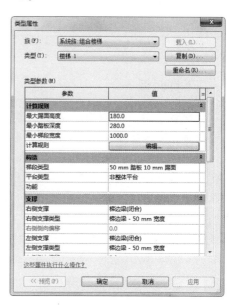

图1-22 显示参数

图1-23 【类型属性】对话框

1.2.10 新手点拨——打开 【属性】 选项板

视频课程：1.2.10 新手点拨——打开【属性】选项板

（1）不执行任何操作，在绘图区域单击鼠标右键，选择菜单中的"属性"选项，如图1-24所示，打开【属性】选项板。

（2）切换至"视图"选项卡，鼠标定位在"窗口"面板中的"用户界面"按钮上。

（3）单击按钮，在列表中选择"属性"选项，如图1-25所示，打开【属性】选项板。

图1-24 选择菜单选项

图1-25 选择列表选项

1.2.11　项目浏览器

在项目浏览器中显示当前项目文件所包含的所有的视图、图例、明细表、图纸以及族、组，如图 1-26 所示。单击展开"视图（全部）"列表，显示视图名称，如图 1-27 所示。

> **新手指点：** 新建项目文件后，系统默认创建楼层平面图，天花板平面图以及"东、西、南、北"立面图。用户可以根据需要再创建视图。

在视图名称上单击右键，弹出如图 1-28 所示的菜单。选择选项编辑视图。例如选择"打开"选项，切换至该视图。选择"复制视图"选项，向右弹出子菜单，用户选择复制视图的方式。选择"删除"选项，删除选中的视图。

展开"族"列表，显示族名称，如"场地""坡道"等，如图 1-29 所示。选择族，按住鼠标左键不放拖曳至绘图区，在指定位置松开鼠标左键放置族。

1.2.12　视图控制栏

激活视图控制栏中的命令按钮，如图 1-30 所示，控制图元在视图中的显示效果。

单击"比例"按钮，在弹出的列表中显示比例值，如图 1-31 所示，选择选项指定当前视图的比例。

选择"自定义"选项，打开【自定义比例】对话框。设置"比率"值，如图 1-32 所示。单击"确定"按钮，重定义视图比例。

单击"详细程度"按钮，在列表中显示三种模式，依次是"粗略""中等""精细"，如图 1-33 所示。"粗略"模式占用系统内存最少，是最常使用的模式。"精细"模式需要花费较长的运算时间，所以一般不用。

单击"视觉样式"按钮，在列表中提供多种样式供用户选用，如图 1-34 所示。"隐藏线"样式是默认的显示样式，仅显示图元的轮廓线，效果如图 1-35 所示。

选择"真实"显示样式，显示图元的真实纹理效果，如图 1-36 所示。因为需要占用较大的系统资源，占用较长的运算时间，所以通常很少用。

图 1-26　项目浏览器　　　图 1-27　视图列表

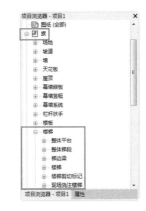

图 1-28　右键菜单　　　图 1-29　族列表

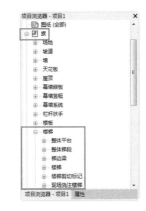

图 1-30　视图控制栏

图 1-31　比例列表

图 1-32 【自定义比例】对话框

图 1-33 详细程度列表

图 1-34 "视觉样式"列表

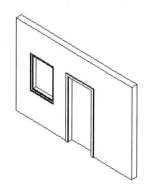

图 1-35 "隐藏线"样式

图 1-36 "真实"样式

单击"日光路径"按钮，在列表中选择"打开日光路径"选项，如图 1-37 所示，在视图中显示日光路径及其角度、方位，如图 1-38 所示。选择"日光设置"选项，打开【日光设置】对话框，设置参数调整日光。

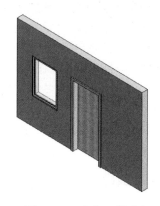

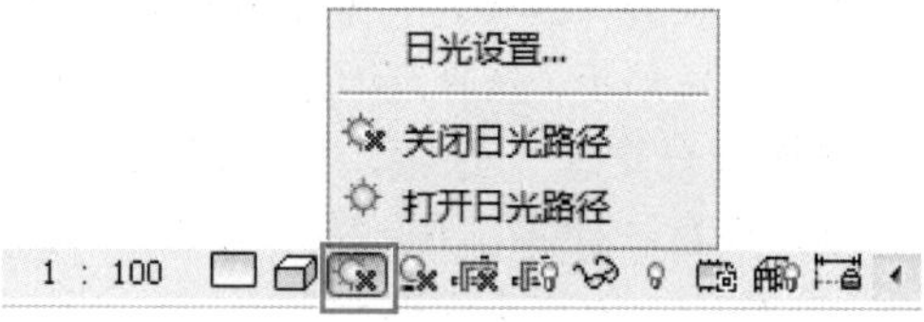

图 1-37 "日光路径"列表

打开阴影，在视图中显示模型在日光下的阴影，效果如图 1-39 所示。值得注意的是，模型的阴影与日光设定参数有关系，受到日光的影响。

切换至"裁剪视图"模式，同时选择"显示裁剪区域"模式，如图 1-40 所示。在视图中显示裁剪区域轮廓线，如图 1-41 所示。选择轮廓线，显示蓝色的实心夹点。激活夹点，移动鼠标调整轮廓线的位置，结果是影响裁剪区域的范围。

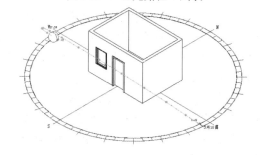

图 1-38 显示日光路径

单击"临时隐藏/隔离"按钮，在列表中选择命令来隔离或者隐藏图元，如图 1-42 所示。选择门图元，执行"隔离类别"命令，进入编辑模式，仅显示选择的门图元，如图 1-43 所示，此时其他图元被隔离隐藏。

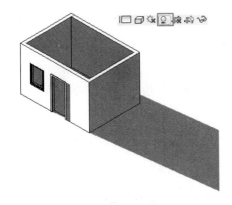

图 1-39　显示阴影

图 1-40　选择"显示裁剪区域"模式

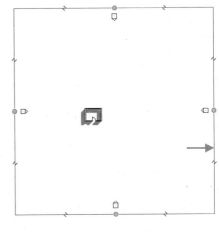

图 1-41　显示裁剪区域

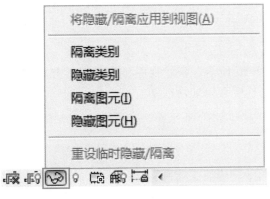

图 1-42　命令菜单

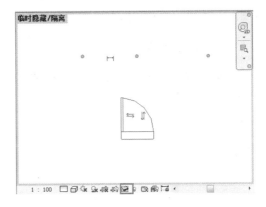

图 1-43　隔离图元

　　同样是选择门图元，在列表中选择"隐藏图元"，进入编辑模式后发现门图元被隐藏，其他图元仍然可见，如图 1-44 所示。

　　单击"显示隐藏的图元"按钮，其他图元显示为灰色，门图元显示为青色，如图 1-45 所示。选择门图元，单击鼠标右键，在列表中选择"取消在视图中隐藏"→"图元"选项，恢复显示图元。

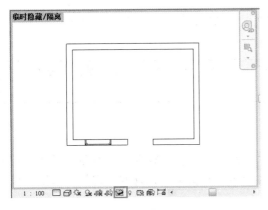

图 1-44　隐藏图元

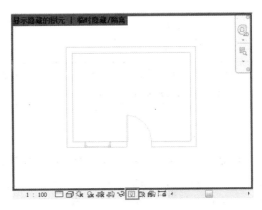

图 1-45　显示图元

1. 2. 13 　状态栏

在没有执行命令，也没有选择任何图元的情况下，状态栏显示如图 1-46 所示的提示文字。提醒用户单击鼠标左键可以选择图元，按下 < Tab > 键并单击可以选择其他项目等信息。

以执行"楼梯"命令为例，介绍状态栏提示文字的变化。启用"楼梯"命令后，在状态栏提示"就绪"，如图 1-47 所示，表示正在激活命令。

单击可进行选择; 按 Tab 键并单击可选择其他项目; 按 Ctrl 键并单击可将

图 1-46　提示文字

就绪

图 1-47　显示"就绪"提示

稍后，状态栏提示"单击输入梯段的起点。"，如图 1-48 所示，提醒用户在绘图区域单击鼠标左键指定起点绘制梯段。指定起点后，状态栏提示发生变化，显示为"输入梯段的终点。"，如图 1-49 所示，提醒用户指定梯段的终点。

绘制完毕梯段后，只要还在绘制状态，状态栏会再次显示上述内容，直至退出命令为止。

单击输入梯段的起点。

图 1-48　提示指定起点

输入梯段的终点。

图 1-49　提示指定终点

1. 2. 14 　文件标签

在绘图区域的左上角显示文件标签，如图 1-50 所示。新建视图，在已有标签的右侧新增标签，显示视图名称，如图 1-51 所示，单击标签可以切换视图。

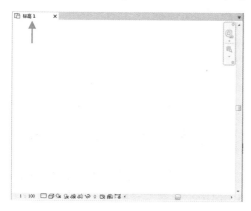

图 1-50　文件标签

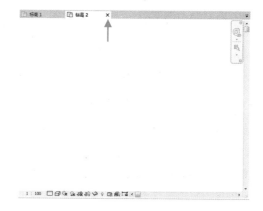

图 1-51　新增标签

单击绘图区域右上角的向下黑色箭头，在列表中显示当前视图的名称，如图 1-52 所示。选择选项，切换至指定的视图。

> 新手指点：在快速访问工具栏上单击"切换窗口"按钮，在列表中选择视图，如图 1-53 所示，同样可以切换至指定的视图。

1. 2. 15 　绘图区域

启动软件，进入工作界面，白色的矩形区域为绘图区，如图 1-54 所示。默认情况下，绘图区域空无一物。执行命令，绘制过程在绘图区域中体现。例如绘制墙体时，在绘图区域中显示墙体的位置、尺寸，如图 1-55 所示。

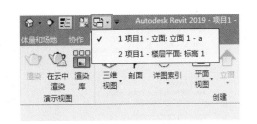

图 1-52 显示视图列表　　　　　　　　　图 1-53 选择视图

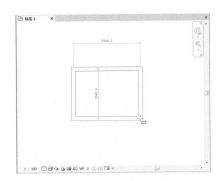

图 1-54 绘图区域　　　　　　　　　图 1-55 显示绘制过程

Revit 在创建二维图元的时候，可以同步生成图元的三维样式。墙体绘制完毕，在平面视图中观察二维效果，如图 1-56 所示。转换至三维视图，观察墙体的三维效果如图 1-57 所示。

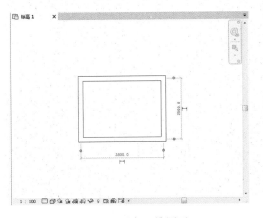

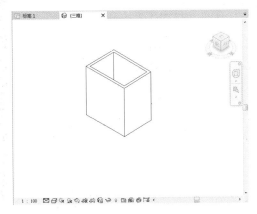

图 1-56 观察二维图元　　　　　　　　　图 1-57 观察三维图元

1.2.16　新手点拨——编辑绘图区域的颜色

视频课程：1.2.16 新手点拨——编辑绘图域的颜色

（1）选择"文件"选项卡，在列表中单击"选项"按钮，打开【选项】对话框。

（2）选择"图形"选项卡，单击右侧界面"颜色"选项组下的"背景"按钮，如图 1-58 所示。

（3）打开【颜色】对话框，选择颜色，如图 1-59 所示。

图 1-58 单击"背景"按钮

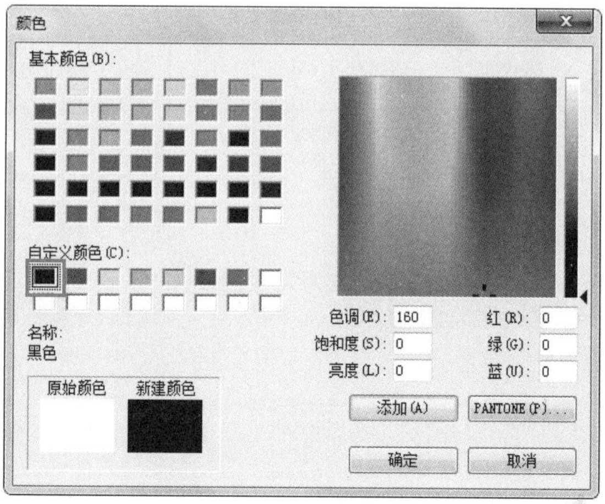

图 1-59 选择颜色

> 新手指点：用户可以在【颜色】对话框中选择各种颜色定义绘图区域，本节以黑色为例来讲解。

（4）返回【选项】对话框，在"背景"选项中显示当前颜色为"黑色"，如图 1-60 所示。

（5）返回绘图区域，发现区域背景颜色显示为黑色。图元在区域中显示为白色，如图 1-61 所示。

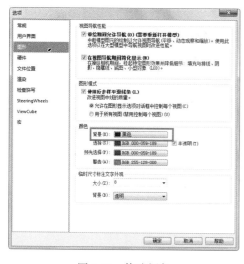

图 1-60 修改颜色

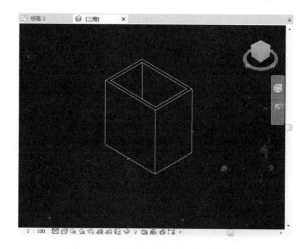

图 1-61 修改区域背景颜色的结果

1.2.17 演示菜单

新用户在学习 Revit 的时候，通过演示菜单可以帮助用户初步了解命令的含义及操作方法。将鼠标置于"楼梯"命令按钮之上，稍等几秒，在按钮的右下角会显示演示菜单，如图 1-62 所示。

在菜单中介绍命令的名称，例如该命令名称为"楼梯"。介绍操作方法，例如"通过创建通用梯段、平台和支座构件，将楼梯添加到建筑模型"。还有注意事项，例如"一个楼梯梯段的踏板数量是基于楼板与楼梯类型属性中定义的最大踢面高度之间的距离来确定的"。

有些命令的演示菜单还会提供绘制示意图。例如在"坡道"命令按钮的演示菜单中，不仅提供了坡道的三维样式，还显示平面坡道的示意图，如图 1-63 所示。

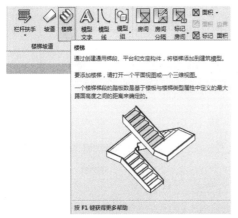

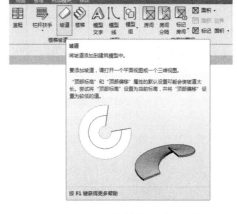

图 1-62　演示菜单　　　　　　图 1-63　显示三维样式和平面示意图

Revit 与 AutoCAD 类似，都可以利用快捷键激活命令。在"房间"命令的演示菜单中，在命令名称后显示快捷键。例如"房间"命令的快捷键是"RM"，如图 1-64 所示。在键盘中输入"RM"，即可进入放置房间对象的模式。

有些命令的演示菜单只提供文字说明，省略了演示图。例如在"模型线"演示菜单中，仅仅介绍命令的名称、快捷键以及使用方法，如图 1-65 所示。

图 1-64　显示快捷键　　　　　　图 1-65　仅显示说明文字

1.3　基本操作

Revit 的基本操作包括新建文件、保存文件，以及利用视图导航和 ViewCube 查看文件，选择与编辑图元等。新用户掌握了这些基本的操作技能，才可以进一步去学习建模的方法。

1.3.1　打开/关闭/新建/保存文件

☞打开文件

单击快速访问工具栏上的"打开"按钮，如图 1-66 所示。弹出【打开】对话框，选择文件，

图 1-66　单击"打开"按钮

单击"打开"按钮，即可在 Revit 中查看文件。

选择"建筑"选项卡，在列表中选择"打开"选项，向右弹出子菜单。在菜单中选择需要打开的文件类型，例如项目、族或者 Revit 文件，如图 1-67 所示。

> 新手指点：按下 < Ctrl + O > 组合键，执行"打开文件"操作。

☞关闭文件

单击快速访问工具栏右侧的"关闭"按钮，如图 1-68 所示，关闭当前文件。选择"文件"选项卡，在列表中选择"关闭"选项，如图 1-69 所示，也可关闭文件。

图 1-67 展开列表

图 1-69 选择"关闭"选项

图 1-68 单击"关闭"按钮

在列表中单击"退出 Revit"按钮，同样可以关闭文件。

执行"关闭"操作，打开【保存文件】对话框，如图 1-70 所示。单击"是"按钮，打开【另存为】对话框，设置文件名及保存路径存储文件。单击"否"按钮，直接关闭文件。单击"取消"按钮，撤销"关闭"操作，则还留在项目文件中。

> 新手指点：按下 < Ctrl + W > 组合键，执行"关闭文件"的操作。

☞新建文件

单击快速访问工具栏上的"新建"按钮，如图 1-71 所示，打开【新建项目】对话框，在"新建"列表下选择"项目"选项，如图1-72所示。单击"确定"按钮，新建项目文件。

稍后打开【未定义度量制】对话框，选择"公制"选项，如图 1-73 所示，指定项目文件的测量单位。

图 1-70 【保存文件】对话框

图 1-71 单击"新建"按钮

图 1-72 【新建项目】对话框

选择"文件"选项卡，在列表中选择"新建"选项，向右弹出子菜单，如图 1-74 所示。在菜单中选择选项，确定新建文件的类型即可。

图 1-73 选择度量制   图 1-74 选择"新建"选项

> 新手指点：按下 <Ctrl + N> 组合键，执行"新建文件"操作。

☞保存文件

单击快速访问工具栏上的"保存"按钮，如图 1-75 所示，执行"保存"操作。或者选择"文件"选项卡，在列表中选择"保存"选项，如图 1-76 所示。

执行上述操作，打开【另存为】对话框。设置文件名以及文件类型，选择存储路径，如图 1-77 所示。单击"保存"按钮，存储文件。

在"文件"选项卡列表中选择"另存为"选项，向右弹出子菜单，如图 1-78 所示。在菜单中选择选项，指定文件的保存类型即可。

图 1-75 单击"保存"按钮

图 1-76 选择"保存"选项

> 新手指点："保存"文件与"另存为"文件的区别："保存"文件后，用户再执行的修改会反映在已保存的文件中。"另存为"文件后，相当于创建一个文件的副本，用户后续执行的任何操作，都不会影响已"另存为"的文件。

图 1-77 【另存为】对话框

图 1-78 子菜单

1.3.2 控制盘

在平面视图中，控制盘位于绘图区域的右上角，如图 1-79 所示。单击"缩放"按钮，在列表中显示缩放视图的方式，包括"区域放大""缩小两倍""缩放匹配"等。在绘图过程中，根据不同的情况选用适用的缩放工具。

单击右下角的箭头，在列表中选择选项，调整控制盘的位置或者透明度。选择"固定位置"选项，在列表中显示当前的位置"右上"，如图 1-80 所示。选择相应选项，移动控制盘至指定的位置。

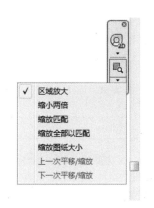

图 1-79 弹出"缩放"列表

图 1-80 "固定位置"列表

在"修改不透明度"列表中，显示当前控制盘的透明度为"50%"，如图 1-81 所示。选择选项，自定义控制盘的不透明度。在"固定位置"列表中选择"右下"，设置不透明度为"100%"，控制盘的显示效果如图 1-82 所示。

图 1-81 "修改不透明度"列表

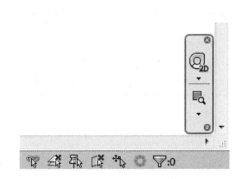

图 1-82 调整效果

在平面视图中单击控制盘按钮，列表中只有"二维控制盘"选项被激活，如图 1-83 所示，表示在该视图中只能使用"二维控制盘"。

在三维视图中，弹出控制盘列表，发现除了"二维控制盘"选项外，其他选项均处于可用状态，如图 1-84 所示。

图 1-83 控制盘列表　　　　　　　　　　　　图 1-84 显示可用选项

　　打开"全导航控制盘"，可以看见在控制盘上集中了多个查看视图的命令，包括"缩放""平移""回放"等，如图 1-85 所示。单击按钮激活命令，调整视图显示效果。

　　打开"查看对象控制盘（基本型）"选项，打开的控制盘包括"中心""缩放""回放"以及"动态观察"四个命令，如图 1-86 所示。激活命令，可以指定中心查看对象，或者缩放对象、回放操作步骤以及在动态下查看对象。

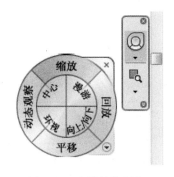

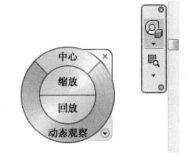

图 1-85 全导航控制盘　　　　　　　　图 1-86 查看对象控制盘

1.3.3 ViewCube

　　只有在三维视图中才能使用 ViewCube 工具。切换至三维视图，ViewCube 显示在绘图区域的右上角，如图 1-87 所示。通过 ViewCube，可以调整视图的角度。

　　将鼠标指针置于 ViewCube 的"上"按钮，则高亮显示按钮，如图 1-88 所示。此时按钮处于选中状态，但是尚未激活。

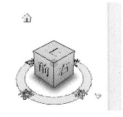

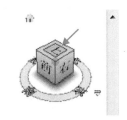

图 1-87 ViewCube　　　图 1-88 选择"上"按钮

　　选中按钮并单击鼠标左键，此时 ViewCube 转动，切换至俯视图。同时 ViewCube 也显示为二维模式，如图 1-89 所示。选择侧面的"前"按钮，如图 1-90 所示。

　　单击激活按钮，ViewCube 随之转动，切换至前视图。同时在二维样式的 ViewCube 中显示"前"，如图 1-91 所示，说明视图的名称。

　　激活 ViewCube 的对角点，如图 1-92 所示，也可以调整视图方向。

　　将鼠标指针置于 ViewCube 的边上，如图 1-93 所示，高亮显示后单击鼠标左键，视图的方向随着 ViewCube 的转动而发生变化。

在 ViewCube 的下方显示一个圆环，此为指南针的示意图，如图 1-94 所示。将鼠标指针置于圆环之上，按住鼠标左键不放拖动鼠标可以转换视图角度。

图 1-89　切换至俯视图

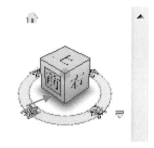
图 1-90　选择"前"按钮

图 1-91　切换至前视图

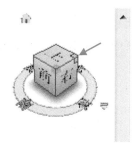
图 1-92　激活对角点

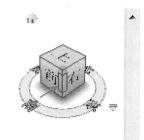
图 1-93　激活 ViewCube 的边

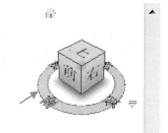
图 1-94　激活指南针

> 新手指点：激活 ViewCube 的面、角点、边调整视图角度后，单击 ViewCube 左上角的"主视图"按钮，撤销转换视图角度的操作，返回主视图。

单击 ViewCube 右下角的"关联菜单"按钮，在弹出的菜单中选择选项继续编辑视图，如图 1-95 所示。例如选择"保存视图"选项，打开【为新的三维视图输入名称】对话框，设置名称后保存视图。在项目浏览器中展开"三维视图"列表，查看已存储的视图。

选择"定向到视图"选项，在子菜单中选择定向视图的类型，包括"楼层平面"与"立面"。还可以在"楼层平面"的基础上再选择视图名称，如图 1-96 所示。选择名称后可切换至指定的视图。

图 1-95　关联菜单

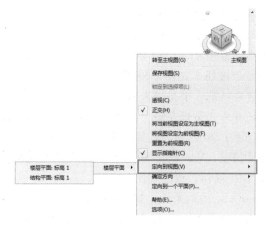
图 1-96　定位到视图

1.3.4 新手点拨——利用 ViewCube 查看图元

效果文件：第 1 章/1.3.4 新手点拨——利用 ViewCube 查看图元.rvt

视频课程：1.3.4 新手点拨——利用 ViewCube 查看图元

（1）在三维视图中单击 ViewCube 上的对角点，如图 1-97 所示。

（2）转换视图角度，查看固定窗的三维效果，如图 1-98 所示。

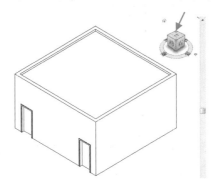
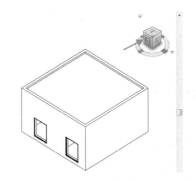

图 1-97　单击对角点　　　　　　　　　图 1-98　单击"后"按钮

（3）在 ViewCube 上单击"后"按钮，转换至后视图，查看固定窗的立面效果，如图 1-99 所示。

（4）将鼠标指针置于 ViewCube 下方的圆环之上，按住鼠标左键不放激活指南针，拖动鼠标转动视图。同时在视图中显示旋转轴心，如图 1-100 所示。

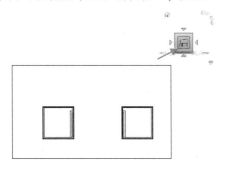
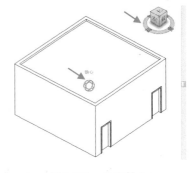

图 1-99　转换至后视图　　　　　　　　图 1-100　显示轴心

> 新手指点：为了方便观察旋转轴心的位置，所以将视图的视觉样式更改为"隐藏线"。

（5）在 ViewCube 上单击"上"按钮，转换至俯视图，查看图元的平面效果，如图 1-101 所示。

（6）单击 ViewCube 左上角的"主视图"按钮，或者在关联菜单中选择"转至主视图"选项，如图 1-102 所示，都可返回主视图。

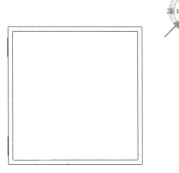

图 1-101　转换至俯视图

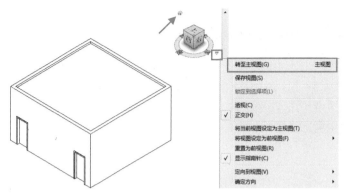

图 1-102　转换至主视图

1.3.5　选择对象

☞指定范围选择对象

第一种选择方式：在图元的左上角点单击指定起点，按住鼠标左键不放向右下角拖动鼠标，绘制实线轮廓，如图 1-103 所示。松开鼠标左键查看选择结果，发现只有全部位于轮廓内的图元才可以被选中，如图 1-104 所示。

适用范围：在需要选择少量图元，或者指定图元的时候，可以利用上述方法。

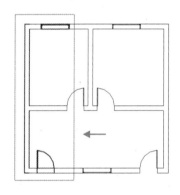

图 1-103　绘制实线轮廓

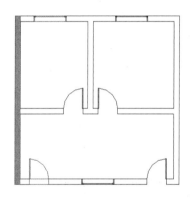

图 1-104　选择结果

第二种选择方式：在待选图元的右下角单击鼠标左键指定起点，按住鼠标左键不放向左上角移动鼠标，绘制虚线轮廓，如图 1-105 所示。松开鼠标左键，发现无论是全部位于轮廓内的图元，还是与轮廓相交的图元均被选中，如图 1-106 所示。

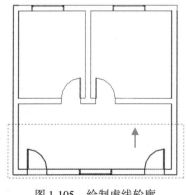

图 1-105　绘制虚线轮廓

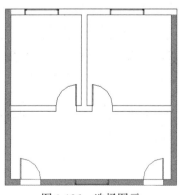

图 1-106　选择图元

适用范围：在需要选择大量图元的情况下选用该方法。例如需要删除某个区域的图元时，可以利用上述方式，即可快速选中多个图元，又可避免误选不必要的图元。

☞利用"过滤器"选择图元

Revit 提供了一个选择图元非常有用的工具，那就是"过滤器"。过滤器比画定范围选择图元更加快速、有效。

选择某个范围内的所有图元，指定一个过滤范围，如图 1-107 所示。此时进入"修改 | 选择多个"选项卡，单击"过滤器"按钮，如图 1-108 所示。

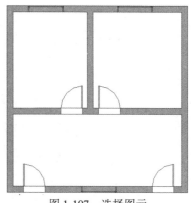

图 1-107　选择图元

打开【过滤器】对话框，显示过滤范围内所有图元的名称，如图 1-109 所示。在图元名称的右侧显示阿拉伯数字，表示该图元在范围内的个数。例如在"门"的右侧显示"4"，表示在范围内有 4 扇门被选中。

图 1-108　单击"过滤器"按钮

单击"选择全部"或者"放弃全部"按钮，可以一次性选择全部的图元或者放弃选择全部的图元。在列表中选择"墙"图元，如图 1-110 所示，放弃选择其他图元。

图 1-109　【过滤器】对话框

图 1-110　选择"墙"选项

单击"确定"按钮，在绘图区域中查看操作结果。此时发现只有墙体被选中，如图 1-111 所示。在"修改 | 选择多个"选项卡中单击"保存"按钮，可以将当前选定的图元另存为图元集，方便日后检索。

同时打开【保存选择】对话框，设置图元集名称，如图 1-112 所示。

存储图元集后，"载入"按钮 被激活，如图1-113所示。单击该按钮，打开【载入过滤器】对话框。选择图元集，如图 1-114 所示，单击"确定"按钮载入至视图。

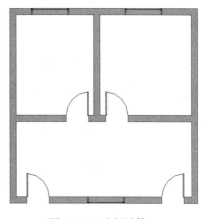

图 1-111　选择墙体

图1-112　输入名称

图1-113　单击"载入"按钮

图1-114　选择图元集

1.3.6　新手点拨——自定义快捷键

视频课程：1.3.6 新手点拨——自定义快捷键

（1）切换至"视图"选项卡，单击"窗口"面板中的"用户界面"按钮，在列表中选择"快捷键"选项，如图1-115所示。

（2）打开【快捷键】对话框，在"快捷方式"列表下显示命令快捷键，如图1-116所示。有些命令后显示为空白，表示该命令尚未指定快捷键。

图1-115　选择"快捷键"选项

图1-116　【快捷键】对话框

（3）在"过滤器"列表中选择"建筑选项卡"，如图1-117所示。

（4）在"指定"列表中显示建筑命令的快捷方式，如图1-118所示。

（5）选择"楼梯"命令，在"按新键"选项中输入"LT"，如图1-119所示，为命令指定快捷键。

（6）单击"指定"按钮，为命令指定的快捷方式结果如图1-120所示。

图 1-117　选择"建筑选项卡"

图 1-118　显示快捷方式

图 1-119　输入快捷键

图 1-120　指定快捷键

（7）将鼠标指针置于"楼梯"命令按钮之上，弹出演示菜单，显示命令的快捷键，如图 1-121 所示。

Revit 允许为不同的命令指定相同的快捷方式。例如"属性"命令的快捷方式为"PP"，用户为"楼梯"命令也赋予"PP"快捷方式时，系统弹出如图 1-122 所示的【快捷方式重复】对话框。

在对话框中提醒用户"PP"快捷方式已被指定给"属性"命令，但是允许用户同时将"PP"也指定为"楼梯"命令的快捷方式。

图 1-121　显示快捷键

图 1-122　【快捷方式重复】对话框

在【快捷键】对话框中查看指定快捷方式的效果。在"楼梯"命令的右侧，显示两个快捷方式，分别是"LT""PP"，如图 1-123 所示。

输入"PP"，在状态栏中首先显示"属性"命令，按下键盘上的 < → > 键，继续显示"楼梯"命令，如图 1-124 所示。此时按下空格键，即可激活"楼梯"命令。

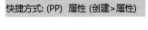

图 1-123　操作结果　　　　　　　　图 1-124　选择命令

1.4　修改命令

在"修改"选项卡中提供了多个修改命令，包括"移动""偏移""镜像"以及"旋转"等。在本节中介绍这些命令的操作方法。后续章节的内容会在实际的案例中介绍修改命令的实际运用方法。

1.4.1　新手点拨——对齐（AL）

素材文件：第 1 章/1.4.1 新手点拨——对齐-素材 .rvt
效果文件：第 1 章/1.4.1 新手点拨——对齐-结果 .rvt
视频课程：1.4.1 新手点拨——对齐

（1）进入"修改"选项卡，单击"修改"面板上的"对齐"按钮，如图 1-125 所示，激活命令。

（2）在选项栏中显示"多重对齐"选项，在"首选"列表中选择参照线，选择"参照墙面"选项，如图 1-126 所示。

图 1-125　单击按钮　　　　　　　　图 1-126　选择"参照墙面"选项

（3）根据状态栏的提示，首先选择要对齐的线或点，这里选择内墙线，如图 1-127 所示。

（4）移动鼠标，选择要对齐的实体，这里选择墙体为要对齐的实体，如图 1-128 所示。

（5）接着墙体向上移动，与最初指定的参照为对齐状态，如图 1-129 所示。

（6）单击"锁定/解锁"图标，锁定对齐效果，如图 1-130 所示。当修改其他模型时，对齐效果不会受到影响。

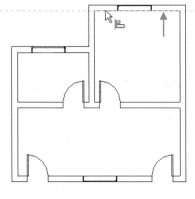

图 1-127　指定对齐参照

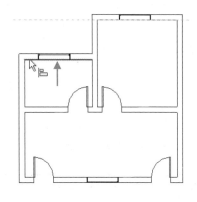

图 1-128　选择墙体

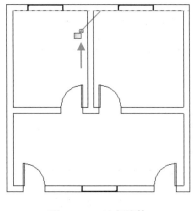

图 1-129　对齐墙体

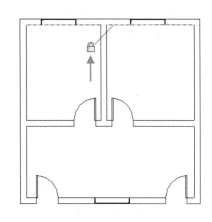

图 1-130　锁定对齐效果

1.4.2　新手点拨——偏移（OFF）

素材文件：第1章/1.4.2新手点拨——偏移-素材.rvt

效果文件：第1章/1.4.2新手点拨——偏移-结果.rvt

视频课程：1.4.2新手点拨——偏移

激活"偏移"命令，可以选择两种方式编辑图元，一种是"数值方式"，另一种是"图形方式"。本节介绍操作方法。

☞数值方式

（1）在"修改"面板上单击"偏移"按钮，在选项栏中显示默认参数，如图1-131所示。

图 1-131　显示默认参数

（2）将鼠标指针置于墙体之上，在右侧显示虚线，表示墙体被偏移后所处的位置，如图1-132所示。

（3）选项栏上显示"偏移"距离为"3000"，同时选择"复制"选项，操作结果如图1-133所示。

☞图形方式

（1）在选项栏中选择"图形方式"选项，更改"偏移"方式，如图1-134所示。

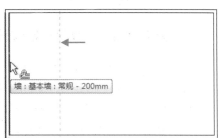

图 1-132　显示蓝色参考线

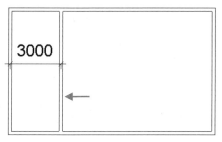

图 1-133　偏移复制墙体

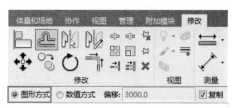

图 1-134　选择选项

新手指点：在选项栏中取消选择"复制"选项，墙体按指定的"偏移"距离移动，不会产生副本。

（2）单击选择水平墙体为偏移对象，如图 1-135 所示。

（3）根据状态栏的提示，指定内墙角为偏移起点，如图 1-136 所示。

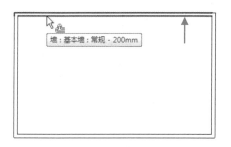

图 1-135　选择墙体

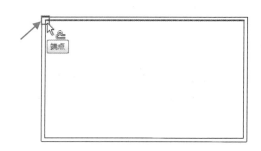

图 1-136　指定起点

（4）向下移动鼠标，参考临时尺寸标注的提示，确定偏移终点，如图 1-137 所示。

（5）松开鼠标左键，按下 < Esc > 键退出命令，操作效果如图 1-138 所示。

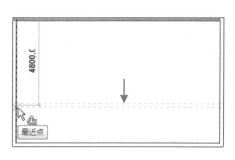

图 1-137　指定终点

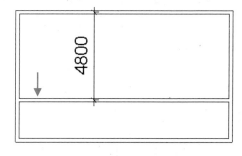

图 1-138　偏移复制墙体

1.4.3　新手点拨——镜像—拾取轴 （MM）

素材文件：第 1 章/1.4.3 新手点拨——镜像-拾取轴-素材 . rvt

效果文件：第 1 章/1.4.3 新手点拨——镜像-拾取轴-结果 . rvt

视频课程：1.4.3 新手点拨——镜像-拾取轴

（1）选择单扇门，单击"修改"面板上的"镜像—拾取轴"按钮，拾取镜像轴，如图 1-139 所示。

（2）在选项栏中选择"复制"选项，在镜像轴的另一侧创建门副本，如图 1-140 所示。

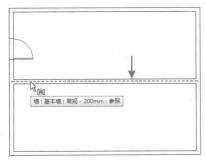

图 1-139　指定镜像轴

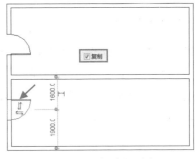

图 1-140　创建门副本

（3）在选项栏中取消选择"复制"选项，单扇门被移动至镜像轴下方，同时翻转方向，结果如图 1-141 所示。

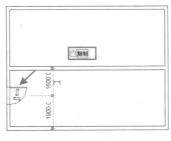

图 1-141　移动门

1.4.4　新手点拨——镜像—绘制轴 （DM）

素材文件：第 1 章/1.4.4 新手点拨——镜像-绘制轴-素材.rvt

效果文件：第 1 章/1.4.4 新手点拨——镜像-绘制轴-结果.rvt

视频课程：1.4.4 新手点拨——镜像-绘制轴

（1）选择平面窗，单击"修改"面板上的"镜像-绘制轴"按钮，在墙体上指定轴的起点，如图 1-142 所示。

（2）向下移动鼠标，指定轴的终点，如图 1-143 所示。

（3）在镜像轴的右侧创建平面窗副本，如图 1-144 所示。

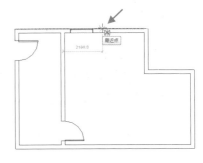

图 1-142　指定起点

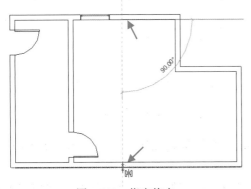

图 1-143　指定终点

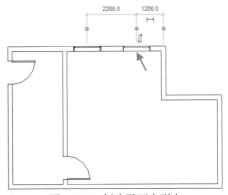

图 1-144　创建平面窗副本

1.4.5 移动 （MV） ✛

选择单扇门，单击"修改"面板中的"移动"按钮✛，在选项栏中选择"约束"选项。单击门口线的右下角为起点，向右移动鼠标，指定终点，如图 1-145 所示。

单击鼠标左键在终点处放置单扇门，移动效果如图 1-146 所示。

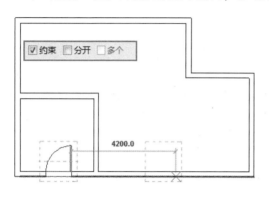

图 1-145　指定起点与终点　　　　　图 1-146　移动单扇门

> 新手指点：选择选项栏中的"约束"选项，可以锁定移动方向，例如将方向规定为水平方向或者垂直方向。

1.4.6 新手点拨——复制 （CO） ✛

素材文件：第 1 章/1.4.6 新手点拨——复制-素材 . rvt

效果文件：第 1 章/1.4.6 新手点拨——复制-结果 . rvt

视频课程：1.4.6 新手点拨——复制

（1）选择门窗和墙体，单击"复制"按钮✛，在选项栏中选择"多个"选项，如图 1-147 所示。

（2）单击内墙角指定起点，向右移动鼠标指定终点，如图 1-148 所示。

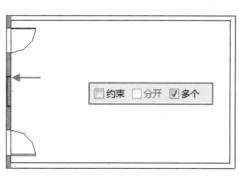
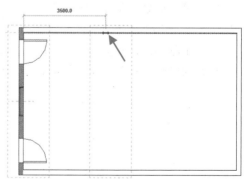

图 1-147　选择图元　　　　　　图 1-148　指定起点与终点

（3）在指定点创建门窗墙体副本。继续向右移动鼠标，指定下一个终点，如图 1-149 所示。

（4）在终点位置单击鼠标左键创建副本，按下 <Esc> 键退出命令，最终效果如图 1-150 所示。

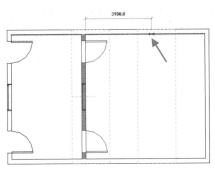

图 1-149　指定终点

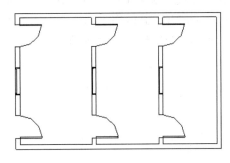

图 1-150　复制结果

新手指点：在选项栏中选择"多个"选项，可以连续创建多个副本。否则，在创建一个副本后命令便结束。

1.4.7　新手点拨——旋转 （RO）

素材文件：第 1 章/1.4.7 新手点拨——旋转-素材 .rvt
效果文件：第 1 章/1.4.7 新手点拨——旋转-结果 .rvt
视频课程：1.4.7 新手点拨——旋转

（1） 选择垂直墙体，单击"修改"面板上的"旋转"按钮，如图 1-151 所示。
（2） 保持旋转中心点的位置不变，向上移动鼠标，单击鼠标左键。在选项栏中输入"角度"值，如图 1-152 所示。

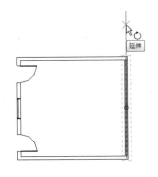

图 1-151　选择墙体

图 1-152　输入角度值

（3） 按下回车键，旋转 45°墙体的效果如图 1-153 所示。

进入"旋转"模式后，将鼠标置于中心点之上，按住鼠标左键拖曳鼠标，在合适位置松开鼠标左键即可移动中心点。如图 1-154 所示为将原本位于墙体中点的旋转中心点向下移动的结果。

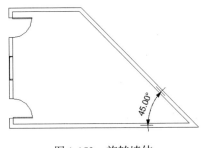

图 1-153　旋转墙体

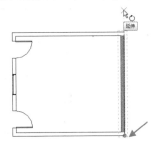

图 1-154　移动旋转中心

　　除了在"角度"选项中指定参数值之外，用户还可以通过移动鼠标指定角度。向左或者向右移动鼠标，同时显示临时角度标注，以告诉用户当前鼠标指针所在的位置与旋转中心所成夹角的大小，如图1-155与图1-156所示。

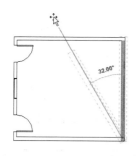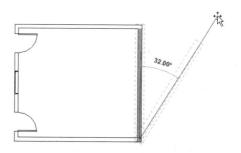

图1-155　向左移动鼠标指定角度　　　　图1-156　向右移动鼠标指定角度

1.4.8　新手点拨——修剪/延伸为角　（TR）

　　素材文件：第1章/1.4.8新手点拨——修剪/延伸为角-素材.rvt
　　效果文件：第1章/1.4.8新手点拨——修剪/延伸为角-结果.rvt
　　视频课程：1.4.8新手点拨——修剪/延伸为角

☞修剪

　　（1）选择第一段墙体，如图1-157所示，单击"修改"面板上的"修剪/延伸为角"按钮。

　　（2）移动鼠标，指定要保留的墙体，如图1-158所示。

　　（3）修剪墙体的结果如图1-159所示。

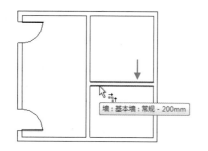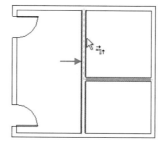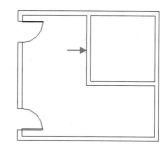

图1-157　选择第一段墙体　　　图1-158　选择要保留的墙体　　　图1-159　修剪墙体

☞延伸

　　（1）选择要延伸的墙体，如图1-160所示。单击"修剪/延伸为角"按钮，激活命令。

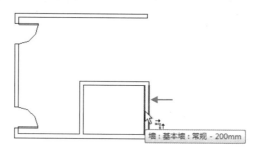

图1-160　选择第一段墙体

（2）向上移动鼠标，指定第二段墙体，如图 1-161 所示。

（3）第一段墙体向上延伸与第二段墙体相接的效果如图 1-162 所示。

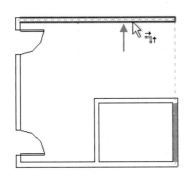
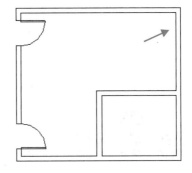

图 1-161　选择第二段墙体　　　　　　　图 1-162　延伸墙体

第 2 章

轴网与标高

在Revit中创建轴网，帮助用户定位图元在平面视图中的位置。为了定义图元在立面方向上的高度，需要创建标高。本章将介绍如何创建与编辑轴网和标高。

从本章开始，以一个建筑项目为例贯穿全书，讲解命令的用法以及建模的技巧。

2.1 　轴网

在平面视图中才可以激活"轴网"命令按钮，接着在绘图区域中指定轴网的起点与终点来绘制轴网。在默认情况下，轴网没有显示标头。如果要添加标头，必须先载入标头族。

2.1.1 　创建轴网

☞直线轴网

选择"建筑"选项卡，在"基准"面板上单击"轴网"按钮，如图 2-1 所示。在【属性】选项板中显示轴网的名称，如图 2-2 所示。

图 2-1 　单击"轴网"按钮　　　　　　图 2-2 　【属性】选项板

进入"修改 | 放置轴网"选项卡，在"绘制"面板上单击"线"按钮，如图 2-3 所示，指定绘制方式。

图 2-3 　指定绘制方式

在绘图区域中单击鼠标左键指定起点，向上移动鼠标指针指定终点，如图 2-4 所示。按下 < Esc > 键退出命令，绘制垂直轴网的效果如图 2-5 所示。

新手问答

问：如何绘制水平轴网？

答：方法与绘制垂直轴网相同。指定轴线的起点后，在水平方向上移动鼠标指针，然后单击鼠标左键指定终点，即可绘制水平轴网。

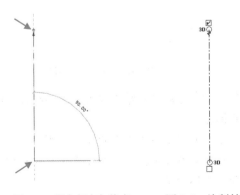

图 2-4 　指定起点与终点　　图 2-5 　绘制结果

☞弧线轴网

在"绘制"面板上单击"起点—终点—半径弧"按钮，如图 2-6 所示，选择绘制方式。在绘图区域中指定起点，向右移动鼠标指针，单击鼠标左键指定终点。向上移动鼠标指针，单击鼠标左键指定中间点，如图 2-7 所示，此时可以预览绘制效果。

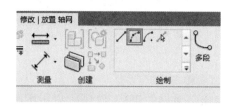

图 2-6　单击"起点—终点—半径弧"按钮　　　图 2-7　指定点

绘制弧线轴网的结果如图 2-8 所示。在"绘制"面板上单击"圆心-端点弧"按钮，如图 2-9 所示，更改绘制方式。

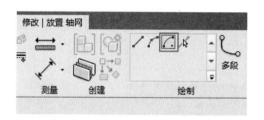

图 2-8　绘制结果　　　　　　　图 2-9　单击"圆心-端点弧"按钮

在绘图区域中指定圆心，向上移动鼠标指针，单击鼠标左键指定半径的大小，如图 2-10 所示。接着向左下角移动鼠标指针，单击鼠标左键指定轴网的终点，如图 2-11 所示。

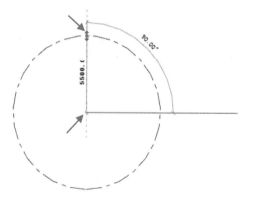

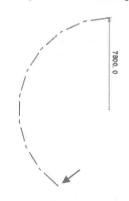

图 2-10　指定起点与半径　　　　　　图 2-11　指定终点

执行上述操作后结束绘制弧线轴网的操作，结果如图 2-12 所示。

新手问答

问：指定弧线轴网的半径的方法有哪些？

答：在指定半径时，可以参考临时尺寸标注，也可以直接输入参数并按下回车键确定半径大小，如图 2-13 所示。

☞拾取线创建轴网

在"绘制"面板上单击"拾取线"按钮，输入"偏移"参数，如图 2-14 所示。

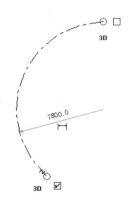

图 2-12 绘制结果

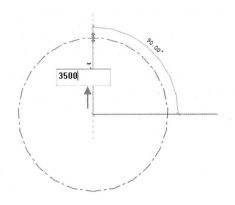

图 2-13 输入参数值

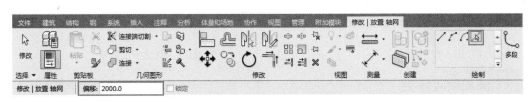

图 2-14 设置"偏移"参数

在绘图区域中选择模型线，在其右侧显示蓝色的虚线，如图 2-15 所示。单击鼠标左键，即可在距离模型线 2000mm 的位置上创建轴线，结果如图 2-16 所示。

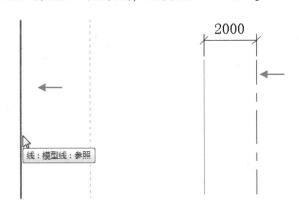

图 2-15 选择模型线   图 2-16 创建轴线

☞多段网格

在"绘制"面板上单击"多段"按钮，如图 2-17 所示，选择绘制方式。进入"修改 | 编辑草图"选项卡，指定绘制方式为"线"，如图 2-18 所示。

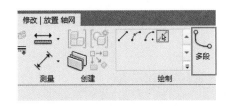

图 2-17 单击"多段"按钮

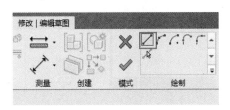

图 2-18 选择绘制方式

在绘图区域中指定轴网的起点、下一点以及终点，如图2-19所示。单击"完成编辑模式"按钮退出命令，创建多段网格的结果如图2-20所示。

多段网格与直线轴网、弧线轴网不同。多段网格可以指定多个线段的起点与终点，最终创建链线段，常常用作分段轴线，方便用户放置柱子。

但是在绘制直线轴网或弧线轴网的过程中，只能指定起点与终点确定轴网的位置，常常用作墙体、门窗的定位线。

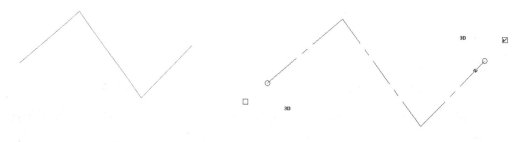

图2-19　指定点　　　　　　　　　图2-20　创建多段网格

2.1.2　添加轴网标头

用户可以使用Revit提供的轴网标头，也可以载入外部标头族。

☞载入标头族

选择"插入"选项卡，单击"从库中载入"面板中的"载入族"按钮，如图2-21所示。

图2-21　单击"载入族"按钮

打开【载入族】对话框，选择"轴网标头"，如图2-22所示。单击"打开"按钮，将标头载入至项目文件中。

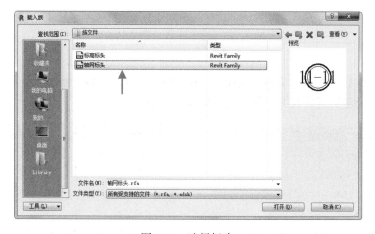

图2-22　选择标头

新手问答

问：从哪里获取轴网标头族？

答：最简单快捷的方法就是在网络上搜索并下载 Revit 的轴网标头族。此外，用户还可以在族编辑器中创建轴网标头，再载入项目文件使用。

☞添加标头

选择轴网，单击"属性"选项板中的"编辑类型"按钮，如图 2-23 所示，打开【类型属性】对话框。"符号"选项的默认值是"＜无＞"，表示选中的轴网没有标头。

载入标头族后，在"符号"列表中显示族名称。选择标头，如图 2-24 所示，同时选择"平面视图轴号端点 1（默认）"选项与"平面视图轴号端点 2（默认）"选项。

单击"确定"按钮，在绘图区域中查看为轴网添加标头的结果，如图 2-25 所示。

图 2-23　单击"编辑类型"按钮

图 2-24　【类型属性】对话框

图 2-25　添加标头

新手问答

问：已经在【类型属性】对话框中的"符号"选项中指定了标头的格式，为何绘图区域中的轴网仍然没有显示标头？

答：必须在【类型属性】对话框中选择"平面视图轴号端点 1（默认）"选项与"平面视图轴号端点 2（默认）"选项。否则，即使已经添加了轴网标头，仍然不会在项目中显示。

2.1.3　编辑轴网

☞修改编号值

选择轴网，单击标头内的编号，进入编辑模式。输入新编号，如图 2-26 所示。按下回车键确认修改，结果如图 2-27 所示。

或者选择轴网，在"属性"选项板中的"名称"选项内输入编号，如图 2-28 所示。单击右下角的"应用"按钮，即可修改编号。

☞设置轴网外观显示效果

选择已添加标头的轴网，在其周围显示控制按钮，如"隐藏/显示编号"按钮、"模型端点"按钮以及"添加弯头"按钮，如图 2-29 所示。

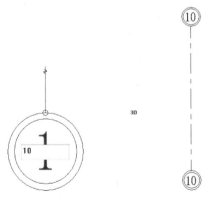

图 2-26　输入编号　　图 2-27　修改编号

取消选择"隐藏/显示编号"选项，标头被隐藏，如图 2-30 所示。但是另一端的标头不会受到影响，仍然以本来的样式显示。

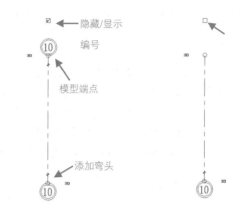

图 2-28 修改选项值　　　　　　图 2-29 显示按钮　　　　　　图 2-30 隐藏标头

选择轴网，将鼠标指针置于"模型端点"之上，按住鼠标左键不放向下拖曳，预览调整标头位置的效果，如图 2-31 所示。

在合适的位置松开鼠标左键，查看移动标头的结果，如图 2-32 所示。单击"添加弯头"按钮，轴网向一侧弯曲，如图 2-33 所示。在标头之间的空隙较小而影响查看时，常常需要添加弯头，增大间隔的空间。

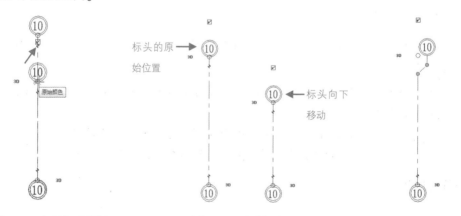

图 2-31 向下拖动鼠标　　　　　　图 2-32 移动标头　　　　　　图 2-33 添加弯头

2.1.4　重命名视图

在项目浏览器中展开"视图（全部）"列表，显示项目文件中的视图种类，例如"结构平面""楼层平面"以及"天花板平面""三维视图"，如图 2-34 所示。

系统默认将视图名称命名为"标高 1""标高 2"等，用户可以使用默认的名称，也可以自定义视图的名称。选择视图名称，单击鼠标右键，在菜单中选择"重命名"选项，如图 2-35 所示。

进入在位编辑模式，输入新名称，如图 2-36 所示。按下回车键，弹出如图 2-37 所示的对话框，询问用户"是否希望重命名相应标高和视图"，单击"是"按钮。

图 2-34　视图列表　　　图 2-35　选择"重命名"选项　　　图 2-36　输入名称

在"视图（全部）"列表下查看修改结果，如图 2-38 所示，此时发现结构平面、楼层平面以及天花板平面的名称已被同时修改。在"属性"选项板中展开"标识数据"选项组，在"视图名称"选项中输入文字，如图 2-39 所示，重定义视图名称。

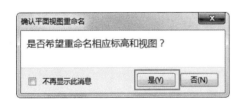

图 2-37　单击"是"按钮　　　图 2-38　重命名视图　　　图 2-39　设置名称

新手问答

问：为什么"三维视图"没有受到修改名称的影响？

答：结构平面、楼层平面以及天花板平面这三种类型的视图属于平面视图，三维视图与之性质不同。对三维视图单独执行"重命名"操作，如图 2-40 所示，操作结果也不会影响平面视图。

图 2-40　重命名三维视图

2.1.5　新手点拨——创建项目轴网

效果文件：第 2 章/2.1.5 新手点拨——创建项目轴网.rvt

视频课程：2.1.5 新手点拨——创建项目轴网

（1）选择"建筑"选项卡，在"基准"面板上单击"轴网"按钮，如图 2-41 所示。

（2）进入"修改 | 放置轴网"选项卡，在"绘制"面板上单击"线"按钮，如图 2-42 所示。

图 2-41　单击"轴网"按钮　　　　　　　图 2-42　"修改 | 放置轴网"选项卡

（3）在"属性"选项板中单击"编辑类型"按钮，如图 2-43 所示。

（4）打开【类型属性】对话框，在"符号"选项中选择轴网标头，并且设置其他选项参数，如图 2-44 所示。

（5）在绘图区域中单击鼠标左键，指定起点，向上移动鼠标指针，单击鼠标左键指定终点，创建 1 号轴线的结果如图 2-45 所示。

（6）向右移动鼠标指针，显示临时尺寸标注，标注鼠标指针位置与 1 号轴线的间距。输入间距，如图 2-46 所示。

　　　　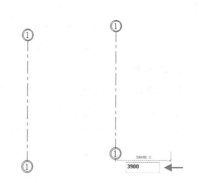

图 2-43　单击"编辑　　　图 2-44　设置参数　　　图 2-45　创建 1 号轴线　　图 2-46　输入间距
　　类型"按钮

（7）按下回车键，创建 2 号轴线，如图 2-47 所示。

（8）选择"修改"选项卡，在"修改"面板上单击"阵列"按钮，如图 2-48 所示。

（9）选择 2 号轴线，如图 2-49 所示。

（10）选择 2 号轴线后按下回车键，进入"修改 | 轴号"选项卡，选择"线性"阵列方式，设置"项目数"为"7"，指定"移动到""第二个"，如图 2-50 所示。

（11）阵列参数设置完毕，按下回车键，即可阵列复制轴线，如图 2-51 所示。

（12）继续执行"轴线"命令，指定间距创建 9 轴、10 轴，如图 2-52 所示。

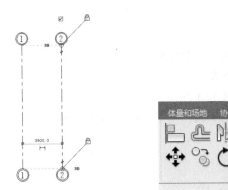

图 2-47　创建 2 号轴线　　　　图 2-48　单击"阵列"按钮　　　　图 2-49　选择轴线

图 2-50　设置参数

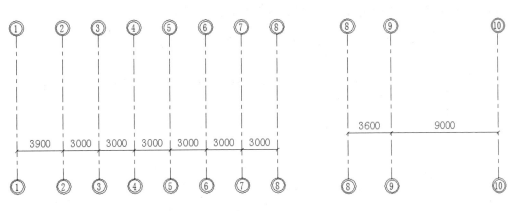

图 2-51　复制轴线　　　　　　　　　图 2-52　创建轴线

（13）在 1 号轴线的左上角点单击鼠标左键，指定起点。向右移动鼠标指针，单击鼠标左键，指定终点，创建 11 号轴线，如图 2-53 所示。

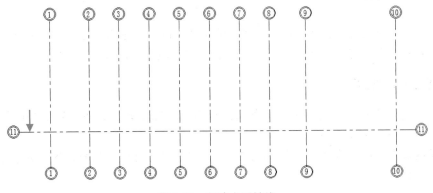

图 2-53　创建水平轴线

新手问答

问：为什么水平轴线的编号不是从 1 开始编排？

答：Revit 按顺序为轴线命名。在 10 号轴线的基础上再创建轴线，系统会自动将新轴线命名为 11。Revit 允许用户重命名轴线，但是不允许重复命名。

（14）双击轴号进入编辑模式，输入轴号 A，如图 2-54 所示。

（15）继续执行"轴线"命令，向上移动鼠标指针，输入间距，如图 2-55 所示。

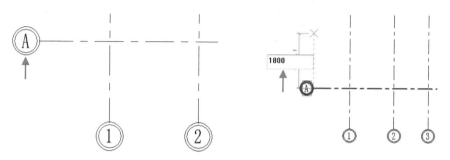

图 2-54　修改轴号　　　　　　　　　　图 2-55　输入间距

（16）在 A 轴的上方创建 B 轴、C 轴，结果如图 2-56 所示。

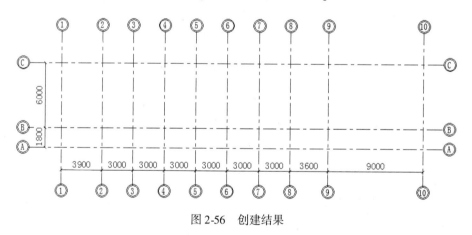

图 2-56　创建结果

2.2　标高

在立面视图中创建标高，帮助用户观察、编辑图元的立面效果。因为项目文件没有包含立面视图，所以在学习创建标高之前，需要先学习创建立面图的方法。

2.2.1　创建立面视图

选择"视图"选项卡，在"创建"面板上单击"立面"按钮，在列表中选择"立面"选项，如图 2-57 所示，激活命令。

在绘图区域中预览立面符号，按下 <Tab> 键，调整立面方向，如图 2-58 所示。接着单击鼠标左键放置立面符号。

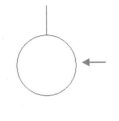

图 2-57　选择"立面"选项　　　　　　图 2-58　放置立面符号

新手问答

问：为何在我的软件界面中"立面"按钮显示为灰色？

答：在执行"立面"命令前，需要确认当前正处在平面视图中，这样才可以激活"立面"命令按钮。

放置立面符号后，在"视图（全部）"列表中新增名称为"立面（立面1）"的选项，在列表中显示新建立面视图的名称为"立面1-a"，如图2-59所示。

双击立面视图名称，转换至立面视图。在"属性"选项板中展开"范围"选项组，选择"裁剪视图"以及"裁剪区域可见"选项，如图2-60所示。

图 2-59　创建立面视图　　　　　图 2-60　选择"裁剪区域可见"选项

在绘图区域右上角的导航栏中单击"缩放"按钮，在列表中选择"缩放全部以匹配"选项，如图2-61所示。缩放视图后，在绘图区域中显示裁剪框以及默认创建的标高线，如图2-62所示。

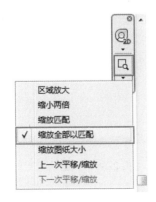

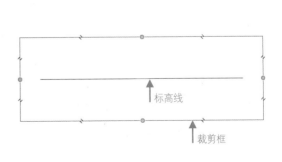

图 2-61　选择"缩放全部以匹配"选项　　　　图 2-62　缩放视图的效果

2.2.2 创建标高

选择"建筑"选项卡,在"基准"面板上单击"标高"按钮,如图2-63所示,激活命令。

新手问答

问:为何在我的软件界面中"标高"按钮显示为灰色?

答:在创建标高之前,需要确认当前正处在立面视图中,只有这样才可以激活"标高"命令按钮。

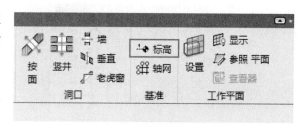

图 2-63 单击"标高"按钮

进入"修改|放置标高"选项卡,指定绘制方式为"线",选择"创建平面视图"选项,如图2-64所示。

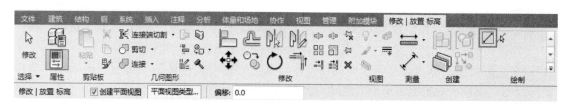

图 2-64 选择"创建平面视图"选项

以默认标高为基准,移动鼠标指针,显示临时尺寸标注,如图2-65所示。移动鼠标指针,尺寸标注会实时发生变化。或者直接输入距离参数,如图2-66所示,可以新建标高的位置。

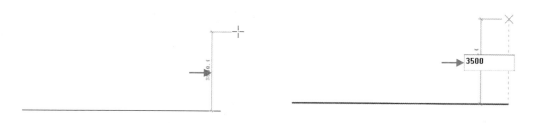

图 2-65 指定起点　　　　　　　　　　　　图 2-66 输入参数

向左移动鼠标,根据蓝色的辅助线确定标高的终点,如图2-67所示。选择新建标高,显示与已有标高的距离以及控制按钮,如图2-68所示。

图 2-67 指定终点

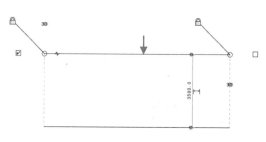

图 2-68 新建标高

2.2.3 添加标高标头

用户可以选择 Revit 提供的标高标头，也可以载入外部标高标头来使用。

执行"载入族"命令，在【载入族】对话框中选择"标高标头"，如图 2-69 所示。单击"打开"按钮，将族载入项目文件。

选择标高，在"属性"选项板上单击"编辑类型"按钮，如图 2-70 所示，打开【类型属性】对话框。

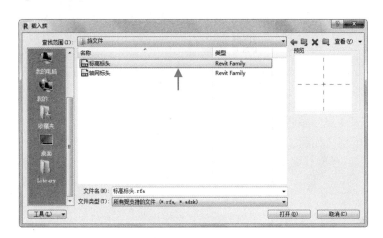

图 2-69 选择标头 　　　　　　　　　图 2-70 单击"编辑类型"按钮

在"符号"列表中选择标头族，同时选择"端点 1 处的默认符号""端点 2 处的默认符号"选项，如图 2-71 所示。单击"确定"按钮，查看添加标高标头的效果，如图 2-72 所示。

图 2-71 选择相应选项 　　　　　　　　图 2-72 添加标头

2.2.4 编辑标高

☞编辑类型属性

在标高的【类型属性】对话框中单击"线宽"选项，在列表中显示线宽代码，如图 2-73 所示。使用数字表示线宽，数字越大，线越粗。

单击"颜色"按钮，打开【颜色】对话框，选择红色，如图 2-74 所示。默认的标高线为黑色，用户可以在对话框中重新选择颜色的种类。

图 2-73　选择线宽

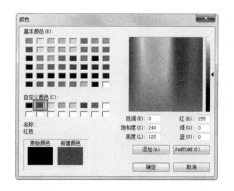

图 2-74　选择颜色

单击"线型图案"选项，在列表中显示多种图案类型，如图 2-75 所示。默认标高线为"实线"类型，用户可在列表中选择线类型，如图 2-76 所示。

图 2-75　选择线型图案

图 2-76　设置参数

单击"确定"按钮关闭对话框，查看修改标高类型属性的效果，如图 2-77 所示。

新手问答

问：明明已经修改了标高线的线宽，为何仍然显示为细线？

答：选择"视图"选项卡，取消选择"细线"按钮，如图 2-78 所示。标高线即以实际的线宽显示。

图 2-77　修改结果

图 2-78　取消选择按钮

☞通过控制按钮编辑标高

选择标高，在周围显示控制按钮，如"锁定/解锁""添加弯头""隐藏/显示编号"等，如

图 2-79 所示。激活按钮，调整标高的显示效果。

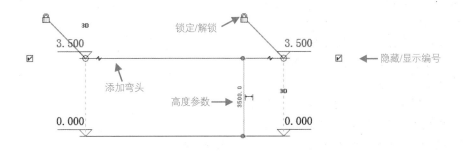

图 2-79　显示按钮

　　取消选择"隐藏/显示编号"选项，标高标头被隐藏，如图 2-80 所示，但另一端的标头不会受到影响。单击"锁定/解锁"按钮，解除标头的锁定状态，如图 2-81 所示。

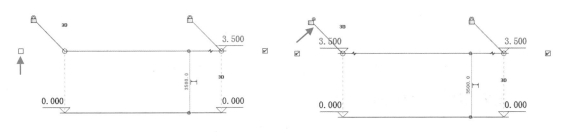

图 2-80　取消选择选项　　　　　　　　　　图 2-81　解锁标头

　　激活标头的"模型端点"按钮，按住鼠标左键不放向左拖曳鼠标指针，此时发现只有选中的标头被编辑，如图 2-82 所示。在合适的位置松开鼠标左键，查看编辑结果，如图 2-83 所示。

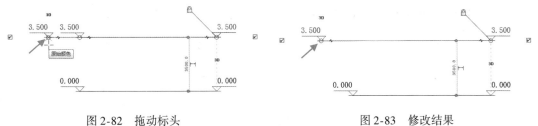

图 2-82　拖动标头　　　　　　　　　　　　图 2-83　修改结果

　　为了说明"锁定"与"解锁"的区别，再来激活锁定标头的"模型端点"。当向右拖曳鼠标指针时，发现没有被选中的标头也受到影响而向右移动，如图 2-84 所示。

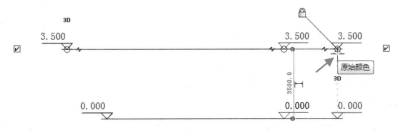

图 2-84　拖动标头

当用户只要编辑某个标高标头时，先解除"锁定"模式，编辑结果不会影响其他标头。

单击"添加弯头"按钮，在标高线上添加弯头，移动标头的位置，如图 2-85 所示。激活弯头上的蓝色圆点，按住鼠标左键不放拖动鼠标，可以调整弯头的位置。

选择高度参数，单击鼠标左键进入编辑模式，输入新参数，如图 2-86 所示。在空白区域单击鼠标左键结束编辑，标高线随之移动，修改结果如图 2-87 所示。

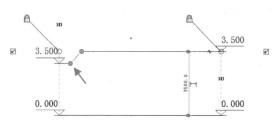

图 2-85　添加弯头

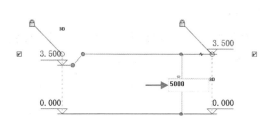

图 2-86　输入参数

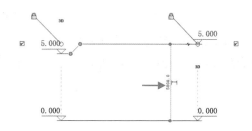

图 2-87　修改结果

2.2.5　新手点拨——创建项目标高

素材文件：第 2 章/2.1.5 新手点拨——创建项目轴网 . rvt

效果文件：第 2 章/2.2.5 新手点拨——创建项目标高 . rvt

视频课程：2.2.5 新手点拨——创建项目标高

（1）选择"视图"选项卡，单击"立面"按钮，在轴网的下方放置立面符号，如图 2-88 所示。

（2）在项目浏览器中展开"立面（立面 1）"列表，重命名立面图，如图 2-89 所示。

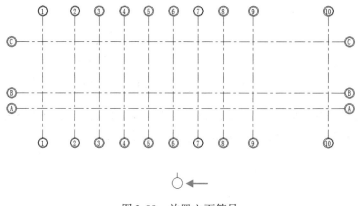

图 2-88　放置立面符号

图 2-89　重命名视图

（3）切换至立面图，选择系统默认创建的标高，在"属性"选项板中修改"名称"为"F1"，如图 2-90 所示。

（4）选择"建筑"选项卡，单击"基准"平面上的"标高"按钮，如图 2-91 所示。

图 2-90 输入名称

图 2-91 单击"标高"按钮

（5）进入"修改｜放置标高"选项卡，在"绘制"面板中单击"线"按钮，如图 2-92 所示。

图 2-92 "修改｜放置标高"选项卡

（6）在"属性"选项板中单击"编辑类型"按钮，如图 2-93 所示。

（7）打开【类型属性】对话框，在"符号"选项中选择标高标头，并且设置各选项参数，如图 2-94 所示。

（8）将鼠标指针置于默认标高的上方，输入间距值，如图 2-95 所示。

（9）按下回车键，指定起点。向左移动鼠标指针，单击鼠标左键指定终点，创建标高如图 2-96 所示。

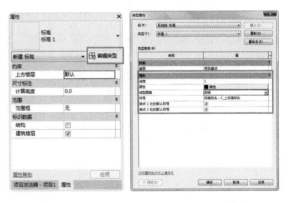

图 2-93 单击"编辑类型"按钮　　图 2-94 设置参数

图 2-95 输入间距

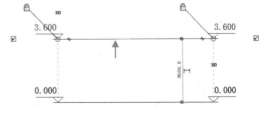

图 2-96 创建标高

（10）选择新创建的标高，可以在"属性"选项板中显示其"名称"为"F2"，如图 2-97 所示。

（11）继续执行"标高"命令，在 F2 的基础再创建标高，如图 2-98 所示。

图 2-97　显示名称

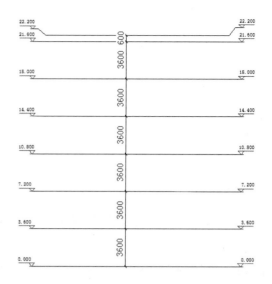

图 2-98　创建标高

新手问答

问：为什么新创建的标高被自动命名为 F2？

答：系统将默认标高的名称设置为"标高 1"，将其更改为"F1"后，按照顺序命名的原则，后续创建的标高会自动以"F2""F3""F4"等来命名。

（12）在项目浏览器中展开"楼层平面"列表，显示与标高相对应的平面图，如图 2-99 所示。

（13）选择"注释"选项卡，在"文字"面板上单击"文字"按钮，如图 2-100 所示。

图 2-99　显示平面图

图 2-100　单击"文字"按钮

（14）进入"修改 | 放置文字"选项卡，保持默认设置不变，如图 2-101 所示。

（15）在"属性"选项板中单击"编辑类型"按钮，如图 2-102 所示。

（16）打开【类型属性】对话框，设置"文字大小"选项值为 5mm，选择"粗体"选项，如图 2-103 所示。

（17）在标高标头的一侧单击鼠标左键，进入在位编辑模式，输入视图名称，如图 2-104 所示。

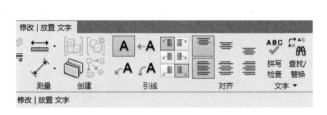

图 2-101 "修改 | 放置文字"选项卡   图 2-102 单击"编辑类型"按钮

图 2-103 设置参数

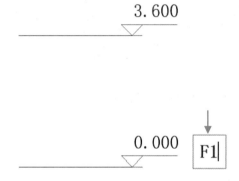

图 2-104 输入文字

（18）在空白位置单击鼠标左键，绘制视图名称的结果如图 2-105 所示。

（19）继续创建注释文字标注视图名称。选择已创建的视图名称，如图 2-106 所示。

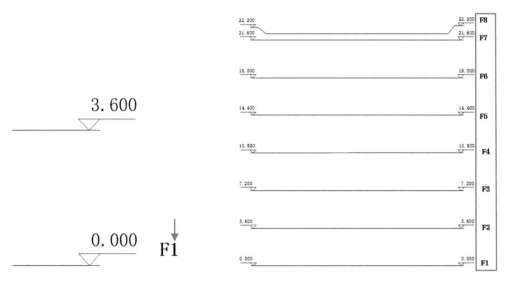

图 2-105 绘制结果   图 2-106 选择文字

（20）进入"修改 | 文字注释"选项卡，单击"修改"面板上的"复制"按钮，如图 2-107 所示。

（21）向左复制视图名称，结果如图 2-108 所示。

图 2-107　单击"复制"按钮

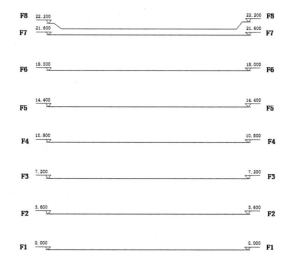

图 2-108　复制注释文字

第 3 章

墙柱

在Revit中创建的墙体，包含一系列属性参数，如高度、宽度、材质等。Revit支持绘制前设置参数，也支持绘制后编辑参数。与创建墙体类似，幕墙、柱子也可以通过修改属性参数达到符合使用要求的状态。

本章依次为读者介绍创建与编辑基本墙体、叠层墙、幕墙以及柱子的方法。

3.1 基本墙

激活"墙体"命令后，在"属性"选项板中可以看到"基本墙"墙体类型。用户在"基本墙"的基础上，通过设置属性参数，可以创建不同尺寸、不同功能以及不同材质的墙体。

3.1.1 设置墙参数

设置墙体参数包括进入【类型属性】对话框、新建结构层、设置材质种类及颜色等步骤，本节逐一介绍操作方法。

☞调用命令

选择"建筑"选项卡，在"构建"面板上单击"墙"按钮，在列表中选择"墙：建筑"命令，如图 3-1 所示。在"属性"选项板中选择"墙 1"，单击"编辑类型"按钮，如图 3-2 所示。

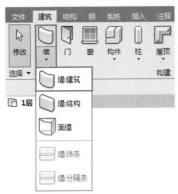

图 3-1 选择"墙：建筑"命令

图 3-2 单击"墙"按钮

☞新建结构层

执行上述操作后，弹出【类型属性】对话框。单击"结构"选项右侧的"编辑"按钮，如图 3-3 所示，进入【编辑部件】对话框。

在【编辑部件】对话框中显示墙体参数，包括族名称、类型以及厚度值等。在"层"表格中，显示"墙 1"默认包含的层，如图 3-4 所示。

图 3-3 单击"编辑"按钮

图 3-4 【编辑部件】对话框

连续单击三次"插入"按钮，在表格中插入三个结构层，默认名称均为"结构 [1]"，如图 3-5 所示。选择新建结构层，激活"向上""向下"按钮，调整结构层在表格中的位置，结果如图 3-6 所示。

单击"功能"单元格，在列表中选择选项，指定结构层的功能。将第 1 行的功能指定为"面层 2 [5]"，第 2 行的功能指定为"衬底 [2]"，第 3 行的功能指定为"面层 2 [5]"，如图 3-7所示。

☞设置外墙材质及颜色

在第 1 行的"材质"单元格中单击矩形按钮，如图 3-8 所示，打开【材质浏览器】对话框。

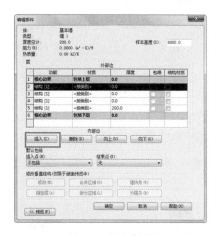

图 3-5　插入新层　　　　　　　　图 3-6　调整位置

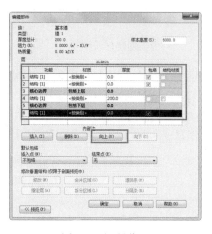

图 3-7　设置功能属性　　　　　　图 3-8　单击"材质"按钮

> 新手指点：先将鼠标指针定位在"材质"单元格中，可以在右侧显示一个矩形按钮。

在"项目材质"列表中选择名称为"默认墙"的材质，单击鼠标右键，在菜单中选择"复制"选项，如图 3-9 所示。将材质副本命名为"外墙"，单击材质列表下方的"资源浏览器"按钮，如图 3-10 所示。

> 新手指点：新建材质副本后，材质名称显示为可编辑状态，此时更改材质名称。假如不小心退出编辑模式，可选择副本后单击鼠标右键，在菜单中选择"重命名"选项。

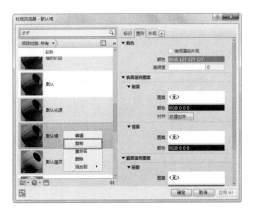

图 3-9　创建材质副本

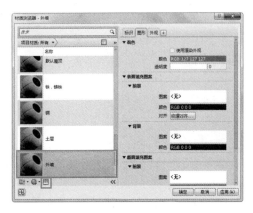

图 3-10　单击"资源浏览器"按钮

在对话框中展开 Autodesk 物理资源列表，选择"灰泥"材质。在右侧的列表中选择"墙纹理—灰泥"材质，单击右侧的矩形按钮，如图 3-11 所示，替换当前材质。

返回【材质浏览器】对话框，查看替换材质的效果。在"外观"选项卡中显示材质球以及材质的相关信息，包括名称、颜色以及反射值等，如图 3-12 所示。

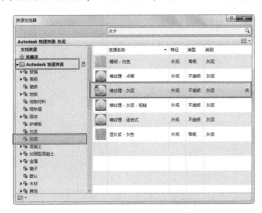

图 3-11　选择材质

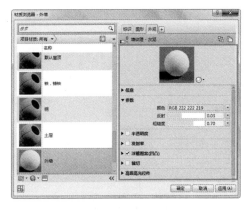

图 3-12　替换材质

选择"图形"选项卡，在"颜色"选项中显示材质的默认颜色。单击色块，如图 3-13 所示，打开【颜色】对话框。设置"红""绿""蓝"颜色值，如图 3-14 所示。

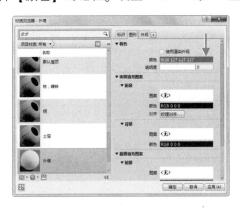

图 3-13　单击相应颜色按钮

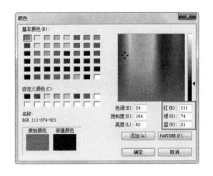

图 3-14　设置参数

关闭【颜色】对话框，查看修改颜色的结果，如图 3-15 所示。返回【编辑部件】对话框，在第 1 行的"材质"单元格中显示材质名称，如图 3-16 所示。

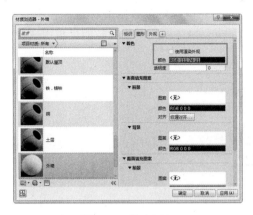
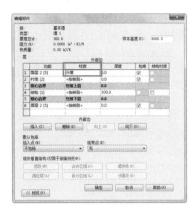

图 3-15　修改颜色　　　　　　　图 3-16　赋予材质的效果

☞设置外墙衬底材质及颜色

　　单击第 2 行"材质"单元格矩形按钮，如图 3-17 所示，打开【材质浏览器】对话框。在材质列表中选择"外墙"材质，创建材质副本并将其重命名为"外墙衬底"，如图 3-18 所示。

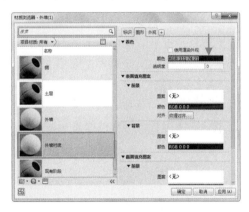

图 3-17　单击"材质"按钮　　　　　　图 3-18　创建材质副本

　　单击"颜色"色块，在【颜色】对话框中设置颜色参数，如图 3-19 所示。将材质的颜色设置为白色，结果如图 3-20 所示。

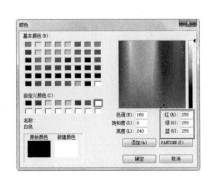
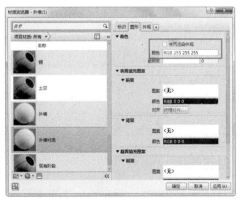

图 3-19　设置颜色　　　　　　　图 3-20　修改颜色

☞结束设置

返回【编辑部件】对话框，在第 2 行的 "材质" 单元格中显示名称为 "外墙衬底"。单击第 3 行 "材质" 单元格右侧的矩形按钮，如图 3-21 所示。在【材质浏览器】对话框中选择 "外墙" 相应材质，如图 3-22 所示。

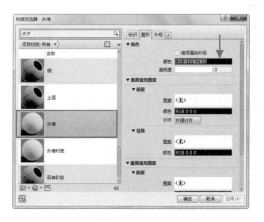

图 3-21　单击矩形按钮　　　　　图 3-22　选择 "外墙" 相应材质

返回【编辑部件】对话框，修改 "厚度" 单元格中的参数。单击左下角的 "预览" 按钮，向左弹出预览窗口，查看墙体结构示意图，如图 3-23 所示。

从上至下，墙体结构层分别为 "面层 2 [5]" "衬底 [2]" "核心边界" "结构 [1]" "核心边界" "面层 2 [5]"。

返回【类型属性】对话框，在 "厚度" 选项中显示参数值，如图 3-24 所示，表示当前墙体的厚度。这个参数值由各结构层的厚度相加得到，只能在【编辑部件】对话框中修改。

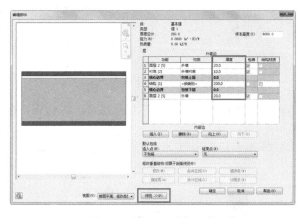

图 3-23　设置 "厚度" 值　　　　　图 3-24　显示参数

新手指点：结构层的 "厚度" 不能为 "0.0"。

3.1.2　创建墙体

进入绘制墙体的模式，用户可以选择不同的绘制方式创建不同的墙体。本节介绍操作方法。

☞绘制直墙

启用 "墙" 命令进入 "修改 | 放置墙" 选项卡，在 "绘制" 面板上单击 "线" 按钮，如

图 3-25 所示，指定绘制方式。在选项栏中设置"高度"值，设置"定位线"为"墙中心线"。选择"链"选项，保持"偏移"值为"0"不变。

图 3-25　单击"线"按钮

> 新手指点：选择"链"选项，可以连续绘制多段墙体。取消选择该项，绘制一段墙体后便退出绘制状态。

在绘图区域中指定起点，移动鼠标，在墙体上方显示临时尺寸标注，用户参考标注确定墙体的长度，如图 3-26 所示。

> 新手指点：也可以在指定墙体下一点时直接输入长度参数，如图 3-27 所示，按下回车键即可创建指定长度的墙体。

图 3-26　指定起点与下一点　　　　　　　　图 3-27　输入参数

因为已选择"链"选项，所以在绘制完毕一段墙体后，系统以该段墙体的终点为起点，继续绘制另一段墙体。向下移动鼠标，指定长度值绘制墙体，如图 3-28 所示。

向左移动鼠标，当鼠标指针与上方墙体的端点对齐时显示一条蓝色的定位线，如图 3-29 所示。用户利用定位线确定墙体的端点，保证墙体与上方墙体平齐。

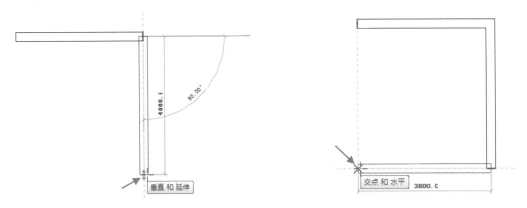

图 3-28　指定下一点　　　　　　　　　　图 3-29　显示定位线

向上移动鼠标，鼠标指针移动至水平墙体的端点，显示该墙体的定位中心线，如图 3-30 所示。单击鼠标左键，结束绘制墙体。按下 < Esc > 键，退出命令，绘制结果如图 3-31 所示。

在"绘制"面板上单击"矩形"按钮，如图 3-32 所示，选择绘制方式。在绘图区域中单击指定起点，向右下角移动鼠标，指定对角点，在过程中显示墙体的参数值，如图 3-33 所示。移动鼠标，参数值实时发生变化。单击鼠标左键指定对角点，结束绘制墙体。

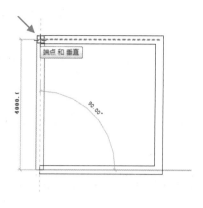

图 3-30　指定点

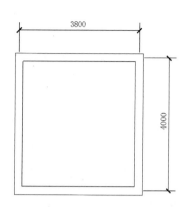

图 3-31　绘制墙体

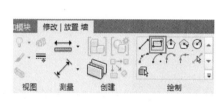

图 3-32　单击"矩形"按钮

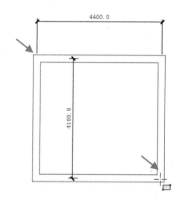

图 3-33　指定起点与对角点

☞ 绘制弧墙

　　在"绘制"面板上单击"起点、终点、半径弧"按钮，如图 3-34 所示，选择绘制方式。在绘图区域中指定起点与终点，通过临时尺寸标注，了解起点与终点的间距以及夹角大小，如图 3-35 所示。

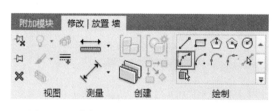

图 3-34　单击"起点、终点、半径弧"按钮

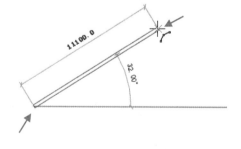

图 3-35　指定起点与终点

　　向左移动鼠标，指定中间点。期间显示临时尺寸标注，提醒用户当前弧墙的弧长以及半径值，如图 3-36 所示。单击鼠标左键指定中间点的位置，按下 < Esc > 键退出命令，绘制弧墙如图 3-37 所示。

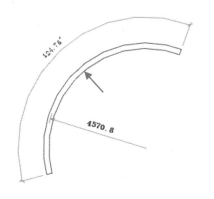

图 3-36　指定中间点

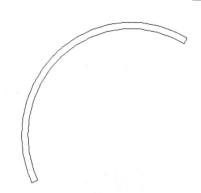

图 3-37　绘制弧墙

☞拾取线生成墙体

　　在"绘制"面板上单击"拾取线"按钮，如图 3-38 所示，选择绘制方式。在绘图区域中拾取模型线，线段高亮显示，如图 3-39 所示。

　　单击线段，在此基础上生成墙体，结果如图 3-40 所示。连续单击其他线段，可以生成相互连接的四段墙体。

图 3-38　单击"拾取线"按钮

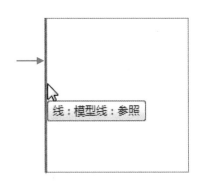

图 3-39　拾取线

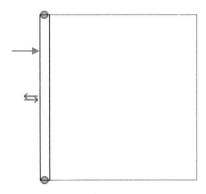

图 3-40　生成墙体

☞拾取面生成墙体

　　首先激活"创建体量"命令，在项目中创建一个体量模型，如图 3-41 所示。在"绘制"面板上单击"拾取面"按钮，如图 3-42 所示，选择绘制方式。

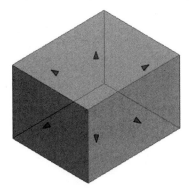

图 3-41　创建体量面

图 3-42　单击"拾取面"按钮

将鼠标指针置于体量面之上，高亮显示面的轮廓边，如图 3-43 所示。同时在鼠标指针的右下角显示体量面的名称。

在面上单击鼠标左键，可在该体量面的基础上生成墙体，结果如图 3-44 所示。墙体的效果尤其属性参数控制。

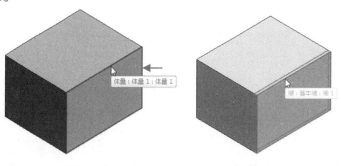

图 3-43　拾取体量面　　　　　图 3-44　生成墙体

> 新手指点：为了更好地体现墙体与体量面的不同，在上述操作中，将视图的"视觉样式"设置为"着色"模式。

☞定位线

默认情况下绘制墙体时选用"墙中心线"为定位方式。也就是说在绘制墙体时，在墙体中间显示蓝色的定位线，以其作为基准去确定墙体的位置，如图 3-45 所示。

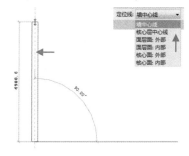

图 3-45　墙体中心线

在选项栏中单击"定位线"选项，在列表中提供多种定位方式。选择"面层面：外部"选项，绘制墙体时以墙体面层外部点为基准显示定位线，如图 3-46 所示。

选择"面层面：内部"选项，以墙体面层内部点为基准显示定位线，如图 3-47 所示。

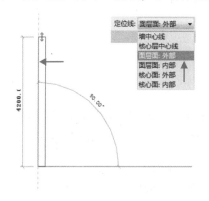

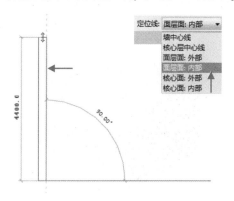

图 3-46　面层面:外部　　　　　图 3-47　面层面:内部

在"定位线"列表中选择"核心面：外部"选项，以墙体核心面外部点为基准显示定位线，如图 3-48 所示。查看示意图可以发现，"核心面：外部"的定位线与面层轮廓线有一定的距离。这是因为在视图的"详细程度"为"粗略"的情况下，墙体的内部结构线一律隐藏，仅显示面层轮廓线。

所以当用户指定"定位线"为"核心面：外部"时，定位线显示的位置也就是核心结构层轮廓线所在的位置，只不过核心结构层的轮廓线已经被隐藏了。

选择定位线为"核心面：内部"时，定位线显示在墙体核心面内部点的位置，如图 3-49 所示。

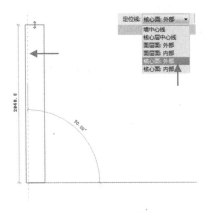

图 3-48 核心面：外部

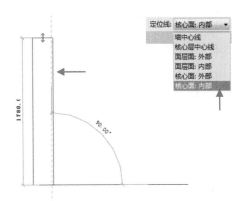

图 3-49 核心面：内部

3.1.3 修改墙体

选择墙体，可以在"属性"选项板、【类型属性】对话框中修改参数，调整墙体的显示效果，本节介绍修改方法。

在绘图区域中选择墙体，如图 3-50 所示。此时在"属性"选项板中显示墙体参数，包括"定位线""底部约束"以及"底部偏移"等，如图 3-51 所示。

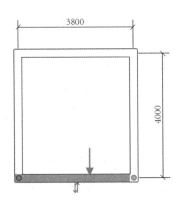

图 3-50 选择墙体

图 3-51 显示墙体参数

单击"定位线"选项，在列表中显示定位线的类型，如图 3-52 所示。选择选项，重定义墙体的定位线。在"底部约束"选项中显示"标高 1"，如图 3-53 所示，表示墙体的底部轮廓线位于标高 1 之上。在"底部约束"中显示项目已创建的标高，选择标高，重定义墙体的底部位置。

图 3-52 "定位线"列表　　　　　　　　图 3-53 "底部约束"列表

新手指点：在绘制墙体之前，也可以在"属性"选项板中设置墙体的定位线。

默认"底部偏移"选项值为"0.0"，表示墙体底部轮廓线与标高 1 之间的间距为 0，如图 3-54 所示。修改"底部偏移"选项值，墙体移动与标高产生间距，结果如图 3-55 所示。

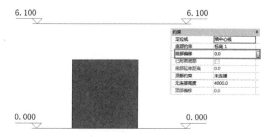

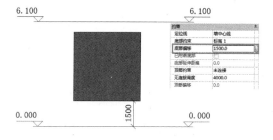

图 3-54 "底部偏移"为"0.0"　　　　　图 3-55 "底部偏移"为"1500.0"

设置"顶部约束"选项值，约束墙体顶部的位置。假如显示为"未连接"，表示墙体顶部的位置由其自身高度控制，如图 3-56 所示。修改选项值为"直到标高：标高 2"，墙体顶部向上移动与标高 2 重合，结果如图 3-57 所示。

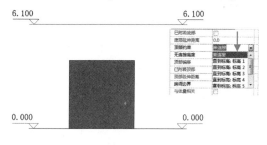

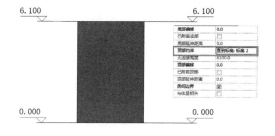

图 3-56 "顶部约束"为"未连接"　　　　图 3-57 设置参数

通常情况下将"顶部偏移"选项值设置为"0.0"，表示墙体顶部不超出"顶部约束"的范围。设置选项值为"1000.0"，表示墙体顶部在"顶部约束"的基础上向上移动"1000.0"，结果如图 3-58 所示。

在三维视图中，将视图的"视觉样式"设置为"着色"，查看赋予墙体材质的效果，如图 3-59 所示。

新手指点：三维视图也同步显示项目标高，方便用户及时获知墙体的高度信息。

在平面视图中选择墙体，在一侧显示翻转符号，如图 3-60 所示。单击符号，翻转墙体的方向，如图 3-61 所示。在平面视图中没有办法观察翻转墙体方向的效果，必须要转到三维视图。

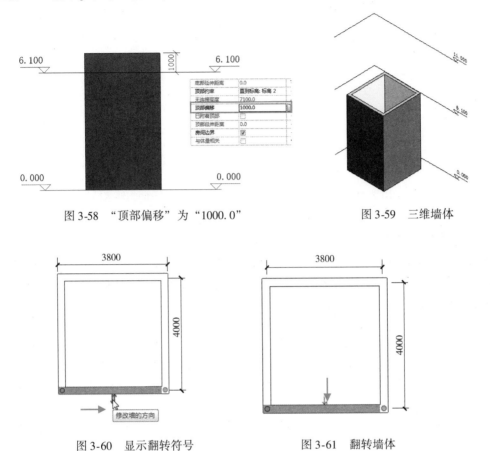

图 3-58 "顶部偏移"为"1000.0"　　　　　图 3-59 三维墙体

图 3-60 显示翻转符号　　　　　　图 3-61 翻转墙体

在三维视图中查看墙体，发现有一面墙体的显示效果与其他墙体不同，如图 3-62 所示。这是因为翻转方向后，在视图中观察到的是内墙面。

选择墙体，在视图中显示墙体的长度参数，如图 3-63 所示。激活参数，可以重定义墙体长度。

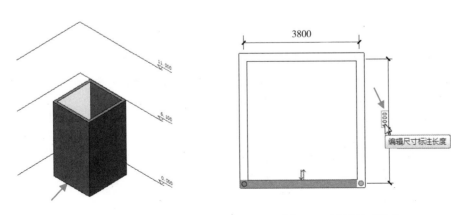

图 3-62 "三维效果　　　　　　图 3-63 激活尺寸数字

鼠标左键单击尺寸数字，进入编辑模式，输入新参数，如图 3-64 所示。在空白区域单击鼠标左键，退出编辑模式，墙体的长度随之更新，结果如图 3-65 所示。

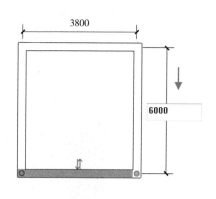

图 3-64　输入数字

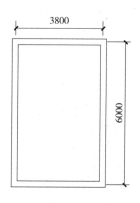

图 3-65　修改结果

3.1.4　复制多层墙体

在创建项目多层墙体时，Revit 不需要用户逐层创建，只要用户执行"复制""粘贴"操作，就可以将墙体粘贴至指定的楼层。不过，因为各层标高不一定都相同，所以还需要用户再编辑。

本节介绍复制多层墙体的方法。

☞复制墙体

在创建多层墙体之前，需要在项目中创建多个标高，如图 3-66 所示。因为项目文件默认创建"标高 1"，用户创建多个标高后，才可以在标高的基础上创建墙体。

在"标高 1"视图中选择墙体，如图 3-67 所示。以该层墙体为基础，创建多层墙体。

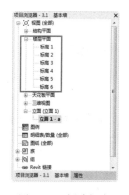

图 3-66　创建标高

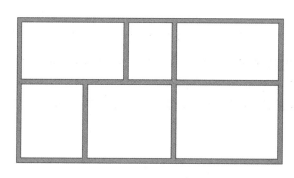

图 3-67　选择墙体

在"剪贴板"面板上单击"复制到剪贴板"按钮，如图 3-68 所示，激活"粘贴"按钮。单击按钮，在列表中选择"与选定的标高对齐"选项，如图 3-69 所示。

图 3-68　单击"粘贴"按钮

图 3-69　选择相应选项

打开【选择标高】对话框，选择"标高 2"，如图 3-70 所示。单击"确定"按钮执行"粘贴"操作。转换至立面视图，观察"粘贴"效果，发现墙体顶部轮廓线超出标高线，如图 3-71 所示。

图 3-70　选择标高

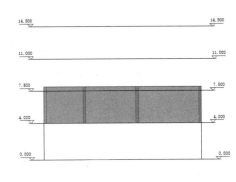

图 3-71　复制墙体

> 新手指点：在项目浏览器中展开"立面（立面1）"列表，双击立面视图名称，转换至立面图。

☞编辑墙体

保持墙体的选择状态不变，在"属性"选项板中查看墙体参数。墙体的"底部约束"为"标高 2"，表示底部轮廓线位于"标高 2"之上。设置"顶部约束"为"直到标高：标高 3"，并且设置"顶部偏移"值为"0.0"，如图 3-72 所示。表示墙体顶部轮廓线位于"标高 3"之上，如图 3-73 所示。在"无连接高度"选项中显示"3500.0"，表示当前墙体的高度。

图 3-72　修改参数

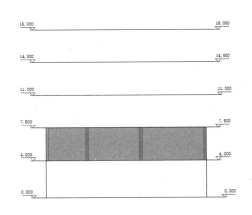

图 3-73　修改结果

☞操作出现失误

选择"标高 2"的墙体，执行"复制""粘贴"操作，在【选择标高】对话框中选择标高，如图 3-74 所示。单击"确定"按钮，在工作界面的右下角弹出【警告】对话框，如图 3-75 所示。提醒用户在操作过程中所出现的失误。

转换至立面视图，查看操作结果。在视图中发现墙体超出"顶部约束"标高若干距离，如图 3-76 所示，所以系统提示"高亮显示的墙重叠"。

图 3-74　选择标高

图 3-75　【警告】对话框

☞解决方法

按下〈Ctrl〉+〈Z〉组合键，撤销上述错误操作。切换至墙体所在的视图，即"标高 2"视图，选择墙体，如图 3-77 所示，在此基础上执行"复制""粘贴"操作。

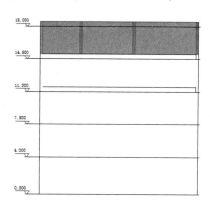

图 3-76　操作结果

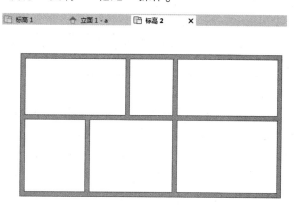

图 3-77　选择墙体

在【选择标高】对话框中选择"标高 3"，如图 3-78 所示，指定楼层后单击"确定"按钮。操作结束后转换至立面视图，查看操作结果。

在"属性"选项板中显示"顶部约束"为"未连接"，"无连接高度"为"4000.0"，如图 3-79 所示。因为"标高 3"至"标高 4"的间距为"3500.0"，所以墙体已超出"标高 4""500.0"的距离。

图 3-78　选择标高

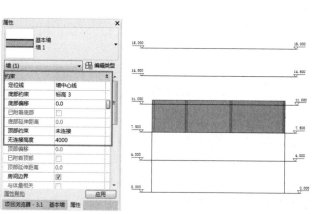

图 3-79　查看操作结果

在"属性"选项板中将"顶部约束"设置为"直到标高：标高4"，"顶部偏移"为"0.0"，此时查看立面墙体的显示效果，如图3-80所示。墙体自动向下移动，顶部轮廓线与"标高4"重合。

重复上述操作，继续创建其他楼层的墙体。在视图中单击"视觉样式"按钮，在列表中选择"着色"选项，观察创建楼层的结果，如图3-81所示。

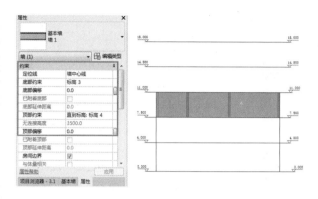 

图3-80　修改参数　　　　　　　　图3-81　创建其他楼层的墙体

3.1.5　新手点拨——创建项目墙体

素材文件：第3章/3.1 基本墙.rvt

效果文件：第3章/3.1.5 新手点拨——创建项目墙体.rvt

视频课程：3.1.5 新手点拨——创建项目墙体

☞设置墙体参数

（1）选择"建筑"选项卡，在"构建"面板上单击"墙"按钮，进入"修改│放置墙"选项卡。

（2）在"属性"选项板上单击"编辑类型"按钮，打开【类型属性】对话框。单击"复制"按钮，在【名称】对话框中输入参数，如图3-82所示，复制墙体类型。

（3）单击"结构"选项中的"编辑"按钮，打开【编辑部件】对话框。单击"插入"按钮，插入新层，同时修改层的功能属性，如图3-83所示。

图3-82　设置名称　　　　　　　　图3-83　插入新层

（4）将鼠标指针定位在第 2 行"材质"单元格，单击右侧的矩形按钮，打开【材质浏览器】对话框。

（5）在材质列表中选择"默认墙"材质，单击鼠标右键，执行"复制"命令，设置材质副本名称为"外墙面层"。

（6）单击"颜色"按钮，打开【颜色】对话框，设置参数，如图 3-84 所示。

（7）单击"复制"按钮结束操作，查看复制材质并修改材质颜色的效果，如图 3-85 所示。

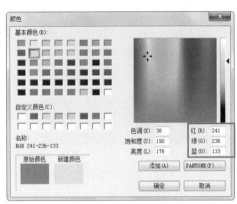

图 3-84　修改参数　　　　　　　　　　图 3-85　创建材质并修改材质颜色

（8）单击"确定"按钮，返回【编辑部件】对话框，查看指定材质的结果，如图 3-86 所示。

（9）重复上述操作，继续为层指定材质。在"厚度"单元格中修改层厚度，如图 3-87 所示。

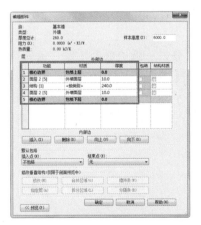

图 3-86　赋予材质　　　　　　　　　　图 3-87　修改厚度值

（10）执行上述操作后返回【类型属性】对话框，单击"复制"按钮，在【名称】对话框中设置参数，如图 3-88 所示，在"外墙"类型的基础上复制新的墙体类型。

（11）在"结构"选项中单击"编辑"按钮，打开【编辑部件】对话框。在"材质"单元格中单击矩形按钮，打开【材质浏览器】对话框。

（12）选择"外墙面层"材质，单击鼠标右键，执行"复制"命令，设置名称为"内墙面层"，修改颜色为白色，如图 3-89 所示。

图 3-88　输入名称

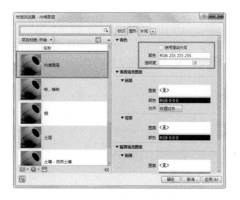

图 3-89　创建材质并修改材质颜色

（13）单击"确定"按钮，返回【编辑部件】对话框，修改层的厚度值，如图 3-90 所示。

（14）单击"确定"按钮，返回【编辑部件】对话框，设置"功能"为"内部"，如图 3-91 所示。

图 3-90　设置厚度值

图 3-91　选择"内部"选项

☞绘制墙体

（1）选择"建筑"选项卡，在"基准"面板上单击"轴网"按钮，绘制轴线如图 3-92 所示。

（2）单击"墙"按钮，在"属性"选项板中选择"外墙"，设置"约束"参数，如图 3-93 所示。

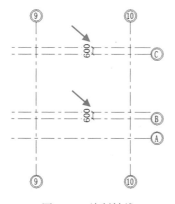

图 3-92　绘制轴线

图 3-93　设置参数

新手问答

问：为什么新创建的轴线没有显示标头？

答：即使已经将标头载入到项目，也可以自定义轴线是否显示标头。选择轴线，在标头的一侧显示☑，表示标头为显示模式。取消选择该项，隐藏标头，不会影响其他轴线。

（3）在绘图区域中指定起点、下一点、终点，绘制外墙体的结果如图3-94所示。

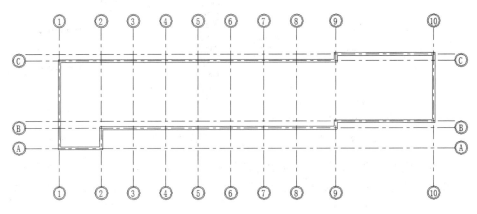

图 3-94　绘制外墙体

（4）在"属性"选项板中选择"内墙"，设置"底部约束"为F1，"底部偏移"为"0.0"，"顶部约束"为F2，"顶部偏移"为"0.0"，指定起点、下一点、终点，绘制内墙体如图3-95所示。

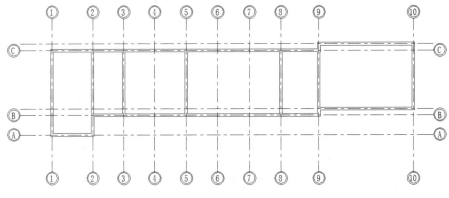

图 3-95　绘制内墙体

☞复制墙体

（1）选择所有的墙体，如图3-96所示。

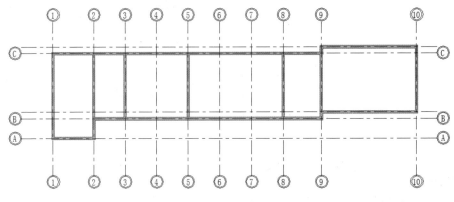

图 3-96　选择墙体

（2）在"剪贴板"面板上单击"复制到剪贴板"按钮 🗐，激活"粘贴"按钮。单击"粘贴"按钮，在列表中选择"与选定的标高对齐"命令，如图 3-97 所示。

（3）打开【选择标高】对话框，选择标高，如图 3-98 所示。单击"确定"按钮，执行复制、粘贴墙体的操作。

（4）切换到立面视图，观察复制墙体至其他视图的结果，如图 3-99 所示。

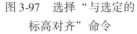

图 3-97　选择"与选定的
标高对齐"命令

图 3-98　选择标高

（5）切换至三维视图，查看墙体的三维效果，如图 3-100 所示。

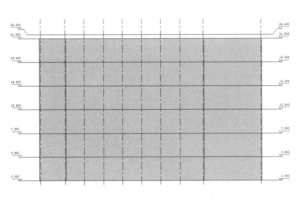

图 3-99　立面视图

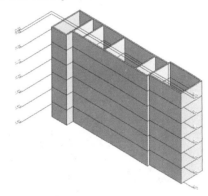

图 3-100　三维视图

新手问答

问：三维视图中的标高妨碍我观察模型，可以删除吗？

答：不需要删除，隐藏即可。选择标高，单击鼠标右键，在快捷菜单中选择"在视图中隐藏"→"图元"命令，如图 3-101 所示。隐藏标高后画面会更加简洁，显示效果如图 3-102 所示。用户可以随时恢复在视图中显示标高。

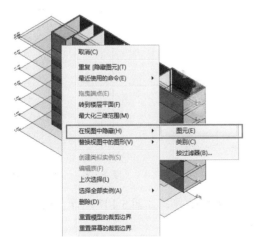

图 3-101　选择命令

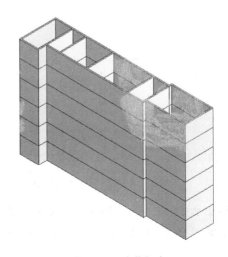

图 3-102　隐藏标高

3.2 墙的修改命令

Revit 提供修改命令方便用户重定义墙体，包括连接墙体、清理墙体以及附着和分离墙体。在本节中为读者介绍执行修改命令编辑墙体的方法。

3.2.1 连接墙

连接墙体有三种方式，分别为平接、斜接、方接。其中平接、方接的效果大致相同，所以在本节中主要介绍平接墙体、斜接墙体的方式。

☞平接

选择"修改"选项卡，在"几何图形"面板上单击"墙连接"按钮，如图 3-103 所示。移动鼠标至墙角，显示矩形选框，如图 3-104 所示。

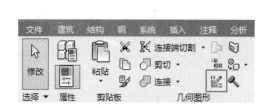

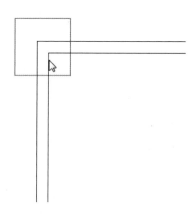

图 3-103　单击"墙连接"按钮　　　　　图 3-104　显示矩形选框

在选项栏中选择"平接"选项，如图 3-105 所示，指定连接方式。此时在矩形选框内显示连接效果，如图 3-106 所示。

图 3-105　选择连接方式　　　　　　　图 3-106　"平接"墙体

退出命令，在平面视图中选择墙体，查看"平接"效果，如图 3-107 所示。转换至三维视图，查看"平接"两段墙体的结果，如图 3-108 所示。

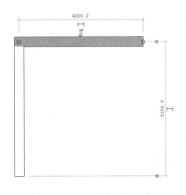

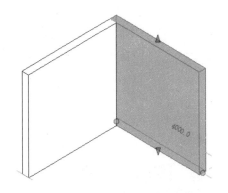

图3-107 "平接"平面效果　　　　　图3-108 "斜接"三维效果

☞斜接

在选项栏中选择"斜接"选项，如图3-109所示，更改连接方式。将鼠标指针置于墙角之上，在矩形选框内显示"斜接"效果，如图3-110所示。

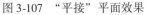

图3-109 选择连接方式　　　　　图3-110 "斜接"墙体

在平面视图中选择水平墙体，观察"斜接"效果，可以发现在视图中以斜线段为界线连接两段墙体，如图3-111所示。在三维视图中更加直观地查看"斜接"效果，如图3-112所示。

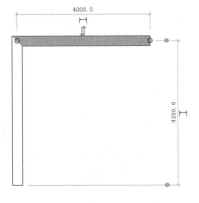

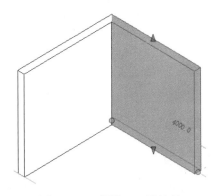

图3-111 "斜接"平面效果　　　　　图3-112 "斜接"三维效果

3.2.2 附着与分离墙

进入墙体的编辑模式，通过调用"附着"与"分离"工具，可以控制墙体与屋顶、楼板或者天花板的附着与分离状态。

☞附着墙体

　　将鼠标指针置于墙体之上，高亮显示墙体轮廓线。按下 < Tab > 键，循环显示相互连接的墙体，如图 3-113 所示。此时单击鼠标左键，选中连接的墙体，如图 3-114 所示。

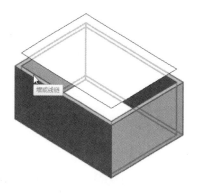 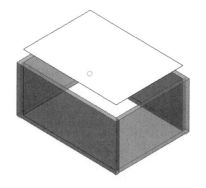

图 3-113　高亮显示墙体轮廓线　　　　　图 3-114　选择墙体

　　进入"修改 | 墙"选项卡，单击"附着顶部/底部"按钮，如图 3-115 所示，执行"附着"操作。将鼠标指针置于天花板之上，高亮显示轮廓线，如图 3-116 所示。

 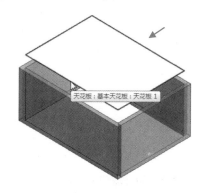

图 3-115　单击"附着顶部/底部"按钮　　　图 3-116　选择天花板

　　单击鼠标左键选中天花板，工作界面右下角弹出提示对话框，如图 3-117 所示。单击"确定"按钮结束操作。墙体自动向上延伸附着于天花板，效果如图 3-118 所示。

 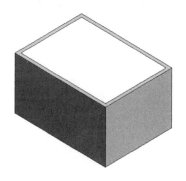

图 3-117　提示对话框　　　　　　图 3-118　墙体"附着"于天花板

☞分离

　　选择墙体，在"修改墙"面板上单击"分离顶部/底部"按钮，如图 3-119 所示。单击天花板，墙体向下移动，与天花板分离的效果如图 3-120 所示。

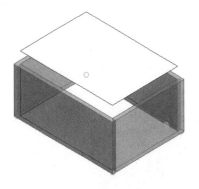

图 3-119 单击"分离顶部/底部"按钮　　　　图 3-120 墙体与天花板相分离

3.2.3 新手点拨——附着墙体于屋顶

素材文件：第 3 章/3.2 墙的修改命令 . rvt

效果文件：第 3 章/3.2.3 新手点拨——附着墙体于屋顶-结果 . rvt

视频课程：3.2.3 新手点拨——附着墙体于屋顶

（1）在快速访问工具栏上单击"默认三维视图"按钮，切换至三维视图。在视图中选择墙体，如图 3-121 所示。

（2）进入"修改 | 墙"选项卡，单击"附着顶部/底部"按钮，如图 3-122 所示。

图 3-121 选择墙体　　　　图 3-122 单击"附着顶部/底部"按钮

（3）移动鼠标指针，单击鼠标左键选择屋顶，如图 3-123 所示。

（4）此时墙体向上延伸附着于屋顶，结果如图 3-124 所示。

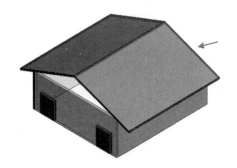

图 3-123 选择屋顶　　　　图 3-124 延伸墙体的效果

（5）单击 ViewCube 上的角点，转换视图角度，发现还有墙体与屋顶分离，如图 3-125 所示。

（6）选择墙体，激活"附着顶部/底部"按钮，使墙体附着于屋顶，如图 3-126 所示。

图 3-125　转换视图角度　　　　　　图 3-126　墙体附着于屋顶的效果

3.2.4　编辑墙轮廓

转换至三维视图，选择墙体，如图 3-127 所示。进入"修改 | 墙"选项卡，单击"编辑轮廓"按钮，如图 3-128 所示，进入编辑模式。

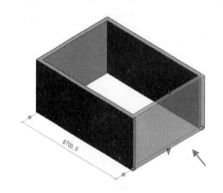

图 3-127　选择墙体　　　　　　　　图 3-128　单击按钮

在编辑模式中，被选中的墙体轮廓显示为洋红色细实线，如图 3-129 所示。其他未选中的墙体呈灰色显示，并且不可被编辑。选择水平轮廓线，在一侧显示临时尺寸标注，注明其与底面轮廓线的距离，如图 3-130 所示。

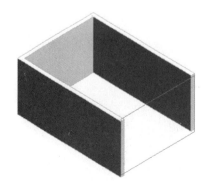
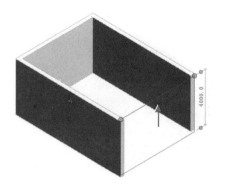

图 3-129　显示轮廓线　　　　　　　图 3-130　选择轮廓线

　　将鼠标指针置于临时尺寸标注之上，单击鼠标左键进入编辑模式，输入新的距离值，如图 3-131 所示。按下回车键确认并退出编辑模式。此时工作界面右下角弹出警告对话框。单击"删除约束"按钮，如图 3-132 所示。

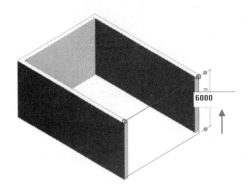

图 3-131　输入距离参数

图 3-132　单击"删除约束"按钮

　　向上移动轮廓线的结果如图 3-133 所示，一侧的临时尺寸标注也同步更新。单击"完成编辑模式"按钮，退出命令，查看编辑墙体轮廓的效果，如图 3-134 所示。

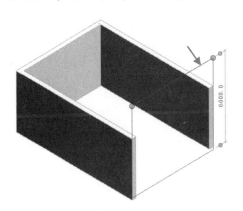

图 3-133　向上移动轮廓线

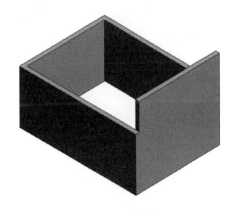

图 3-134　编辑结果

　　同时在工作界面的右下角弹出如图 3-135 所示的【警告】对话框，提醒用户控制墙体顶部与底部的最好方法。除了通过编辑已有轮廓改变墙体显示效果外，用户还可以自己绘制轮廓线。

　　单击"编辑轮廓"按钮后进入"修改 | 编辑轮廓"选项卡，在"绘制"面板中单击"线"按钮，如图 3-136 所示，选择绘制轮廓线的方式。

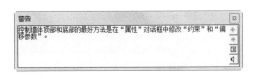

图 3-135　【警告】对话框

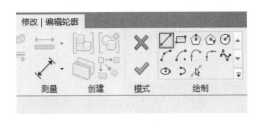

图 3-136　单击"编辑轮廓"按钮

　　指定线的起点，向上移动鼠标，输入距离指定线的终点，如图 3-137 所示。继续向右移动鼠标指定下一点，向下移动鼠标指定终点，绘制轮廓线的结果如图 3-138 所示。

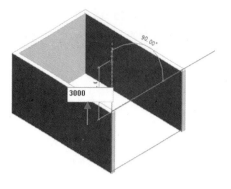

图 3-137　输入距离

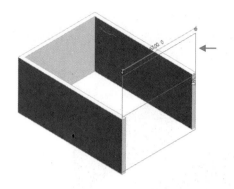

图 3-138　绘制轮廓线

删除中间的水平轮廓线，如图 3-139 所示。单击"完成编辑模式"按钮退出操作，编辑墙体轮廓的效果如图 3-140 所示。

> 新手指点：在平面视图中执行"编辑轮廓"命令后，弹出【转到视图】对话框。选择"三维视图"选项，如图 3-140 所示。单击"打开视图"按钮，转换至三维视图开始执行编辑操作。

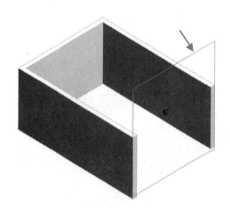

图 3-139　删除轮廓线

图 3-140　【转到视图】对话框

3.3　叠层墙

叠层墙由不同材质、不同尺寸的上下子墙体组成，用户通过定义子墙体的材质与尺寸创建叠层墙。在本节中，介绍创建与编辑叠层墙的方法。

3.3.1　设置叠层墙参数

☞设置下部墙体参数

选择"建筑"选项卡，单击"构建"面板上的"墙"按钮，在"属性"选项板中单击"编辑类型"按钮，打开【类型属性】对话框。

在"类型"列表中选择"墙 1"，单击"复制"按钮，如图 3-141 所示。打开【名称】对话框，输入墙体名称，如图 3-142 所示。

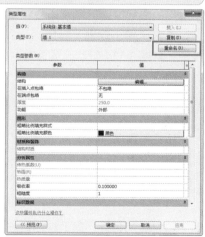

图 3-141　单击按钮

复制墙体类型后，单击"结构"选项右侧的"编辑"按钮，打开【编辑部件】对话框。删除多余的结构层，保留位于第一行、第五行的"面层2 [5]"结构层。

图3-142 输入名称

将鼠标指针定位于第三行的"材质"单元格中，单击右侧的矩形按钮，如图3-143所示，打开【材质浏览器】对话框。在材质列表中选择"默认墙"材质，单击鼠标右键，在列表中选择"复制"选项。

将材质副本命名为"混凝土"，单击下方的"打开/关闭资源浏览器"按钮，如图3-144所示，打开【资源浏览器】对话框。

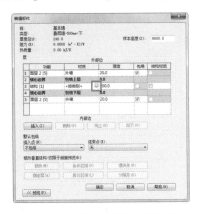

图3-143 单击右侧矩形按钮

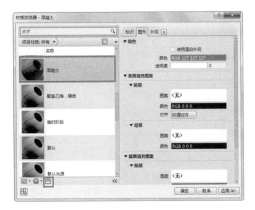

图3-144 复制材质

展开"Autodesk物理资源"列表，在"混凝土"列表下选择"标准"，在右侧的界面中选择"混凝土"材质，单击右侧的矩形按钮，如图3-145所示，执行替换材质的操作。

单击"确定"按钮返回【材质浏览器】对话框，再次单击"确定"按钮，返回【编辑部件】对话框。在"厚度"表列中修改参数值，如图3-146所示。

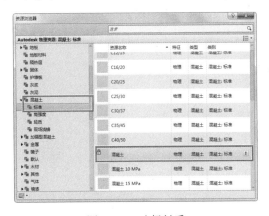

图3-145 选择材质

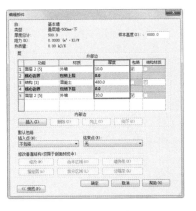

图3-146 修改参数

☞设置上部墙体参数

在【类型属性】对话框选择"叠层墙-500mm-上"墙体类型，执行"复制"操作，重命名墙体名称，如图3-147所示。

在"结构"选项中单击"编辑"按钮，打开【编辑部件】对话框。将鼠标指针定位在第1行的"材质"单元格中，单击右侧的矩形按钮，打开【材质浏览器】对话框。

在材质列表中选择"外墙"材质，执行"复制""重命名"操作，将材质名称设置为"外墙-上"。单击"颜色"按钮，在【颜色】对话框中设置参数，指定材质颜色，如图3-148所示。

返回【编辑部件】对话框，在"厚度"表列中修改参数，如图3-149所示，定义叠层墙上部墙体的厚度。

图 3-147 输入名称

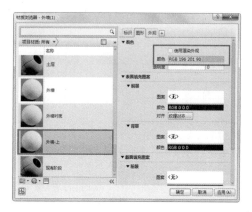

图 3-148 设置参数

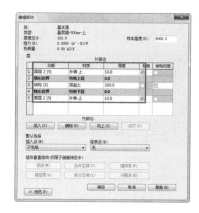

图 3-149 修改参数

新手问答

问：叠层墙上下两部分的墙体厚度必须不一致吗？

答：不是的。根据使用情况，用户可以自定义上下墙体的宽度或高度。在本节中，为了方便展示叠层墙的创建效果，所以为上下墙体指定不同的厚度。

☞创建叠层墙类型

在【类型属性】对话框中单击"族"列表，选择"系统族：叠层墙"选项，如图3-150所示。单击"复制"按钮，在对话框中重命名墙体名称，如图3-151所示。

图 3-150 选择族

图 3-151 输入名称

单击"结构"选项右侧的"编辑"按钮，打开【编辑部件】对话框。在"偏移"选项中选择"面层面：外部"选项，指定叠层墙上下墙体的对齐方式。

在第1行的"名称"单元格中选择"叠层墙-500mm-上"选项，保持"高度为"为"可变"。在第2行的"名称"单元格中选择"叠层墙-500mm-下"选项，设置"高度"为

"4000.0",如图 3-152 所示。

将第 1 行的"高度"设置为"可变",表示可以自定义叠层墙上部墙体的高度。而第 2 行的"高度"为一个固定值,表示叠层墙的下部墙体被限定在一个范围内。

举一个例子来说明。如 F1 至 F2 的高度为 4000mm,所以将叠层墙下部墙体的"高度"设置为"4000.0"。其余的墙体由"高度"为"可变"的上部墙体填充。为此,叠层墙必须有一个可变的子墙高度。

为了保证顺利创建叠层墙,墙实例的高度必须大于叠层墙的【编辑部件】对话框中子墙体的高度之和。如此,才能够使得"高度"为"可变"的子墙体有自由填充的余地。

图 3-152　设置参数

3.3.2　新手点拨——创建叠层墙

素材文件:第 3 章/3.3.1 设置叠层墙参数 . rvt

效果文件:第 3 章/3.3.2 新手点拨——创建叠层墙 . rvt

视频课程:3.3.2 新手点拨——创建叠层墙

(1) 选择"建筑"选项卡,在"构建"面板上单击"墙"按钮,如图 3-153 所示。

图 3-153　单击"墙"按钮

(2) 在"属性"选项板中选择叠层墙的类型,设置"底部约束"以及"顶部约束"选项值,如图 3-154 所示。

(3) 进入"修改 | 放置墙"选项卡,在"绘制"面板上单击"线"按钮,如图 3-155 所示,选择绘制叠层墙的方式。

图 3-154　选择墙体类型

图 3-155　单击"线"按钮

(4) 在绘图区域中单击指定起点、下一点、终点,绘制叠层墙的结果如图 3-156 所示。

(5) 单击快速访问工具栏上的"默认三维视图"按钮，切换至三维视图,查看创建叠层墙的结果,如图 3-157 所示。

观察三维视图中的叠层墙,发现与普通墙体无异,并没有相重叠的效果。这是因为在叠层墙的【编辑部件】对话框中将下

图 3-156　绘制叠层墙

部分的子墙体高度指定为一个固定值，而上部分的子墙体高度则为"自由"。

因此创建叠层墙后，下部分的子墙体以指定的高度显示，而上部的子墙体需要执行再编辑，由用户指定其高度，方能显示重叠的效果。

（6）选择叠层墙，在墙体的顶边与底边均显示蓝色的三角形夹点。鼠标指针置于顶边上的三角形夹点，激活夹点，如图 3-158 所示。

（7）按住鼠标左键不放，向上拖曳鼠标，此时墙体也随之向上移动，如图 3-159 所示。

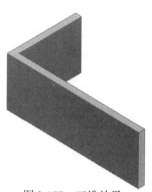

图 3-157　三维效果

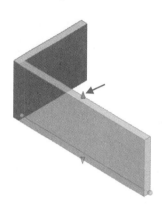

图 3-158　激活夹点

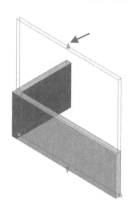

图 3-159　拖曳鼠标指针

（8）在合适的位置松开鼠标左键，观察视图中的墙体，发现重定义上部分子墙体的高度后，墙体显示一种重叠的效果，如图 3-160 所示。

（9）单击绘图区域右上角的 ViewCube 角点，转换视图角度，继续编辑另一段叠层墙，结果如图 3-161 所示。

图 3-160　显示重叠效果

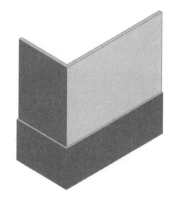

图 3-161　修改结果

新手问答

问：叠层墙上部分子墙体的高度有限制吗？

答：没有。在设置叠层墙属性参数的时候，将上部分子墙体的高度指定为"自由"。用户根据项目的情况，自定义上部分子墙体的高度。

3.3.3　编辑叠层墙

　　选择叠层墙，在墙角显示蓝色的圆形夹点。将鼠标指针置于夹点之上，夹点的颜色加重，如图 3-162 所示。此时按住鼠标左键不放，拖曳鼠标指针，如图 3-163 所示。

图 3-162　激活夹点

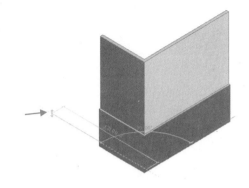

图 3-163　拖曳鼠标指针

　　在合适的位置松开鼠标左键，发现叠层墙已被延长若干距离，如图 3-164 所示。如果需要将墙体延伸至指定的点上，可以在拖曳鼠标指针的同时输入距离参数，如图 3-165 所示。按下回车键，即可按距离延伸墙体。

图 3-164　延伸墙体

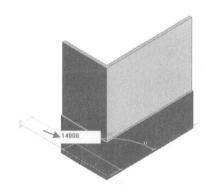

图 3-165　输入距离

　　激活叠层墙下方的三角形夹点，如图 3-166 所示。按住鼠标左键不放，向下拖曳鼠标指针，预览延伸墙体的结果，如图 3-167 所示。

图 3-166　激活夹点

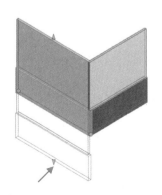

图 3-167　向下拖曳鼠标指针

在合适的位置松开鼠标左键，向下延伸墙体的结果如图 3-168 所示。观察叠层墙，发现下部分子墙体的高度没有发生改变。这是因为下部分子墙体的高度已被限定，执行延伸操作也只能更改上部分子墙体的高度。

在"属性"选项板中，"底部约束"选项值限制下部分子墙体的底边位置，"顶部约束"选项值限制下部分子墙体的顶边位置。

即叠层墙的下部分墙体位于"底部约束"与"顶部约束"之间。

修改"顶部偏移"选项值，如图 3-169 所示，定义叠层墙上部分子墙体向上延伸的高度。

如将"顶部偏移"选项值设置为"3500.0"，表示叠层墙上部分子墙体的高度为 3500mm，结果如图 3-170 所示。

选择叠层墙，单击"属性"选项板中的"编辑类型"按钮，打开【类型属性】对话框。单击"结构"选项后的"编辑"按钮，打开【编辑部件】对话框。选择"偏移"方式为"墙中心线"，如图 3-171 所示。

图 3-168　向下延伸墙体　　图 3-169　修改参数

图 3-170　操作结果

图 3-171　选择"偏移"方式

返回绘图区域观察修改结果，发现上下子墙体以墙中心线为基准对齐，如图 3-172 所示。选择"偏移"方式为"面层面：外部"，表示上下子墙体以外墙线为基准对齐，效果如图 3-173 所示。

新手问答

问：通常情况下要为叠层墙选用哪种"偏移"方式？

答：并没有严格的限制。通过本节的叙述，发现选择不同的"偏移"方式，叠层墙呈现出不同的效果。用户在查看所有的"偏移"效果后，选择合适的对齐方式即可。

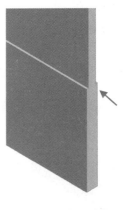
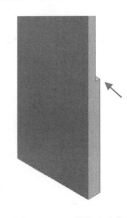

图 3-172　中心对齐　　　图 3-173　面层面对齐

3.4 幕墙

Revit 提供名称为"幕墙1"的墙体类型，用户可以在此基础上执行"复制""重命名"等编辑操作，创建适用的幕墙系统。本节介绍设置幕墙参数与创建幕墙的方法。

3.4.1 设置幕墙参数

选择"建筑"选项卡，在"构建"面板上单击"墙"按钮，如图 3-174 所示。在"属性"选项板中调出类型类表，选择"幕墙"类型，如图 3-175 所示。

图 3-174 单击"墙"按钮

图 3-175 选择类型

单击"编辑类型"按钮，打开【类型属性】对话框。单击"复制"按钮，打开【名称】对话框。输入名称，如图 3-176 所示。单击"确定"按钮关闭对话框。

选择"自动嵌入"选项，如图 3-177 所示，表示幕墙自动嵌入两侧的基本墙体。在其他选项，如"幕墙嵌板""连接条件"等，均可以在列表中选择选项指定参数值。

在这里全部保持默认值不变，如此就可以在创建幕墙或者幕墙构件的时候保持灵活性。用户可以在创建的过程中再选择构件的类型，设置构件属性参数。

图 3-176 输入名称

图 3-177 选择"自动嵌入"选项

3.4.2 创建幕墙

激活"墙"命令，进入"修改 | 放置墙"选项卡，在"绘制"面板上单击"线"按钮，如图 3-178 所示。

图 3-178 单击"线"按钮

在"属性"选项板中设置"底部约束""顶部约束"选项值，如图3-179所示。将鼠标指针置于墙体之上，显示墙体中心线，同时在中心线的下方显示临时尺寸标注，帮助用户确定绘制起点，如图3-180所示。

图 3-179　设置参数

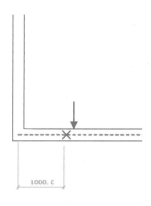

图 3-180　指定起点

新手问答

问：是否有更准确、快速的方法指定绘制起点？

答：有。在显示临时尺寸标注的时候，用户直接输入距离参数，如图3-181所示。按下回车键，即可按照输入的距离指定起点。

指定起点后，向右移动鼠标指针，借助上方的临时尺寸标注，如图3-182所示，指定绘制终点。

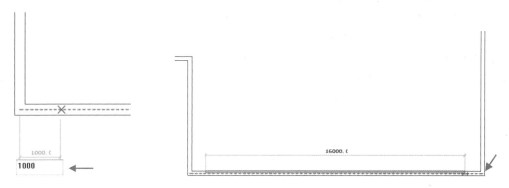

图 3-181　输入距离

图 3-182　指定终点

在合适的位置单击鼠标左键，指定终点，绘制幕墙的结果如图3-183所示。单击快速访问工具栏上的"默认三维视图"按钮，切换至三维视图，观察幕墙的三维效果，如图3-184所示。

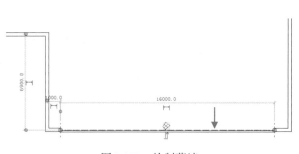

图 3-183　绘制幕墙

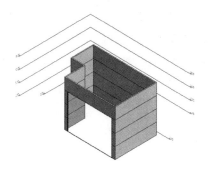

图 3-184　三维效果

3.4.3　编辑幕墙

选择幕墙，将鼠标指针置于左侧的圆形夹点上，夹点加重显示，如图 3-185 所示。此时按住鼠标左键不放，向右拖曳鼠标指针，根据临时尺寸标注的提示指定位置，如图 3-186 所示。

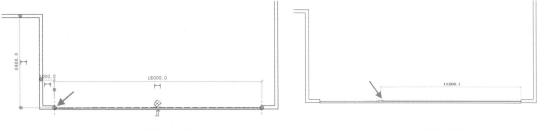

图 3-185　激活夹点　　　　　　　　　　　图 3-186　指定位置

在合适的位置松开鼠标左键，调整幕墙宽度的结果如图 3-187 所示。执行上述操作后，幕墙的宽度被改变，但是高度仍然保持不变。

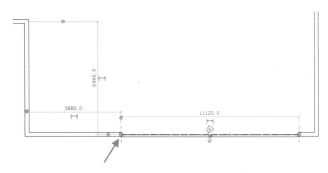

图 3-187　调整结果

在项目浏览器中展开"立面（立面 1）"列表，双击立面视图名称，转换至立面图。在视图中观察幕墙的创建结果，如图 3-188 所示。由于立面图的"视觉样式"为"隐藏线"，所以仅显示墙体的轮廓线。

为了更直观地查看幕墙的创建效果，在视图控制栏上单击"视觉样式"按钮，在列表中选择"着色"选项，幕墙的显示效果如图 3-189 所示。

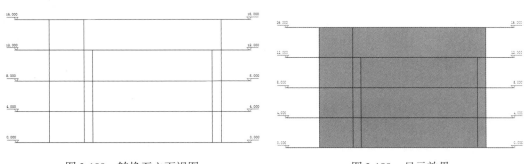

图 3-188　转换至立面视图　　　　　　　　　图 3-189　显示效果

选择幕墙，在"属性"选项板中修改"顶部偏移"选项值，如图 3-190 所示。正值表示幕墙的顶边向上延伸，负值表示幕墙的顶边向下移动。

查看视图中幕墙的显示结果，发现幕墙在"顶部约束"的基础上向上延伸 1500mm，如

图 3-191 所示。

图 3-190　修改参数

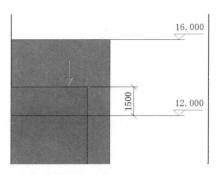

图 3-191　向上延伸的结果

3.4.4　新手点拨——创建项目幕墙

素材文件：第 3 章/3.1.5 新手点拨——创建项目墙体.rvt

效果文件：第 3 章/3.4.4 新手点拨——创建项目幕墙.rvt

视频课程：3.4.4 新手点拨——创建项目幕墙

☞绘制墙体

（1）选择项目浏览器，展开"楼层平面"列表，选择 F2 视图，按下回车键，切换至该视图。

（2）选择"建筑"选项卡，在"构建"面板上单击"墙"按钮，在"属性"选项板中选择"外墙"，设置"底部约束"为 F2，"顶部约束"为 F7，如图3-192所示。

（3）在视图中指定起点、终点，绘制墙体的结果如图 3-193 所示。

图 3-192　设置参数

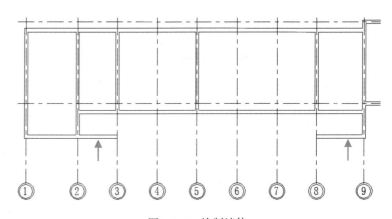

图 3-193　绘制墙体

☞绘制幕墙

（1）在"属性"选项板中选择"幕墙"，设置"底部约束"为 F2，"底部偏移"为"600.0"，"顶部约束"为 F7，如图 3-194 所示。

（2）在视图中指定起点、终点，绘制幕墙的结果如图 3-195 所示。

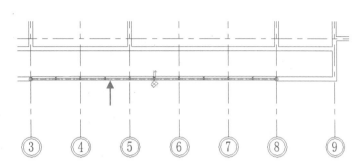

图 3-194　设置参数　　　　　　　图 3-195　绘制幕墙

（3）切换至立面视图，在"构建"面板上单击"幕墙网格"按钮，拾取幕墙边界线，放置垂直网格，网格的间距为"1500.0"，如图 3-196 所示。

（4）重复"幕墙网格"命令，放置水平网格，如图 3-197 所示。

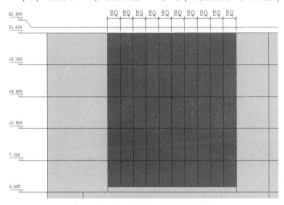

图 3-196　绘制垂直网格线

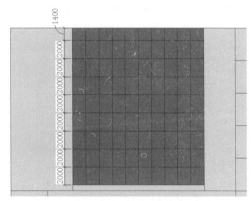

图 3-197　绘制水平网格线

（5）切换至三维视图，观察创建结果，如图 3-198 所示。

（6）在"构建"面板上单击"竖梃"按钮，如图 3-199 所示。

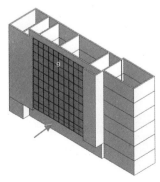

图 3-198　三维效果　　　　　　　图 3-199　单击"竖梃"按钮

（7）在"修改 | 放置竖梃"选项卡中单击"放置"面板上的"全部网格线"按钮，如图 3-200 所示。

（8）在"属性"选项板中选择"矩形竖梃"，如图3-201所示。

图3-200　单击"全部网格线"按钮　　　　　图3-201　选择竖梃类型

（9）在幕墙网格的基础上放置矩形竖梃，滑动鼠标中键，放大视图，观察放置竖梃的细部结果，如图3-202所示。

☞完善外墙体

（1）切换至F2视图，选择幕墙，单击鼠标右键，弹出快捷菜单，选择"在视图中隐藏"→"图元"命令，如图3-203所示。

图3-202　查看放置竖梃的细部　　　　　图3-203　选择"图元"命令

（2）在"属性"选项板中选择"外墙"，设置"底部约束"为F2，"顶部约束"为"未连接"，"无法连接高度"为"600.0"，如图3-204所示。

（3）指定起点与终点，在③轴与⑧轴之间绘制墙体，如图3-205所示。

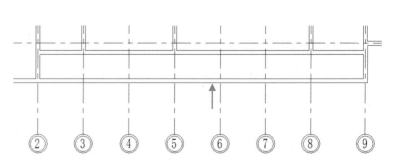

图3-204　设置参数　　　　　图3-205　绘制墙体

（4）切换至三维视图，观察绘制墙体的结果，如图 3-206 所示。

（5）切换至立面视图，观察绘制墙体的结果，如图 3-207 所示。

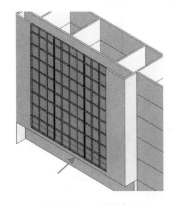

图 3-206　三维效果

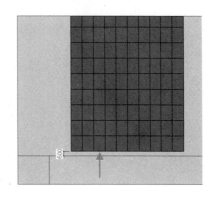

图 3-207　立面效果

（6）切换至 F6 视图，选择外墙体，如图 3-208 所示。

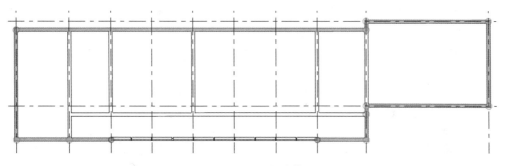

图 3-208　选择墙体

（7）在"剪贴板"面板上单击"复制到剪贴板"按钮，接着单击"粘贴"按钮，在列表中选择"与选定的标高对齐"命令，打开【选择标高】对话框。

（8）在对话框中选择标高，如图 3-209 所示。单击"确定"按钮，将选中的墙体粘贴至指定的视图。

（9）切换至三维视图，观察复制、粘贴墙体的结果，如图 3-210 所示。

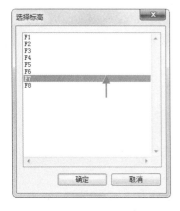

图 3-209　选择标高

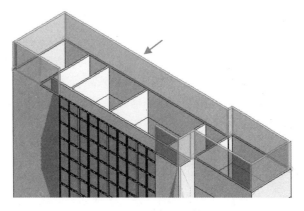

图 3-210　复制墙体

（10）选择墙体，在"属性"选项板中将"底部约束"设置为 F7，"顶部约束"设置为

"直到标高：F8"，如图 3-211 所示。

（11）在视图中观察修改墙体属性参数的结果，如图 3-212 所示。

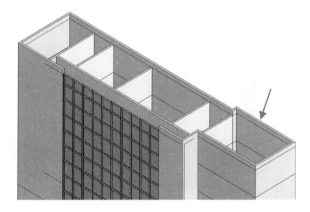

图 3-211　效果参数　　　　　　　　图 3-212　修改结果

（12）返回 F7 视图，隐藏幕墙，参考属性参数，绘制外墙体。在三维视图中观察绘制结果，如图 3-213 所示。

（13）滑动鼠标中键，查看创建幕墙、完善外墙体的结果，如图 3-214 所示。

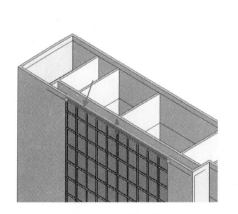
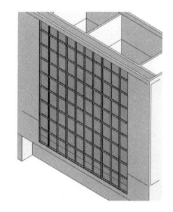

图 3-213　创建墙体　　　　　　　　图 3-214　最终效果

新手问答

问：在 F2 视图中已经隐藏幕墙，为什么在 F7 视图仍然可以见到幕墙？

答：幕墙的高度被限制在 F2 至 F7 之间，所以在 F2、F3、F4、F5、F6、F7 视图中都可以观察幕墙的平面效果。在 F2 视图中隐藏幕墙，不会影响幕墙在其他视图中的显示效果。在 F7 中因为要在幕墙所在的位置创建外墙体，所以要隐藏幕墙，方便用户确定外墙体的位置，但是不会影响幕墙的属性参数。

3.5　幕墙的修改命令

本节介绍创建幕墙构件的方法，包括划分网格、创建竖梃等。激活命令后，以幕墙为基础，可以放置网格线，并参考网格线创建竖梃。

在最后介绍批量修改幕墙以及创建幕墙系统的方法。

3.5.1 划分幕墙网格

☞整理视图

　　为了方便观察放置网格的效果，所以先切换至立面图。在视图中选择标高，如图 3-215 所示。单击鼠标右键，在菜单中选择"在视图中隐藏"→"图元"命令，如图 3-216 所示。

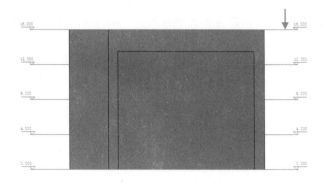

图 3-215　选择标高

图 3-216　选择"图元"选项

　　执行上述操作后，标高被隐藏，画面显得简洁清晰，如图 3-217 所示。目前的"视觉样式"为"着色"，因为幕墙的颜色太深，所以会影响放置网格的效果。

　　在视图控制栏上单击"视觉样式"按钮，在列表中选择"隐藏线"选项，隐藏图元颜色，效果如图 3-218 所示。

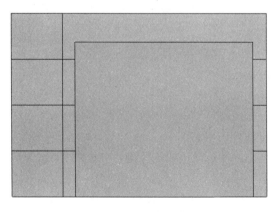

图 3-217　隐藏标高

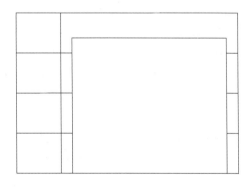

图 3-218　显示效果

☞划分垂直网格

　　选择"建筑"选项卡，在"构建"面板上单击"幕墙网格"按钮，如图 3-219 所示。进入"修改|放置幕墙网格"选项卡，在"放置"面板上单击"全部分段"按钮，如图 3-220 所示。

图 3-219　单击"幕墙网格"按钮

图 3-220　单击"全部分段"按钮

　　将鼠标指针置于幕墙的水平轮廓线上，显示垂直的蓝色虚线，同时显示临时尺寸标注，如图 3-221 所示，帮助用户确定网格线的位置。

　　确定网格线的位置后，单击鼠标左键，放置垂直网格线，结果如图 3-222 所示。此时仍然处在命令中，移动鼠标指针，借助临时尺寸标注的提示，确定网格线的位置，结果如图 3-223 所示。

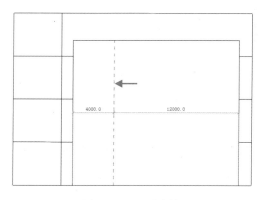

图 3-221　显示虚线

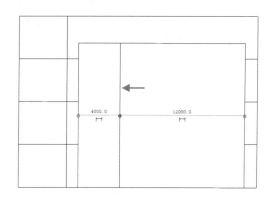

图 3-222　放置网格线

新手问答

　　问：为什么要借助幕墙的水平轮廓线放置垂直网格线？

　　答：将鼠标指针置于幕墙的水平轮廓线之上，系统以该轮廓线为基础，创建垂直于轮廓线的网格线。

☞划分水平网格

　　移动鼠标指针，将其置于幕墙的垂直轮廓线之上，显示蓝色的水平虚线，如图 3-224 所示。借助临时尺寸标注，确定网格线的位置。

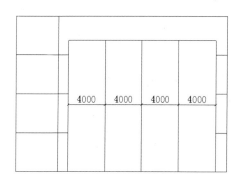

图 3-223　放置结果

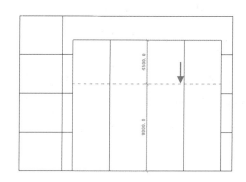

图 3-224　显示虚线

　　在合适的位置单击鼠标左键，放置水平网格线。选择网格线，显示临时尺寸标注，显示该网格线与上下轮廓线的距离，如图 3-225 所示。

继续指定基点放置水平网格线，结果如图 3-226 所示。

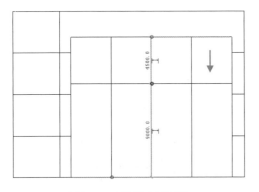

图 3-225　放置水平网格

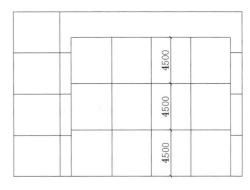

图 3-226　放置结果

单击快速访问工具栏上的"默认三维视图"按钮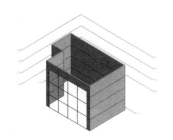，切换至三维视图，观察放置网格线的效果，如图 3-227 所示。

☞**其他放置网格线的方式**

在"修改 | 放置幕墙网格"面板中单击"一段"按钮，如图 3-228 所示。

图 3-227　三维效果

图 3-228　单击"一段"按钮

鼠标指针置于幕墙垂直网格线之上，显示绿色的虚线，如图 3-229 所示。在合适的位置单击鼠标左键，在虚线的基础上放置网格，如图 3-230 所示。观察放置结果，可以发现虚线未涉及的幕墙区域没有被放置网格。

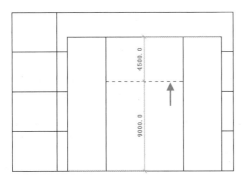

图 3-229　显示虚线

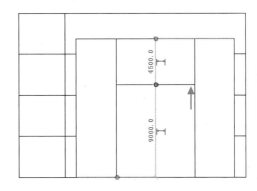

图 3-230　放置网格

在"修改 | 放置幕墙网格"选项卡中单击"除拾取外的全部"按钮，如图 3-231 所示。鼠标指针置于垂直网格线之上，显示水平绿色虚线，如图 3-232 所示。

图 3-231　单击"除拾取外的全部"按钮

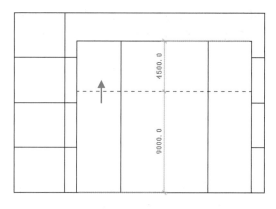

图 3-232　显示虚线

单击鼠标左键，虚线转换为红色的细实线，如图 3-233 所示。单击细实线的中间段，该段显示为虚线，如图 3-234 所示。

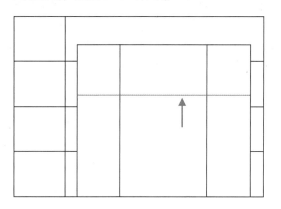

图 3-233　显示红色的细实线

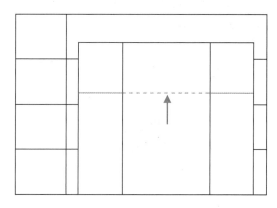

图 3-234　显示虚线

按下回车键，放置网格线的结果如图 3-235 所示。可以发现，被拾取的中间段没有生成网格线。

选择网格线，单击"添加/删除线段"按钮，如图 3-236 所示，进入编辑网格线的模式。

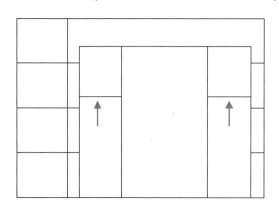

图 3-235　放置网格线

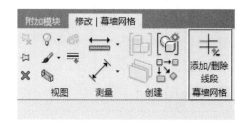

图 3-236　编辑网格线

在幕墙的中间，显示虚线连接左右两侧的水平网格线，如图 3-237 所示。单击鼠标左键拾取中间的虚线段，可在此基础上放置网格线，结果如图 3-238 所示。假如拾取已有的网格线，则网格线被删除。

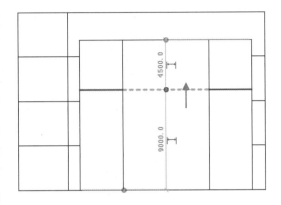

图 3-237　显示虚线

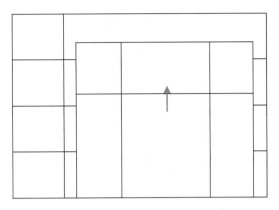

图 3-238　放置网格线

3.5.2　新手点拨——创建竖梃

素材文件：第 3 章/3.5.1 划分幕墙网格 . rvt
效果文件：第 3 章/3.5.2 新手点拨——创建竖梃 . rvt
视频课程：3.5.2 新手点拨——创建竖梃

（1）选择"建筑"选项卡，单击"构建"面板上的"竖梃"按钮，如图 3-239 所示。

（2）进入"修改 | 放置竖梃"选项卡，在"放置"面板上单击"网格线"按钮，如图 3-240 所示。

（3）将鼠标指针置于垂直网格线之上，高亮显示网格线，如图 3-241 所示。

（4）在"属性"选项板中选择竖梃的类型，如图 3-242 所示。

图 3-239　单击"竖梃"按钮

图 3-240　单击"网格线"按钮

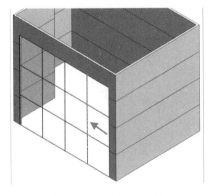

图 3-241　选择网格线

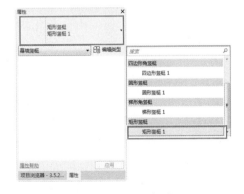

图 3-242　选择竖梃类型

（5）在网格线上单击鼠标左键，以网格线为基础创建竖梃，结果如图 3-243 所示。

（6）此时仍然处在命令中，在"放置"面板上单击"单段网格线"按钮，如图 3-244 所示。

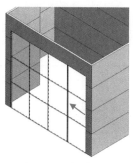

图 3-243　创建竖梃

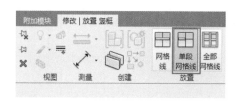

图 3-244　单击"单段网格线"按钮

（7）将鼠标指针置于水平网格线之上，高亮显示单段网格线，如图 3-245 所示。

（8）在网格线上单击鼠标左键，以单段网格线为基础创建竖梃，如图 3-246 所示。

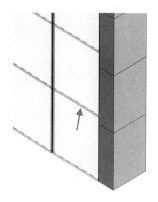

图 3-245　选择网格线

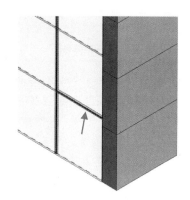

图 3-246　创建竖梃

（9）在"放置"面板上单击"全部网格线"按钮，如图 3-247 所示。

（10）将鼠标指针置于网格线之上，高亮显示尚未创建竖梃的网格线，如图 3-248 所示。

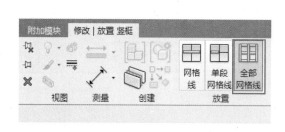

图 3-247　单击按钮

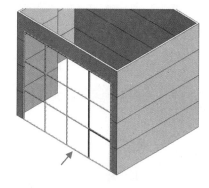

图 3-248　选择网格线

（11）在网格线上单击鼠标左键，创建竖梃的效果如图 3-249 所示。

新手问答

问：有没有更加快捷的创建竖梃的方式？

答：有，打开幕墙的【类型属性】对话框，在"垂直竖梃""水平竖梃"选项组中指定竖梃的类型，如图 3-250 所示，在创建幕墙的同时也会生成竖梃。

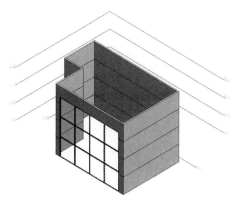

图 3-249　创建竖梃

图 3-250　选择竖梃类型

3.5.3　重定义幕墙嵌板的类型

☞载入族

　　默认将幕墙嵌板的类型指定为玻璃，但是用户可以重定义嵌板的类型。如果项目文件没有适用的嵌板类型，需要载入外部族文件。

　　选择"插入"选项卡，在"从库中载入"面板中单击"载入族"按钮，如图 3-251 所示。在【载入族】对话框中选择族文件，如图 3-252 所示，单击"打开"按钮即可载入族。

☞划分嵌板范围

　　如果原有的嵌板尺寸不适用，那就要重新划分嵌板的范围。在立面图中启用"幕墙网格"命令，依次放置垂直网格线与水平网格线，如图 3-253、图 3-254 所示。选择网格线，修改临时尺寸标注，可以调整网格线的位置。

图 3-251　单击"载入族"按钮

图 3-252　选择族

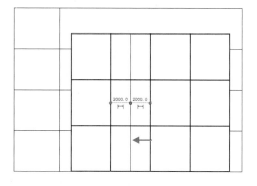

图 3-253　放置垂直网格线

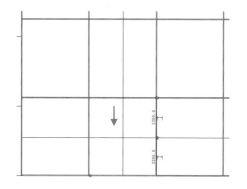

图 3-254　放置水平网格线

新手问答

问：在定义嵌板类型前一定要重新划分嵌板范围的大小吗?

答：不一定。是否需要重新划分嵌板范围，主要是看已有的嵌板尺寸是否符合使用要求。如果已有的嵌板太小或者太大，就应该重新绘制网格线。

选择网格线，进入"修改 | 幕墙网格"选项卡，单击"添加/删除线段"按钮，如图 3-255 所示。鼠标左键单击将要删除的网格线，网格线显示为虚线，如图 3-256 所示。

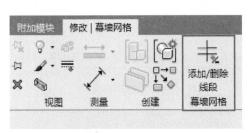

图 3-255 单击"添加/删除线段"按钮

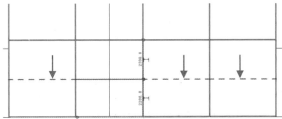

图 3-256 选择网格线

按下回车键确认删除网格线，结果如图 3-257 所示。重复启用"添加/删除线段"命令，删除垂直方向上多余的网格线，结果如图 3-258 所示。

☞重定义嵌板类型

转换至三维视图，观察放置网格线划分嵌板范围的效果，如图 3-259 所示。激活"竖梃"命令，在网格线的基础上创建竖梃，如图 3-260 所示。

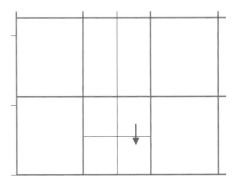

图 3-257 删除网格线

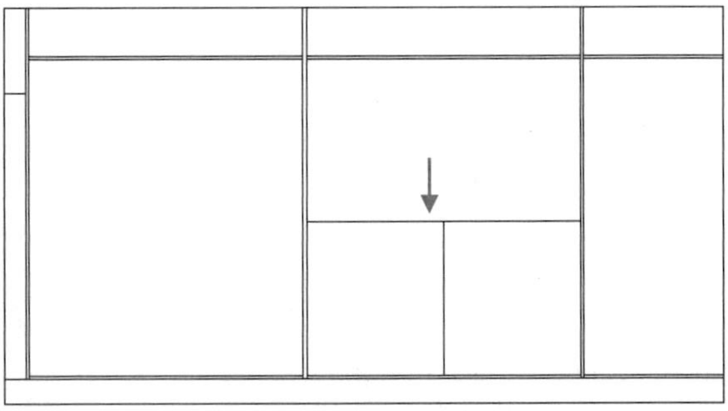

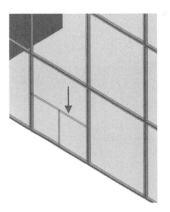

图 3-258 操作结果

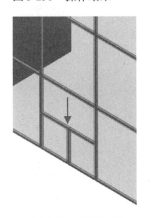

图 3-259 三维样式

图 3-260 创建竖梃

将鼠标指针置于幕墙之上，高亮显示幕墙的轮廓线。此时连续按下〈Tab〉键，循环选择幕墙嵌板。当需要编辑的嵌板高亮显示时，单击鼠标左键选中嵌板，如图 3-261 所示。

在"属性"选项板中选择嵌板类型，如选择"门嵌板_双扇地弹无框铝门"，如图 3-262 所示。

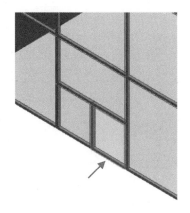

图 3-261 选择嵌板

图 3-262 选择嵌板类型

查看视图中的嵌板，发现已显示为双扇玻璃门样式，如图 3-263 所示。其他没有被选中的幕墙嵌板不会受到影响。除此之外，用户还可以将嵌板设置为其他类型。如还可将嵌板的类型定义为基本墙体，如图 3-264 所示。

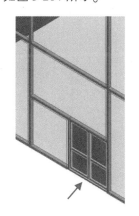

图 3-263 更改嵌板为玻璃门

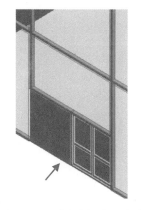

图 3-264 更改嵌板为基本墙

3.5.4 创建幕墙系统

在体量模型上选择面，可以根据用户设定的参数生成幕墙系统，包括嵌板、竖梃等构件。在"构建"面板上单击"幕墙系统"按钮，如图 3-265 所示。进入"修改 | 放置面幕墙系统"选项卡，单击"选择多个"按钮，如图 3-266 所示。

图 3-265 单击"幕墙系统"按钮

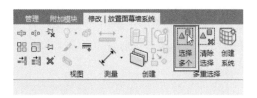

图 3-266 单击"选择多个"按钮

在"属性"选项板中单击"编辑类型"按钮，如图 3-267 所示，打开【类型属性】对话框。在"幕墙嵌板"选项中选择"系统嵌板：玻璃"选项，接着在"网格 1 竖梃""网格 2 竖梃"列表中指定竖梃的类型，如图 3-268 所示。

图 3-267　单击"编辑类型"按钮

图 3-268　设置参数

将鼠标指针置于模型面上，高亮显示面轮廓线。单击鼠标左键选择面，如图 3-269 所示。单击"创建系统"按钮，在选择的面上创建幕墙系统，如图 3-270 所示。

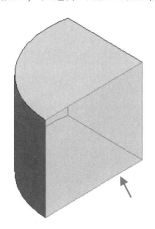

图 3-269　选择面

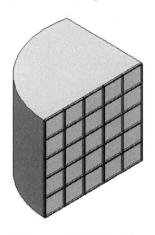

图 3-270　创建幕墙系统

新手问答

问：可以在曲面上创建幕墙系统吗？

答：可以。参考本节介绍的创建方法可以在曲面上生成幕墙系统。由于曲面的弧度不会全部一致，所以需要在【类型属性】对话框中设置参数，调整幕墙系统的显示效果，如图 3-271 所示为不同的曲面幕墙系统的显示效果。

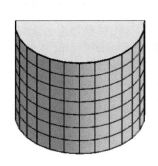

图 3-271　调整结果

3.6 柱

在 Revit 中可以创建结构柱和建筑柱，但项目文件没有自带柱族，所以需要用户载入外部族。本节介绍创建柱与编辑柱的方法。

3.6.1 结构柱

☞创建垂直结构柱

选择"建筑"选项卡，在"构建"面板上单击"柱"按钮，如图 3-272 所示。打开提示对话框，提醒用户项目未载入结构柱族。单击"是"按钮，如图 3-273 所示，打开【载入族】对话框。

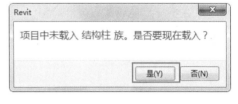

图 3-272 单击"柱"按钮   图 3-273 单击"是"按钮

在对话框中选择结构柱，如图 3-274 所示。单击"打开"按钮，载入族至项目文件。此时在"属性"选项板中显示结构柱的信息，在类型列表中显示圆形结构柱与矩形结构柱的类型，如图 3-275 所示。

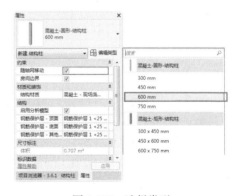

图 3-274 选择族   图 3-275 选择类型

在"修改 | 放置结构柱"选项卡中单击"垂直柱"按钮，如图 3-276 所示。在选项栏中设置"高度"为"F2"，指定结构柱的高度。

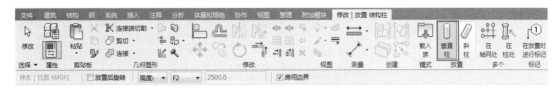

图 3-276 单击"垂直柱"按钮

新手问答

问：选项栏中"高度"与"深度"选项分别是什么意思？

答：选择"高度"，表示通过选择标高来限定柱子的高度。如选择"F2"，表示柱子的高度是从当前标高"F1"一直延伸到"F2"。选择"深度"，在"标高"选项显示为"未连接"的情况下，可以输入参数直接定义柱高，如图 3-277 所示。

图 3-277　设置参数

将鼠标指针置于墙角，显示墙中心线，如图 3-278 所示。在线的交点处单击鼠标左键，放置结构柱的结果如图 3-279 所示。

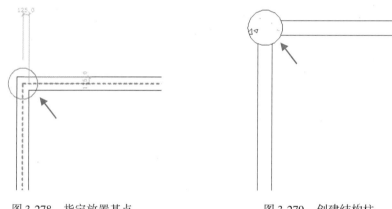

图 3-278　指定放置基点　　　　　　　　图 3-279　创建结构柱

切换至三维视图，观察位于 F1 与 F2 之间的结构柱，如图 3-280 所示。

☞创建结构斜柱

为了更好地观察创建斜柱的效果，所以在三维视图中讲解操作过程。在"放置"面板上单击"斜柱"按钮，如图 3-281 所示。在选项栏中选择"第一次单击"为"F1"，"第二次单击"为"F2"，偏移值均为"0.0"，表示在"F1"与"F2"之间创建斜柱。

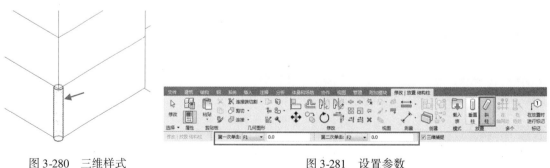

图 3-280　三维样式　　　　　　　　　　图 3-281　设置参数

在"F1"上单击鼠标左键，向上移动鼠标指针，停留在"F2"之上，同时显示临时参考线与临时尺寸标注，如图 3-282 所示。在"F2"上单击鼠标左键，即可在指定的间距内创建斜柱，如图 3-283 所示。

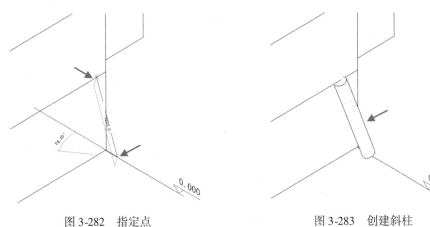

图 3-282 指定点　　　　　　　图 3-283 创建斜柱

3.6.2 创建结构柱的其他方式

☞在轴网处放置

激活"结构柱"命令，进入"修改 | 放置结构柱"选项卡。在"多个"面板中单击"在轴网处"按钮，如图 3-284 所示，选择放置结构柱的方式。

图 3-284 单击"在轴网处"按钮

鼠标左键单击水平轴线，选择轴线，如图 3-285 所示。移动鼠标指针，在垂直轴线上单击鼠标左键，选择轴线如图 3-286 所示。

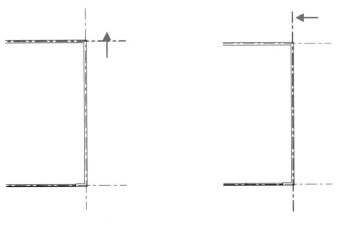

图 3-285 选择水平轴线　　图 3-286 选择垂直轴线

此时在轴线交点处预览圆形结构柱，如图 3-287 所示。在"多个"面板上单击"完成"按钮，如图 3-288 所示，退出操作。

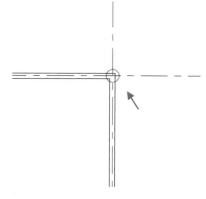

图 3-287 预览放置结构柱

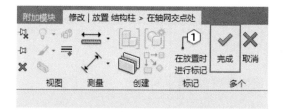

图 3-288 单击"完成"按钮

在视图中查看于轴网交点处放置圆形结构柱的结果，如图 3-289 所示。

☞在建筑柱内放置

在"修改 | 放置结构柱"选项卡中单击"多个"面板中的"在柱处"按钮，如图 3-290 所示，选择放置柱子的方式。将鼠标指针置于圆形建筑柱之上，高亮显示柱轮廓线，如图 3-291 所示。

在建筑柱上单击鼠标左键选中柱子，同时预览放置结构柱的效果，如图 3-292 所示。

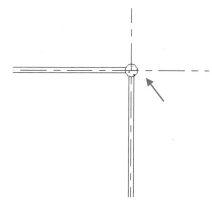

图 3-289 在轴网交点放置柱

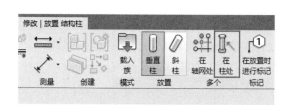

图 3-290 单击"在柱处"按钮

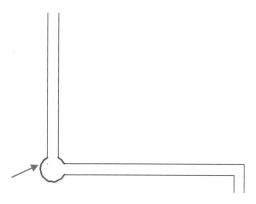

图 3-291 选择建筑柱

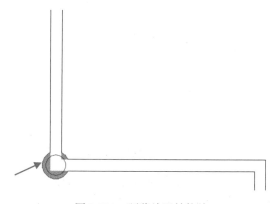

图 3-292 预览放置结构柱

在"多个"面板上单击"完成"按钮，如图 3-293 所示，退出操作。在平面视图中查看在直径为 610mm 的圆形建筑柱内放置直径为 450mm 的圆形结构柱，如图 3-294 所示。

图 3-293　单击"完成"按钮

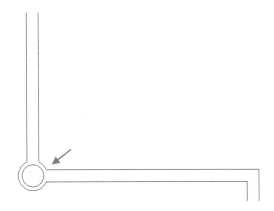

图 3-294　放置结构柱

3.6.3　建筑柱

在"放置"面板上单击"柱"按钮，向下弹出列表，选择"柱：建筑"选项，如图 3-295 所示。在"属性"选项板的类型列表中选择建筑柱的类型，如图 3-296 所示。

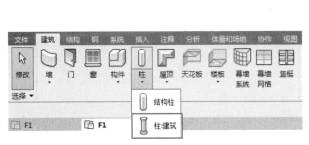

图 3-295　选择"柱：建筑"选项

图 3-296　选择类型

进入"修改|放置柱"选项卡，在选项栏中设置"高度"为"F2"，如图 3-297 所示，指定建筑柱的高度。

图 3-297　设置参数

将鼠标指针置于墙角之上，高亮显示墙中心线，如图 3-298 所示。单击鼠标左键，放置建筑柱，结果如图 3-299 所示。

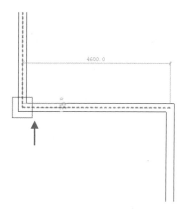

图 3-298　预览放置柱　　　　　　　　　　图 3-299　放置建筑柱

切换至三维视图，观察创建矩形建筑柱的效果，如图 3-300 所示。放置建筑柱，如图 3-301 所示。

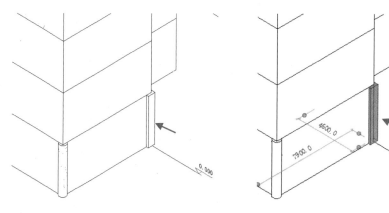

图 3-300　三维效果　　　　　　　　　　图 3-301　放置建筑柱

3.6.4　编辑柱

本节以矩形建筑柱为例，介绍编辑柱的方法。在视图中单击鼠标左键选择建筑柱，柱子高亮显示，同时在其周围显示临时尺寸标注，如图 3-302 所示。通过临时尺寸标注，用户可以得知建筑柱与周边图元的距离关系。

图 3-302　选择标高

此时在"属性"选项板中显示建筑柱的信息。保持"底部标高"为"F1"不变,修改"顶部标高"为F5。观察视图中的建筑柱,发现柱子的顶边向上延伸至F5,结果如图 3-303 所示。

当"顶部偏移"选项值为"0"时,柱顶边与 F5 平齐。修改"顶部偏移"值,如将它设置为"1000.0",如图 3-304 所示。此时发现柱顶边向上移动,与 F5 的间距为 1000.0mm,如图 3-305 所示。

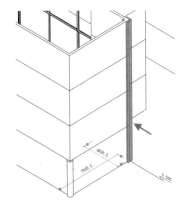
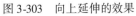

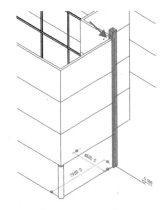

图 3-303　向上延伸的效果　　　图 3-304　设置偏移参数　　　图 3-305　向上偏移的效果

在"属性"选项板中单击"编辑类型"按钮,打开【类型属性】对话框,如图 3-306 所示。在"族"选项中显示柱族名称为"矩形-建筑柱",单击"类型"选项,在列表中显示建筑柱的类型,如"610×610mm"等。

在"尺寸标注"列表中显示柱子的尺寸,修改参数可以调整柱子的大小。选择建筑柱后,进入"修改|柱"选项卡,如图 3-307 所示。单击"编辑族"按钮,进入族编辑器。在编辑器中修改柱子的族参数,完成后再载入项目使用。

单击"附着顶部/底部"按钮,可以将柱附着到屋顶、楼板、天花板、参照平面、结构框架构件、基础底板、独立基角以及其他参照标高。单击"分离顶部/底部"按钮,则将柱从模型图元中分离。

图 3-306　【类型属性】对话框　　　　　图 3-307　"修改|柱"选项卡

第 4 章

门窗

本章介绍门窗的相关知识，包括设置门窗参数、载入门窗族以及放置门窗等。用户可以使用Revit提供的门窗系统族，也可以载入外部族。

第 4 章 门窗

4.1 门

为了在项目中放置多种类型的门，需要载入不同的门族，如单扇门族、双扇门族等。门族可以在族编辑器中创建，也可以从网络上搜索下载。本节介绍放置门、编辑门的方法。

4.1.1 载入门族

选择"建筑"选项卡，在"构建"面板上单击"门"按钮，如图 4-1 所示，可以激活"门"门命令。

选择"插入"选项卡，单击"载入族"按钮，如图 4-2 所示。打开【载入族】对话框，选择"单扇平开木门"族，如图 4-3 所示。单击"打开"按钮，将族载入至项目。

图 4-1　单击"门"按钮　　　　图 4-2　单击"载入族"按钮

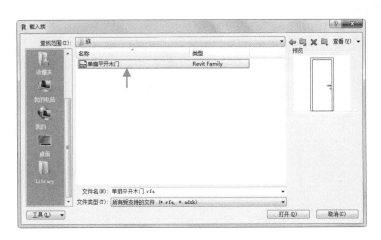

图 4-3　选择"单扇平开木门"族

4.1.2 设置门参数

载入门族后，进入"修改 | 放置门"选项卡，如图 4-4 所示。此时，单击"载入族"按钮，可打开【载入族】对话框，继续载入门族。

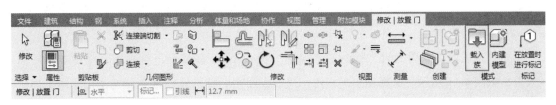

图 4-4　"修改 | 放置门"选项卡

115

在"属性"选项板中显示门的类型名称,单击类型名称向下弹出列表。在列表中显示各种类型的门,如图 4-5 所示。选择其中一种,单击"编辑类型"按钮,打开【类型属性】对话框,如图 4-6 所示。

在"类型参数"列表中显示门的构造参数、材质参数以及尺寸参数等,修改参数,影响门的显示效果。

图 4-5　"属性"选项板

图 4-6　设置参数

4.1.3　放置单扇门

设置完毕门参数后,移动鼠标指针置于墙体之上,此时可以预览单扇门,还可借助临时尺寸标注确定放置基点,如图 4-7 所示。在合适的位置单击鼠标左键,放置单扇门如图 4-8 所示。

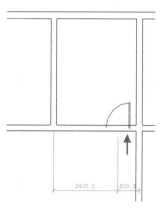

图 4-7　预览单扇门

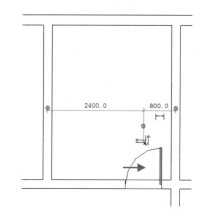

图 4-8　放置单扇门

在门图元的上方显示翻转方向的控件,激活控件,可以在水平方向、垂直方向翻转门。单击垂直控件" ",向下翻转门,结果如图 4-9 所示。单击水平控件" ",向左翻转门,如图 4-10 所示。

单击快速访问工具栏上的"默认三维视图"按钮 ,转换至三维视图,观察单扇门的三维效果,如图 4-11 所示。选择项目浏览器,双击立面图名称,转换至立面视图,观察单扇门的立面效果,如图 4-12 所示。

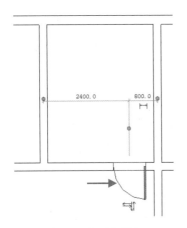

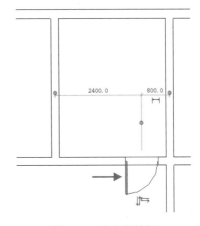

图 4-9　向下翻转门　　　　　　　　图 4-10　向左翻转门

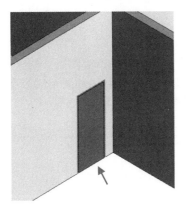

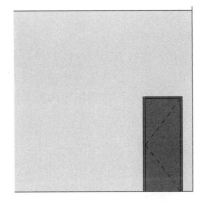

图 4-11　单扇门的三维效果　　　　　4-12　单扇门的立面效果（二维效果）

4.1.4　放置其他类型的门

　　调出【载入族】对话框，选择门族，如图 4-13 所示。单击"打开"按钮，将族载入到项目。激活"门"命令，在"属性"选项板中查看载入的门族，如图 4-14 所示，包括双扇平开木门、双扇推拉门以及旋转门。

图 4-13　选择门族

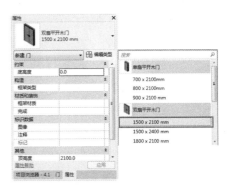

图 4-14　查看门族

　　在墙上指定放置基点，单击鼠标左键，放置双扇门，如图 4-15 所示。转换至三维视图，观察放置双扇门的效果，如图 4-16 所示。在"属性"选项板中选择其他类型的门，如双扇平开推拉门、旋转门，指定基点即可将其放置在墙体上。

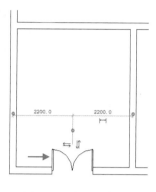

图 4-15　放置双扇门

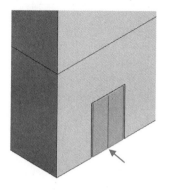

图 4-16　双扇门的三维样式

4.1.5　编辑门

☞修改门两侧墙体的间距

　　选择双扇门，在其上方显示临时尺寸标注，注明门中心点与两侧墙体的间距。将鼠标指针置于临时尺寸标注之上，单击鼠标左键进入编辑模式，输入距离参数，如图 4-17 所示。

　　按下回车键，双扇门按照指定的距离向左移动，调整结果如图 4-18 所示。

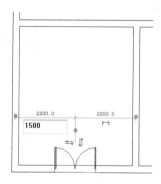

图 4-17　输入距离参数

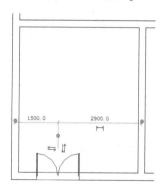

图 4-18　门向左移动的效果

☞修改门的底高度

　　切换至立面视图，选择门，在"属性"选项板中显示"底高度"为"0.0"，如图 4-19 所示。注意观察立面门的位置，发现其位于墙底边之上，如图 4-20 所示。

图 4-19　显示参数

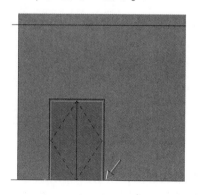

图 4-20　立面门的位置

在"属性"选项板中修改"底高度"值，如图4-21所示。单击右下角的"应用"按钮，门随之向上移动，与墙底边的间距为用户指定的"底高度"值，如图4-22所示。

图 4-21　修改参数

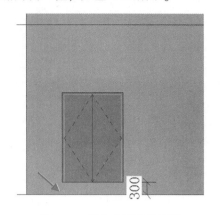

图 4-22　门向上移动的效果

选择立面门，在周围显示临时尺寸标注。激活尺寸标注，输入距离值，如图4-23所示。在空白区域单击鼠标左键，门按照指定的距离向下移动，如图4-24所示。

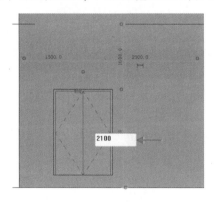

图 4-23　输入参数

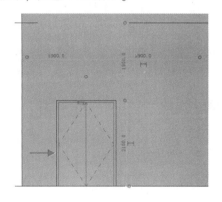

图 4-24　移动门

切换至三维视图，门在选择状态下也同样显示临时尺寸标注，如图4-25所示。激活尺寸标注，重定义距离参数，也可调整门在墙上的位置。

☞修改门的尺寸

在修改尺寸之前，先确认立面门的尺寸，如图4-26所示。选择门，单击"属性"选项板中的"编辑类型"按钮，打开【类型属性】对话框。

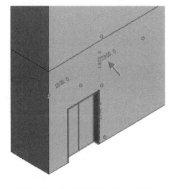

图 4-25　显示临时尺寸标注

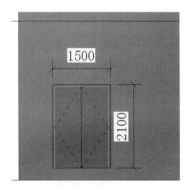

图 4-26　门的尺寸

在"类型"选项中选择门，同时在"尺寸标注"列表下显示门的尺寸参数，如图 4-27 所示。单击"确定"按钮，返回视图查看修改门尺寸的结果，如图 4-28 所示。

图 4-27　选择门类型

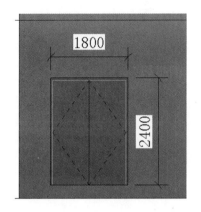

图 4-28　修改门的尺寸

新手问答

问：如果【类型属性】对话框里没有我需要的门类型怎么办？

答：选择任意门类型，单击"复制"按钮，设置名称后即可新建门类型。此时用户可在"尺寸标注"列表下设置门的尺寸参数，得到适用的门类型。

4.1.6　新手点拨——创建项目中的门

素材文件：第 3 章/3.4.4 新手点拨——创建项目幕墙.rvt

效果文件：第 4 章/4.1.6 新手点拨——创建项目中的门.rvt

视频课程：4.1.6 新手点拨——创建项目中的门

☞放置单扇门

（1）选择"建筑"选项卡，在"构建"面板上单击"门"按钮，在"属性"选项板中选择"单扇平开木门13"，单击"编辑类型"按钮，打开【类型属性】对话框。

（2）单击"重命名"按钮，打开【重命名】对话框，修改名称，如图 4-29 所示。

（3）返回【类型属性】对话框，修改"尺寸标注"参数，如图 4-30 所示。

图 4-29　输入名称

图 4-30　修改"尺寸标注"参数

（4）单击"确定"按钮，在"属性"选项板中设置"底高度"为"0"，如图 4-31 所示。

（5）将鼠标指针置于墙体之上，单击鼠标左键，指定放置基点，放置单扇门的结果如图 4-32 所示。

图 4-31　设置"底高度"

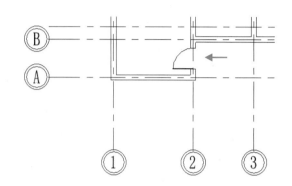

图 4-32　放置单扇门

（6）继续指定基点放置单扇门，结果如图 4-33 所示。

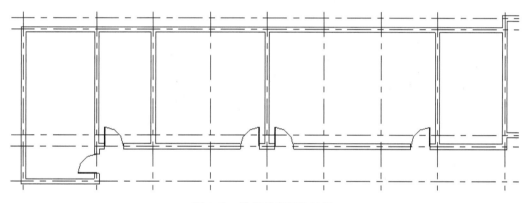

图 4-33　放置单扇门的结果

☞放置双扇门

（1）继续上一节的操作，在"属性"选项板中选择"双扇平开木门 6"，单击"重命名"按钮，打开【重命名】对话框，输入名称，如图 4-34 所示。

（2）返回【类型属性】对话框，修改"尺寸标注"参数，如图 4-35 所示。

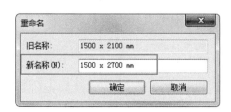

图 4-34　设置名称

图 4-35　修改"尺寸标注"参数

（3）在"属性"选项板中设置"底高度"为"0"，如图4-36所示。

（4）在墙体上单击鼠标左键，指定放置基点，放置双扇平开木门的结果如图4-37所示。

 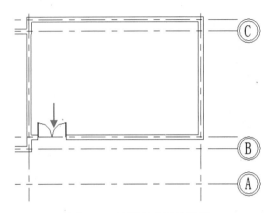

图4-36　设置"底高度"　　　　　　　　图4-37　放置双扇门的结果

☞放置卷帘门

（1）继续上一小节的操作，在"属性"选项板中选择"水平卷帘门"，单击"编辑类型"按钮，进入【类型属性】对话框。

（2）在对话框中修改"尺寸标注"参数，如图4-38所示。

（3）单击"确定"按钮，返回"属性"选项板，修改"底高度"为"0"，如图4-39所示。

　4-38　修改"尺寸标注"参数　　　　　图4-39　设置"底高度"

（4）在墙体上单击鼠标左键，放置卷帘门，结果如图4-40所示。

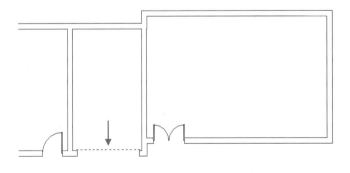

图4-40　放置卷帘门的结果

新手问答

问：为什么创建卷帘门后，轴网却不见了？

答：因为卷帘门的平面样式为水平虚线，轴网的线型为点划线，为了方便用户识别卷帘门的创建效果，所以将轴网隐藏。选择轴网，单击鼠标右键，选择"在视图中隐藏"→"图元"命令即可。

☞复制门

（1）在视图中选择单扇门，在"剪贴板"上单击"复制到剪贴板"按钮，激活"粘贴"按钮。

（2）单击"粘贴"按钮，在列表中选择"与选定的标高对齐"命令，如图 4-41 所示。

（3）弹出【选择标高】对话框，选择标高如图 4-42 所示。

（4）单击"确定"按钮，将单扇门粘贴至指定的视图。切换至三维视图，观察放置门的结果，如图 4-43 所示。

 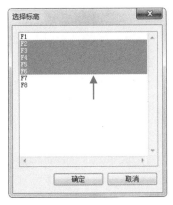 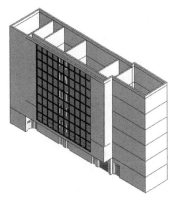

图 4-41　选择"与选定的标　　图 4-42　选择标高　　图 4-43　观察放置门的结果
高对齐"命令

4.2　窗

在项目中放置窗，同样需要载入窗族。本节介绍载入窗族、放置窗以及编辑窗的方法。在最后以实例的形式介绍为项目创建窗的方法。

4.2.1　载入窗族

选择"建筑"选项卡，单击"构建"面板上的"窗"按钮，如图 4-44 所示，可以激活"窗"命令。选择"插入"选项卡，单击"载入族"按钮，如图 4-45 所示，可以打开【载入族】对话框。

 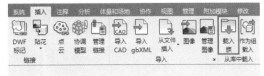

图 4-44　单击"窗"按钮　　　　　图 4-45　单击"载入族"按钮

选择窗族，如图 4-46 所示，单击"打开"按钮，将族载入至项目。

图 4-46　选择族

4.2.2　设置窗参数

在"属性"选项板中显示载入进来的窗的参数，单击"编辑类型"按钮，如图 4-47 所示，打开【类型属性】对话框。单击"复制"按钮，在【名称】对话框中设置参数，如图 4-48 所示。

在"尺寸标注"列表下设置窗的高度、宽度参数，如图4-49所示。单击"确定"按钮，关闭对话框结束设置。

图 4-47　单击"编辑　　　　图 4-48　输入名称　　　　图 4-49　设置参数
类型"按钮

4.2.3　放置窗

启用"窗"命令，进入"修改｜放置窗"选项卡，如图 4-50 所示。注意，在选项卡中没有需要设置的参数，假如用户需要再载入窗族，可单击"载入族"按钮。单击"在放置时进行标记"按钮，则可在放置窗的同时为窗添加标记。

图 4-50　"修改｜放置窗"选项卡

在"属性"选项板中显示窗的名称，以及"底高度""顶高度"偏移值，如图 4-51 所示。将鼠标指针置于墙体之上，预览窗的放置效果，如图 4-52 所示。移动鼠标指针，临时尺寸标注实时更新，帮助用户确定放置基点。

图 4-51　显示参数

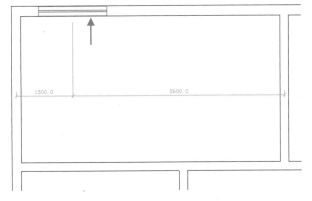

图 4-52　预览窗的放置效果

在合适的位置单击鼠标左键，放置窗的结果如图 4-53 所示。单击快速访问工具栏上的"默认三维视图"按钮，转换至三维视图，观察窗的三维效果，如图 4-54 所示。

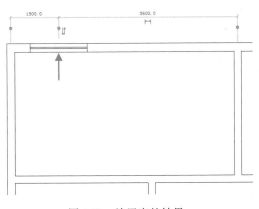

图 4-53　放置窗的结果

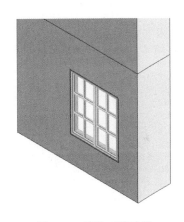

图 4-54　窗的三维效果

4.2.4　编辑窗

☞调整窗与两侧墙体的位置

选择窗，显示临时尺寸标注，标注窗与两侧墙体的距离。单击标注文字，进入在位编辑模式，输入距离参数，如图 4-55 所示。在空白位置单击鼠标左键退出编辑，向右调整窗的位置，结果如图 4-56 所示。

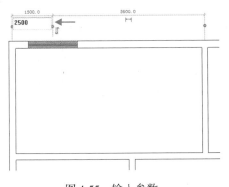

图 4-55　输入参数

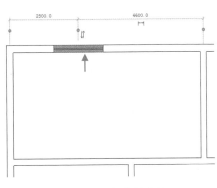

图 4-56　调整窗的位置

☞调整窗的底高度

　　选择项目浏览器，双击立面图名称可切换至立面视图，在其中可以更加直观地了解窗的底高度，如图4-57所示。在"属性"选项板中修改"底高度"偏移值，如图4-58所示。

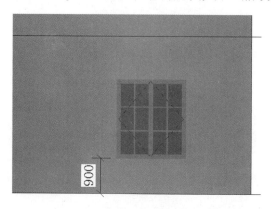

图4-57　窗的立面位置

图4-58　设置参数

　　返回视图中观察窗的修改效果，发现窗向上移动，此时窗底边与墙底边的距离为1100mm，如图4-59所示。选择窗，激活临时尺寸标注，输入参数修改距离值，如图4-60所示。

图4-59　调整窗的位置

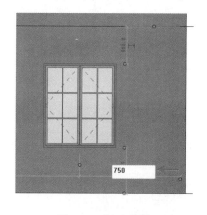

图4-60　输入参数

　　在空白区域单击鼠标左键，窗按照指定的距离向下移动，如图4-61所示。在三维视图中选择窗也可显示临时尺寸标注，修改标注也可达到重定义窗位置的效果。

☞修改窗的尺寸

　　在修改窗的尺寸之前，先了解立面窗的尺寸，如图4-62所示。选择窗，在"属性"选项板上单击"编辑类型"按钮，打开【类型属性】对话框。

　　在"类型"列表中选择窗类型，同时"尺寸标注"列表中的参数也会自动调整，如图4-63所示。单击"确定"按钮，返回视图观察窗的显示效果，如图4-64所示。

图4-61　向下移动窗

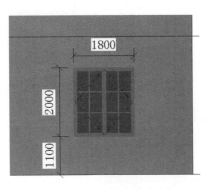

图 4-62　窗的尺寸

图 4-63　【类型属性】对话框

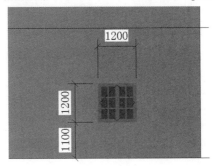

图 4-64　修改结果

4.2.5　新手点拨——创建项目中的窗

素材文件：第 4 章/4.1.6 新手点拨——创建项目中的门 .rvt

效果文件：第 4 章/4.2.5 新手点拨——创建项目中的窗 .rvt

视频课程：4.2.5 新手点拨——创建项目中的窗

☞放置 C1

（1）选择"建筑"选项卡，在"创建"面板上单击"窗"按钮，进入"修改 | 放置窗"选项卡。

（2）在"属性"选项板中选择 C1，设置"底高度"为"1000.0"，如图 4-65 所示。

（3）将鼠标指针置于墙体之上，单击鼠标左键，参考临时尺寸标注放置 C1，如图 4-66 所示。

图 4-65　选择 C1

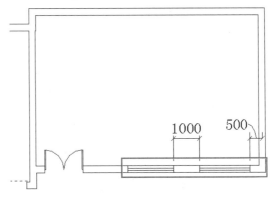

图 4-66　放置 C1

（4）继续指定基点放置 C1，结果如图 4-67 所示。

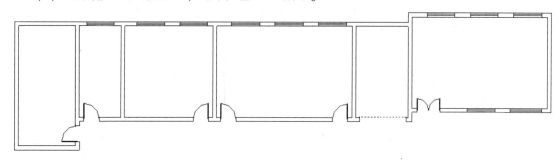

图 4-67　放置结果

☞放置 C2

（1）在"属性"选项板中选择 C2，保持"底高度"为"1000.0"不变，如图 4-68 所示。

（2）在墙体上指定基点，放置 C2 的结果如图 4-69 所示。

图 4-68　选择 C2

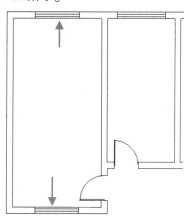

图 4-69　放置 C2

☞放置 C3

（1）在"属性"选项板中选择 C3，设置"底高度"为"2100.0"，如图 4-70 所示。

（2）在墙体上单击鼠标左键，指定放置基点，放置 C3 的结果如图 4-71 所示。

图 4-70　选择 C3

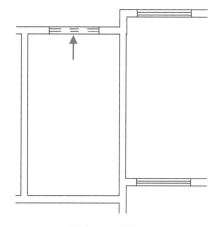

图 4-71　放置 C3

（3）继续指定基点放置 C3，结果如图 4-72 所示。

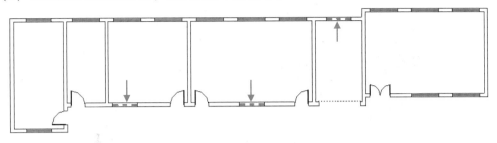

图 4-72　放置结果

☞复制窗到其他楼层

（1）选择视图中所有的图元，进入"修改 | 选择多个"选项卡，单击"过滤器"按钮，如图 4-73 所示。

（2）打开【过滤器】对话框，选择"窗"选项，如图 4-74 所示。

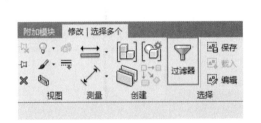

图 4-73　单击"过滤器"按钮

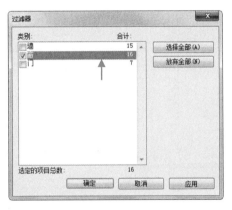

图 4-74　选择"窗"

（3）在"剪贴板"面板中单击"复制到剪贴板"按钮，激活"粘贴"按钮。单击"粘贴"按钮，在列表中选择"与选定的标高对齐"命令，如图 4-75 所示。

（4）打开【选择标高】对话框，选择标高，如图 4-76 所示。

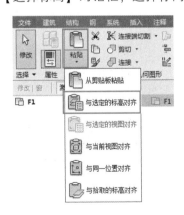

图 4-75　选择"与选定的标高对齐"命令

图 4-76　选择标高

（5）单击"确定"按钮，将窗图元复制到指定的楼层。

（6）切换至三维视图，观察复制窗图元的效果，如图 4-77 所示。

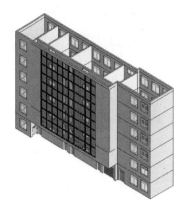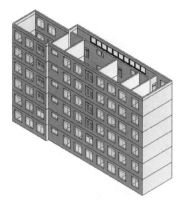

图 4-77　复制结果

（7）选择项目浏览器，选择 F2 视图，按下回车键，切换至 F2 视图。

（8）激活"窗"命令，在"属性"选项板中选择 C1，设置"底高度"为"1000.0"，在墙体上指定基点放置 C1，如图 4-78 所示。

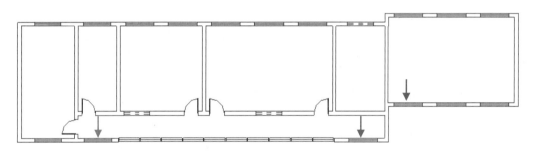

图 4-78　放置 C1

（9）选择在上一步骤中放置的 C1 图元，在"剪贴板"面板中单击"复制到剪贴板"按钮。

（10）在"剪贴板"面板中单击"粘贴"按钮，在列表中选择"与选定的标高对齐"命令。打开【选择标高】对话框，选择标高，如图 4-79 所示。

（11）单击"确定"按钮，向上移动复制 C1 图元，复制结果如图 4-80 所示。

图 4-79　选择标高

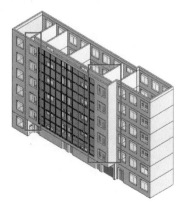

图 4-80　复制结果

第 5 章

屋顶、天花板与楼板

　　Revit中的屋顶有好几种类型，还可以为屋顶添加必须的构件，在本章学习创建屋顶与构件的方法。绘制楼板与天花板的方法大致相同，因此详细介绍绘制楼板方法，简略叙述如何创建天花板。

5.1 屋顶

不同类型的屋顶创建方法也不同，本节以创建各类型屋顶为脉络，带领读者在 Revit 中学习创建屋顶的方法。

5.1.1 迹线屋顶

选择"建筑"选项卡，在"构建"面板中单击"屋顶"按钮，向下弹出列表，选择"迹线屋顶"命令，如图 5-1 所示。随即弹出【最低标高提示】对话框，单击选项向下弹出列表，选择标高，如图 5-2 所示。单击"是"按钮，进入"修改 | 创建屋顶迹线"选项卡。

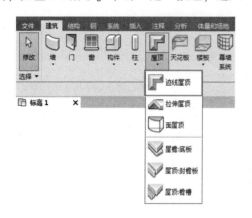
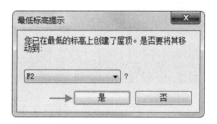

图 5-1 选择"迹线屋顶"命令　　　　图 5-2 单击"是"按钮

在"绘制"面板中单击"拾取墙"按钮，表示通过拾取墙体创建屋顶迹线。选择"定义坡度""延伸到墙中（至核心层）"选项，定义"悬挑"偏移值，如图 5-3 所示。

图 5-3 "修改 | 创建屋顶迹线"选项卡

新手问答

问：可以选择其他方法绘制屋顶迹线吗？

答："绘制"面板中的所有的方法都可以用来绘制屋顶迹线。但是"拾取墙"是最常用、最快速的方式，只要用户拾取墙体，就可以在此基础上创建屋顶迹线。假如用户手动绘制迹线，还需要确定绘制起点、与墙体的间距等参数。

将鼠标指针置于墙体之上，高亮显示墙体，同时在墙体的一侧显示蓝色的虚线，该虚线所在的位置即是屋顶迹线所在的位置，如图 5-4 所示。

在墙体上单击鼠标左键，以此为基础创建屋顶迹线，如图 5-5 所示。在坡度符号的右侧显示坡度标注，单击标注文字进入编辑模式，用户可重定义坡度值。

继续拾取外墙体，创建闭合屋顶迹线，如图 5-6 所示。在"属性"选项板中选择屋顶类型，如图 5-7 所示。

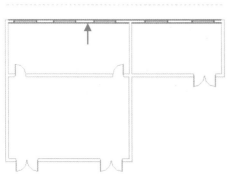

图 5-4　拾取墙体

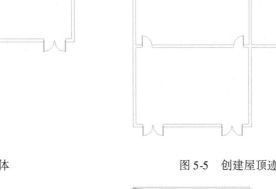

图 5-5　创建屋顶迹线

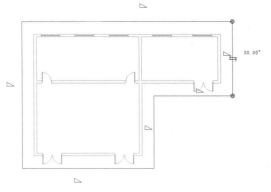

图 5-6　创建结果

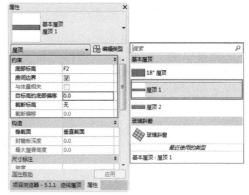

图 5-7　选择屋顶

　　单击"完成编辑模式"按钮，退出命令。此时弹出【Revit】对话框，询问用户是否将墙附着于屋顶，单击"是"按钮，如图 5-8 所示。在视图中高亮显示墙体，如图 5-9 所示，系统会将这些墙体向上延伸并最终附着于屋顶。

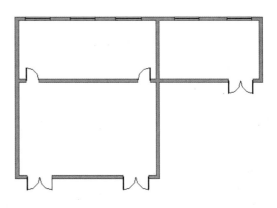

图 5-8　单击"是"按钮

图 5-9　高亮显示墙体

　　切换至屋顶所在的平面视图，即 F2 视图，观察屋顶的平面效果，如图 5-10 所示。单击快速访问工具栏上的"默认三维视图"按钮 ，切换至三维视图，观察屋顶的创建效果，如图5-11 所示。

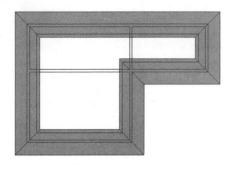

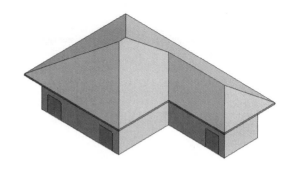

图 5-10　屋顶的平面效果

图 5-11　屋顶的三维效果

5.1.2　拉伸屋顶

选择项目浏览器，双击立面图名称，切换至立面视图，如图 5-12 所示，在其中可以更加准确地定位拉伸屋顶的轮廓线。

选择"建筑"选项卡，在"构建"面板上单击"屋顶"按钮，在列表中选择"拉伸屋顶"命令，如图 5-13 所示。

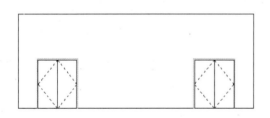

图 5-12　切换至立面视图

图 5-13　选择"拉伸屋顶"命令

随后弹出【工作平面】对话框，选择"拾取一个平面"选项，如图 5-14 所示。单击"确定"按钮，在视图中拾取立面墙体，如图 5-15 所示。

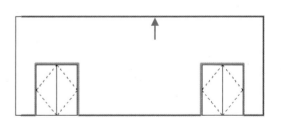

图 5-14　选择"拾取一个平面"选项

图 5-15　拾取立面墙体

打开【屋顶参照标高和偏移】对话框，选择"标高"，如图5-16所示。单击"确定"按钮，进入编辑模式。

图5-16 选择标高

新手问答

问：如何在【屋顶参照标高和偏移】对话框中选择标高以及设置"偏移"值？

答：在选择标高时，一般会参考墙体顶边所在的标高。如本例墙顶边所在的标高为"F2"，所以将屋顶的标高设置为"F2"。"偏移"值默认为"0"，表示屋顶与标高的距离。用户可以输入参数，重定义屋顶与标高的间距。

进入"修改 | 创建拉伸屋顶轮廓"选项卡，在"工作平面"面板上单击"参照平面"按钮，如图5-17所示。

图5-17 单击"参照平面"按钮

进入绘制参照平面的模式，在"绘制"面板上单击"线"按钮，如图5-18所示。

图5-18 单击"线"按钮

将鼠标指标置于墙体轮廓线之上，借助临时尺寸标注确定绘制起点，如图5-19所示。在墙顶边绘制垂直参照平面，结果如图5-20所示。

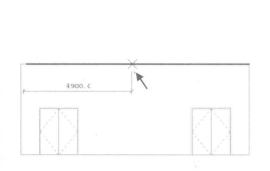

图5-19 绘制起点

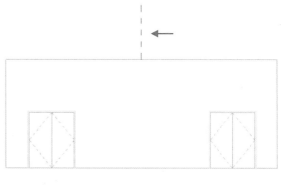

图5-20 绘制垂直参照平面

在"绘制"面板中单击"线"按钮，如图5-21所示，指定绘制拉伸屋顶轮廓线的方式。拾取参照平面的端点为起点，向左下角移动鼠标指针，预览绘制轮廓线的结果，如图5-22所示。

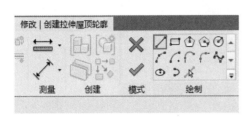

图 5-21 单击"线"按钮

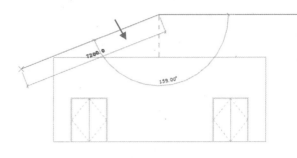

图 5-22 预览绘制轮廓线

在合适的位置单击鼠标左键，用斜线段绘制轮廓线，结果如图 5-23 所示。重复上述操作，绘制右侧的屋顶轮廓线，如图 5-24 所示。

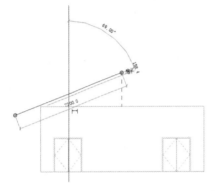

图 5-23 绘制轮廓线

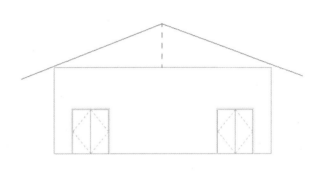

图 5-24 绘制右侧轮廓线

选择垂直参照平面，按下〈Delete〉键将其删除，结果如图 5-25 所示。单击"完成编辑模式"按钮，退出命令，创建拉伸屋顶的结果如图 5-26 所示。

图 5-25 删除参照平面

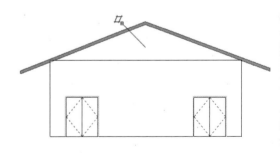

图 5-26 创建拉伸屋顶

单击快速访问工具栏上的"默认三维视图"按钮 ⌂ ，切换至三维视图，观察拉伸屋顶的三维效果，如图 5-27 所示。此时发现墙体并未附着于屋顶，选择墙体进入编辑模式，激活"附着顶部/底部"按钮，选择屋顶后墙体便自动延伸附着，结果如图 5-28 所示。

5.1.3 面屋顶

在创建面屋顶之前，需要先创建体量模型或者载入体量模型。确认项目中已有体量模型后，才可执行"面屋顶"命令，拾取体量模型面，最后在此基础上创建面屋顶。

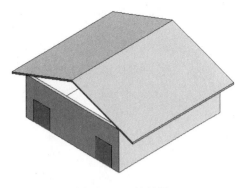

图 5-27　三维效果

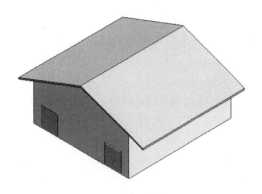

图 5-28　墙体附着于屋顶

选择"建筑"选项卡，在"构建"面板上单击"屋顶"按钮，在列表中选择"面屋顶"命令，如图 5-29 所示。进入"修改 | 放置面屋顶"选项卡，单击"选择多个"按钮，如图 5-30 所示，其余参数保持默认值。

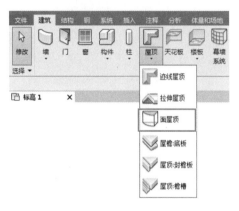

图 5-29　选择"面屋顶"命令

图 5-30　单击"选择多个"按钮

将鼠标指针置于体量模型面之上，高亮显示面轮廓线，如图 5-31 所示。在面上单击鼠标左键，选择面，如图 5-32 所示。

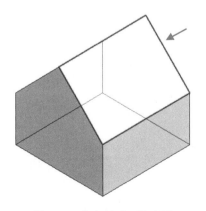

图 5-31　高亮显示面轮廓线

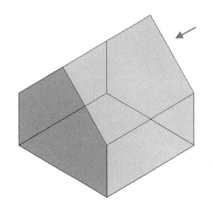

图 5-32　选择面

新手问答

问：体量模型从哪里来？

答：选择"体量和场地"选项卡，激活"内建体量"命令，可以创建各种体量模型。或者激活"放置体量"命令，可以载入外部体量模型。在后续的章节会介绍创建体量模型的方法。

图 5-33　单击"创建屋顶"按钮

在"多重选择"面板中单击"创建屋顶"按钮，如图 5-33 所示。在"属性"选项板中选择屋顶类型，如图 5-34 所示，其余参数保持默认值。

在体量模型面上创建面屋顶，结果如图 5-35 所示。

单击"ViewCube"中的角点，转换视图角度，发现有另一坡面没有创建屋顶，如图 5-36 所示。

继续执行"面屋顶"命令，拾取面生成面屋顶，最终结果如图 5-37 所示。

图 5-34　选择屋顶类型

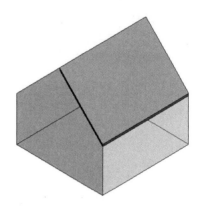

图 5-35　创建面屋顶

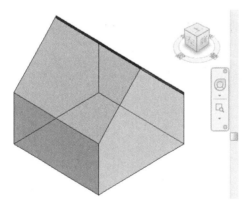

图 5-36　转换视图角度

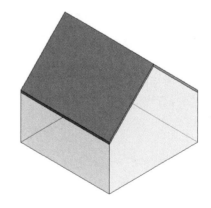

图 5-37　最终结果

5.2　屋顶构件

屋顶构件包括底板、封檐板以及檐槽，本节介绍创建这些构件的方法。

5.2.1　底板

选择"建筑"选项卡，单击"构建"面板上的"屋顶"按钮，在列表中选择"屋檐：底板"命令，如图5-38所示。稍后弹出【最低标高提示】对话框，在列表中选择屋檐底板的标高，如图5-39所示。

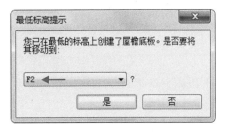

图5-38 选择"屋檐：底板"命令 　　　　　图5-39 选择标高

进入"修改|创建屋檐底板边界"选项卡，在"绘制"面板上单击"拾取墙"按钮，并设置"偏移"值，如图5-40所示。

图5-40 单击"拾取墙"按钮

将"鼠标指针"置于外墙体之上，高亮显示墙体，同时在墙体的一侧显示蓝色的虚线，如图5-41所示，虚线的位置即是底板轮廓的位置。在墙体上单击鼠标左键，创建底板轮廓线，如图5-42所示。

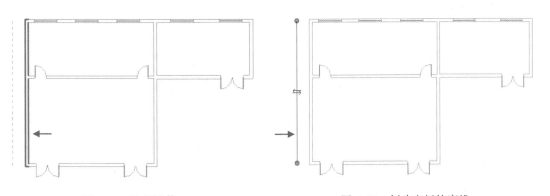

图5-41 选择墙体 　　　　　图5-42 创建底板轮廓线

继续拾取外墙体，在此基础上创建闭合轮廓线，如图5-43所示。在"绘制"面板上单击"线"按钮，如图5-44所示，继续绘制底板轮廓线。

参考外墙线，绘制闭合底板轮廓线，如图5-45所示。单击"完成编辑模式"按钮，退出命令。单击快速访问工具栏上的"默认三维视图"按钮，转换至三维视图，查看创建底板的效果，如图5-46所示。

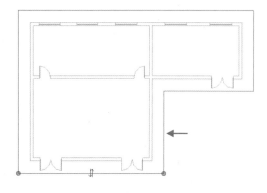

图 5-43　创建闭合轮廓线

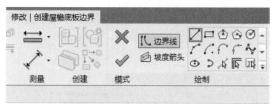

图 5-44　单击"线"按钮

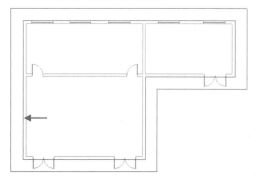

图 5-45　绘制闭合底板轮廓线

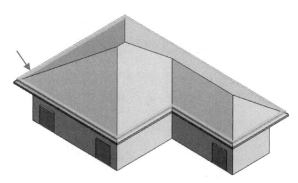

图 5-46　底板的三维效果

　　切换至立面图，选择底板，在"属性"选项板中修改"自标高的高度偏移"值，如图 5-47 所示。在视图中观察修改结果，发现底板按照指定的距离向下移动，如图 5-48 所示。

图 5-47　修改参数

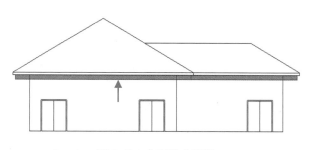

图 5-48　向下移动底板

　　在三维视图中选择迹线屋顶，单击鼠标右键，在菜单中选择"在视图中隐藏"→"图元"命令，隐藏屋顶，可以更加清楚地查看底板，如图 5-49 所示。最后取消隐藏迹线屋顶，最终结果如图 5-50 所示，结束创建底板的操作。

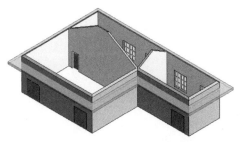

图 5-49　隐藏屋顶

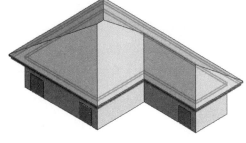

图 5-50　最终结果

5.2.2　封檐板

选择"建筑"选项卡，在"构建"面板上单击"屋顶"按钮，在列表中选择"屋顶：封檐板"命令，如图 5-51 所示。随即进入"修改 | 放置封檐板"选项卡，如图 5-52 所示。

图 5-51　选择"屋顶：封檐板"命令

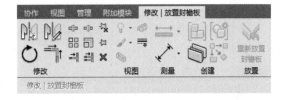

图 5-52　"修改 | 放置封檐板"选项卡

在"属性"选项板中选择默认的封檐板类型，保持"约束"选项组参数不变，如图 5-53 所示，表示封檐板与屋顶之间的距离为"0.0"。

将鼠标指针置于屋顶轮廓线之上，高亮显示轮廓线，如图 5-54 所示，表示即将以此为基础创建封檐板。

图 5-53　"属性"选项板

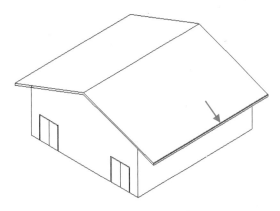

图 5-54　拾取屋顶轮廓线

在屋顶轮廓线上单击鼠标左键，创建封檐板，结果如图 5-55 所示。单击"ViewCube"上的角点，转换视图方向，继续拾取屋顶轮廓线创建封檐板，如图 5-56 所示。

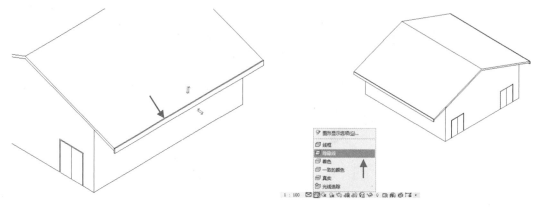

图 5-55　创建封檐板　　　　　　　　　　　图 5-56　最终结果

为了方便观察创建效果，特意将当前视图的"视觉样式"设置为"隐藏线"。

5.2.3　檐槽

选择"建筑"选项卡，单击"构建"面板上的"屋顶"按钮，在列表中选择"屋顶：檐槽"命令，如图 5-57 所示。进入"修改 | 放置檐沟"选项卡，如图 5-58 所示。

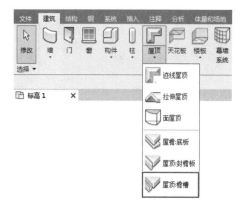

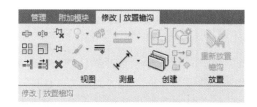

图 5-57　选择"屋顶：檐槽"命令　　　　　图 5-58　"修改 | 放置檐沟"选项卡

在"属性"选项板中显示檐槽的默认参数，包括檐槽的类型以及偏移值等，如图 5-59 所示。保持默认参数不变，拾取屋顶轮廓线，创建檐槽，如图 5-60 所示。

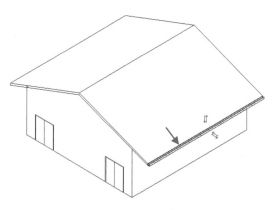

图 5-59　"属性"选项板　　　　　　　　　图 5-60　创建檐槽

滑动鼠标中键，放大视图，观察创建檐槽的效果，如图 5-61 所示。单击 "ViewCube" 上的角点，转换视图角度，继续拾取屋顶轮廓线创建檐槽，最终结果如图 5-62 所示。

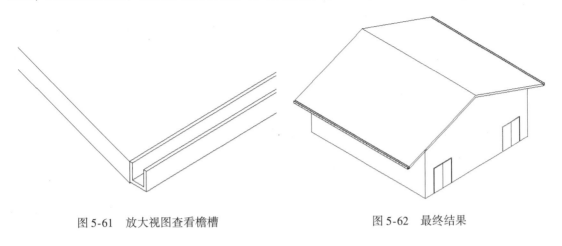

图 5-61　放大视图查看檐槽　　　　　　　　图 5-62　最终结果

5.3　天花板

Revit 提供了天花板视图，方便用户在视图中查看天花板的创建效果。此外，用户可以选择两种不同的方式创建天花板，本节介绍详细内容。

5.3.1　自动创建天花板

选择 "自动创建天花板" 方式绘制天花板，需要先创建面积平面视图。选择 "建筑" 选项卡，激活 "房间和面积" 面板上的 "面积平面" 命令，可以自动创建与所有外墙相关联的面积边界线，如图 5-63 所示。

在项目浏览器的 "视图（全部）" 列表中新增 "面积平面" 视图 "F1"，如图 5-64 所示。

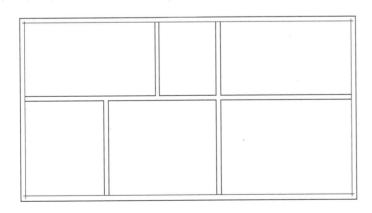

图 5-63　创建面积边界线

图 5-64　新增面积视图 "F1"

选择 "建筑" 选项卡，单击 "构建" 面板中的 "天花板" 按钮，如图 5-65 所示。进入 "修改 | 放置天花板" 选项卡，单击 "自动创建天花板" 按钮，如图 5-66 所示。

新手问答

问：为什么我在创建天花板的时候，鼠标指针显示为禁止符号的样式？

答：如果选择"自动创建天花板"方式，又没有事先创建面积边界线的话，鼠标指针就会显示为禁止符号的样式。有两个解决方法，第一个方法是先退出命令，创建面积边界线再来绘制天花板。第二个方法是选择"绘制天花板"方式。

将鼠标指针置于以墙为界限的面积内，高亮显示该区域的轮廓线，如图 5-67 所示。同时在"属性"选项板中选择天花板的类型，设置其"约束"参数，如图 5-68 所示。

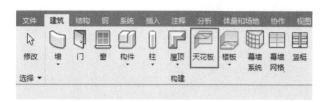

图 5-65　单击"天花板"按钮

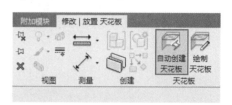

图 5-66　单击"自动创建天花板"按钮

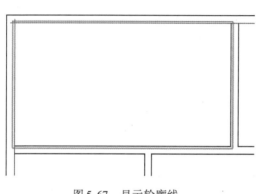

图 5-67　显示轮廓线

图 5-68　设置参数

在区域内单击鼠标左键，创建天花板，结果如图 5-69 所示。单击快速访问工具栏上的"默认三维视图"按钮，切换至三维视图，观察创建天花板的三维效果，如图 5-70 所示。

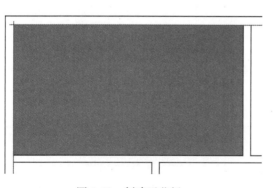

图 5-69　创建天花板

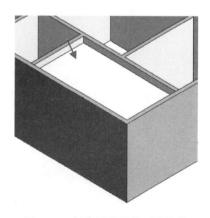

图 5-70　创建天花板的三维效果

5.3.2　绘制天花板

激活"天花板"命令后，在"修改 | 放置天花板"选项卡中单击"绘制天花板"按钮，如图 5-71 所示。

图 5-71　单击"绘制天花板"按钮

进入"修改｜创建天花板边界"选项卡，在"绘制"面板上单击"线"按钮，如图 5-72 所示，其他选项值保持默认设置。

图 5-72　单击"线"按钮

拾取墙角为起点，移动鼠标指针，依次单击下一点、终点，绘制闭合天花板轮廓线，如图 5-73 所示。在"属性"选项板中设置参数，如图 5-74 所示。单击"完成编辑模式"按钮，退出命令。

在项目浏览器中展开"天花板平面"列表，双击"F1"视图名称，如图 5-75 所示。切换至天花板视图，观察创建天花板的平面效果，如图 5-76 所示。

单击快速访问工具栏上的"默认三维视图"按钮，切换至三维视图，查看天花板的三维效果，如图 5-77 所示。

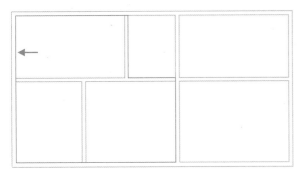

图 5-73　绘制天花板轮廓线

图 5-74　设置参数

图 5-75　选择视图

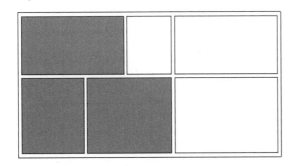

图 5-76　平面效果

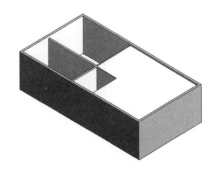

图 5-77　天花板的三维效果

5.3.3 新手点拨——创建项目天花板

素材文件：第 4 章/4.2.5 新手点拨——创建项目中的窗 . rvt

效果文件：第 5 章/5.3.3 新手点拨——创建项目天花板 . rvt

视频课程：5.3.3 新手点拨——创建项目天花板

（1）选择项目浏览器，展开"楼层平面"列表，选择"F7"视图，如图 5-78 所示。按下回车键，切换至 F7 视图。

（2）选择"建筑"选项卡，在"构建"面板上单击"天花板"按钮，进入"修改 | 放置天花板"选项卡，单击"绘制天花板"按钮，如图 5-79 所示。

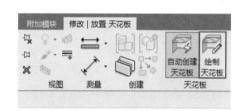

图 5-78 选择"F7"视图 　　　　图 5-79 单击"绘制天花板"按钮

（3）进入"修改 | 创建天花板边界"选项卡，在"绘制"面板上单击"线"按钮，如图 5-80 所示。

图 5-80 单击"线"按钮

（4）指定起点、下一点、终点，绘制闭合天花板轮廓线，如图 5-81 所示。

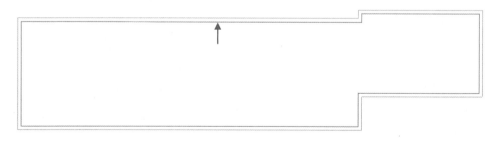

图 5-81 绘制闭合轮廓线

（5）单击"完成编辑模式"按钮，退出命令，创建天花板的结果如图 5-82 所示。

图 5-82　创建天花板的结果

（6）在"属性"选项板中修改"自标高的高度偏移"值为"100.0"，如图 5-83 所示。表示在 F7 的基础上，天花板向上移动 100mm。

（7）切换至三维视图，观察创建天花板的效果，如图 5-84 所示。

图 5-83　设置参数

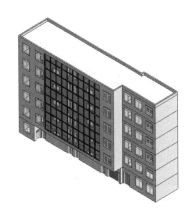

图 5-84　创建天花板的三维效果

5.4　楼板

在绘制楼板轮廓线时，可以拾取墙体生成，也可以自行绘制。用户还可以通过拾取楼板边缘，以指定的轮廓线为基准，生成三维模型。本节介绍创建楼板的方法。

5.4.1　创建楼板

选择"建筑"选项卡，在"构建"面板上单击"楼板"按钮，进入"修改 | 创建楼层边界"选项卡。

在"绘制"面板上单击"矩形"按钮，如图 5-85 所示，选择绘制楼板轮廓线的方式。

图 5-85　单击"矩形"按钮

　　将鼠标指针置于左上角内墙角之上，如图 5-86 所示，单击鼠标左键拾取该点为起点。按住鼠标左键不放，向右下角移动鼠标指针，指定内墙角为终点并松开鼠标左键，如图 5-87 所示。

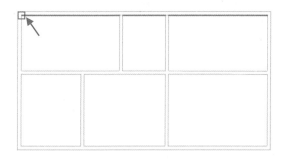

图 5-86　指定起点

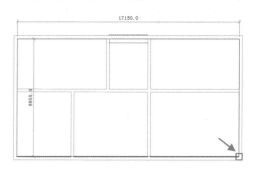

图 5-87　指定终点

　　绘制闭合楼板轮廓线的结果如图 5-88 所示。在"属性"选项板中选择楼板的类型，并设置"自标高的高度偏移"值，如图 5-89 所示。单击"完成编辑模式"按钮，退出命令。

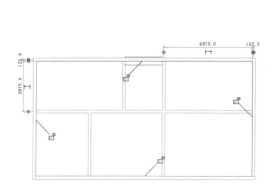

图 5-88　绘制闭合楼板轮廓线

图 5-89　设置参数

　　单击快速访问工具栏上的"默认三维视图"按钮 ，切换至三维视图。选择外墙体，如图 5-90 所示。单击鼠标右键，在菜单中选择"在视图中隐藏"→"图元"命令，如图 5-91 所示。

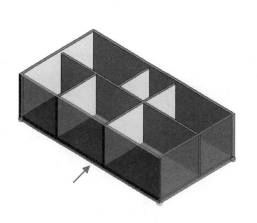

图 5-90　选择外墙体

图 5-91　选择"图元"命令

隐藏选中的外墙体，观察创建楼板的三维效果，如图 5-92 所示。

5.4.2 楼板边

利用"楼板边"工具，可以为楼板添加指定样式的边缘线。项目文件提供了一种楼板边缘样式，假如用户需要创建其他样式的楼板边缘，需要载入轮廓族。

选择"建筑"选项卡，在"构建"面板上单击"楼板"按钮，在列表中选择"楼板：楼板边"命令，如图 5-93 所示。在"属性"选项板中单击"编辑类型"按钮，如图 5-94 所示，打开【类型属性】对话框。

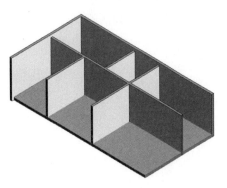

图 5-92　创建楼板的三维效果

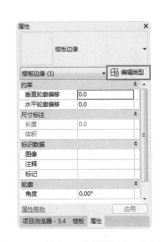

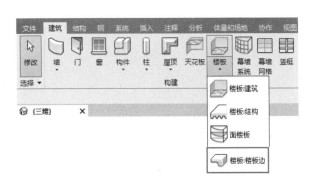

图 5-93　选择"楼板：楼板边"命令

图 5-94　单击"编辑类型"按钮

在"轮廓"选项中显示当前轮廓线的名称，显示为"默认"，如图 5-95 所示，这是项目文件自带的轮廓线。单击"确定"按钮，返回视图。

移动鼠标指针，将其置于楼板轮廓线之上，高亮显示轮廓线，如图 5-96 所示。

图 5-95　【类型属性】对话框

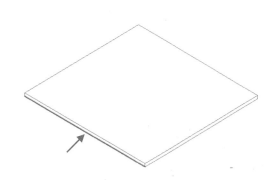

图 5-96　拾取楼板轮廓线

在楼板轮廓线上单击鼠标左键，在此基础上创建楼板边缘，效果如图 5-97 所示。在楼板边缘的周围显示翻转控件，激活控件调整楼板边缘的位置。如单击"向上/向下"控件"↕"，本来位于楼板下的楼板边缘向上翻转，效果如图 5-98 所示。

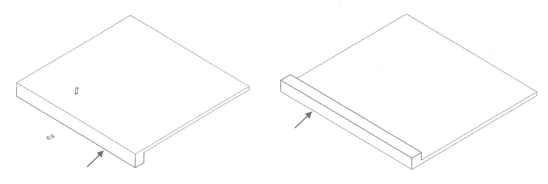

图 5-97 创建楼板边缘   图 5-98 向上翻转模型

当用户载入轮廓族后，在【类型属性】对话框中单击"轮廓"选项，向下弹出列表，显示已载入的族，如图 5-99 所示。选择轮廓线样式，返回视图拾取边创建楼板边缘模型，结果如图 5-100 所示。

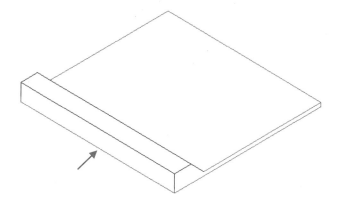

图 5-99 选择轮廓   图 5-100 创建楼板边缘结果

5.4.3 新手点拨——创建项目楼板

素材文件：第 5 章/5.3.3 新手点拨——创建项目天花板.rvt
效果文件：第 5 章/5.4.3 新手点拨——创建项目楼板.rvt
视频课程：5.4.3 新手点拨——创建项目楼板

☞绘制楼板

（1）选择"建筑"选项卡，在"构建"面板上单击"楼板"按钮，进入"修改 | 创建楼层边界"选项卡。

（2）在"绘制"面板上单击"线"按钮，如图 5-101 所示。

图 5-101 单击"线"按钮

（3）在"属性"选项板中单击"编辑类型"按钮，打开【类型属性】对话框。单击"结构"选项右侧的"编辑"按钮，如图 5-102 所示。

（4）打开【编辑部件】对话框，修改"厚度"值为"450.0"，如图 5-103 所示。

图 5-102　单击"编辑"按钮　　　　　　　图 5-103　修改参数

（5）关闭对话框，返回视图。指定起点、下一点、终点，绘制闭合楼板边界线，如图 5-104 所示。

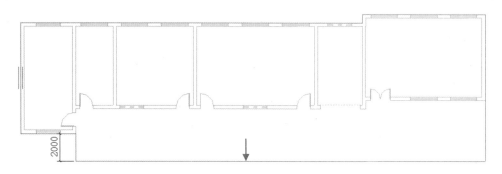

图 5-104　绘制闭合楼板边界线

（6）单击"完成编辑模式"按钮，退出命令，查看创建楼板的结果，如图 5-105 所示。

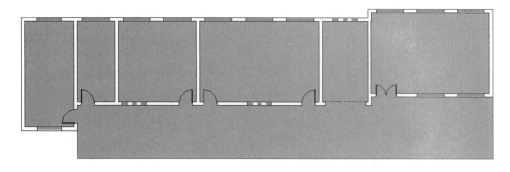

图 5-105　创建楼板的结果

（7）在"属性"选项板上设置"自标高的高度偏移"值为"0.0"，如图 5-106 所示。

（8）切换至三维视图，查看创建楼板的三维效果，如图 5-107 所示。

图 5-106　设置参数

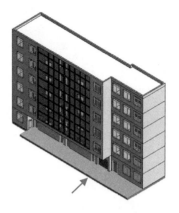

图 5-107　创建楼板的三维效果

☞创建台阶

（1）在"构建"面板上单击"楼板"按钮，在列表中选择"楼板：楼板边"命令，如图 5-108 所示。

（2）弹出【类型属性】对话框，选择"轮廓"为"台阶轮廓：台阶轮廓"，如图 5-109 所示。

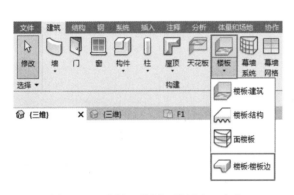

图 5-108　选择"楼板：楼板边"命令

图 5-109　选择轮廓

（3）将鼠标指针置于楼板的边缘线之上，高亮显示（拾取）边缘线，如图 5-110 所示。

（4）在边缘线上单击鼠标左键，创建台阶的结果如图 5-111 所示。

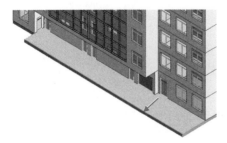

图 5-110　拾取边缘线

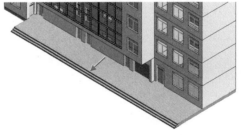

图 5-111　创建台阶的结果

新手问答

问：为什么我在【类型属性】对话框中的"轮廓"列表中没有发现"台阶轮廓"？

答：系统提供"默认"轮廓供用户使用，除此之外，其他轮廓需要用户载入轮廓族。在本例中，因为已经事先载入"台阶轮廓"，所以就可以在【类型属性】对话框中选择该轮廓。

☞**在其他楼层创建楼板**

（1）选择项目浏览器，展开"楼层平面"列表，选择"F2"视图，如图 5-112 所示。按下回车键，切换至该视图。

（2）在"构建"面板上单击"楼板"按钮，在"属性"选项板上单击"编辑类型"按钮，打开【类型属性】对话框。

（3）在对话框中单击"复制"按钮，在【名称】对话框中输入名称，如图 5-113 所示。

（4）接着在【类型属性】对话框中单击"结构"选项中的"编辑"按钮，打开【编辑部件】对话框。修改"厚度"值，如图 5-114 所示。

图 5-112　选择视图

（5）单击"确定"按钮，返回视图。在"绘制"面板中单击"线"按钮，指定起点、下一点、终点，绘制楼板边界线，如图 5-115 所示。

（6）在"属性"选项板中设置"自标高的高度偏移"值为"0.0"，如图 5-116 所示。

图 5-113　输入名称

（7）单击"完成编辑模式"按钮，退出命令，此时弹出【Revit】对话框。单击"否"按钮，如图 5-117 所示。

图 5-114　拾取边缘线

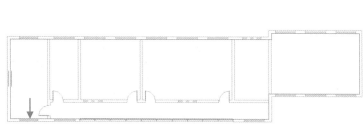

图 5-115　绘制边界线

图 5-116　设置参数

图 5-117　单击"否"按钮

（8）观察绘制楼板的结果，如图 5-118 所示。

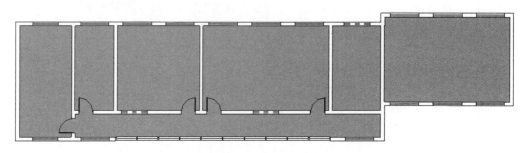

图 5-118　创建楼板的结果

（9）切换至三维视图，观察创建楼板的三维效果，如图 5-119 所示。

（10）在"F2"视图中选择图元，进入"修改 | 选择多个"选项卡，单击"过滤器"按钮，如图 5-120 所示。

图 5-119　三维效果

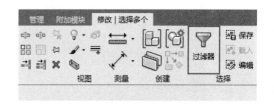

图 5-120　单击"过滤器"按钮

（11）打开【过滤器】对话框，选择"楼板"选项，如图 5-121 所示。

（12）在"剪贴板"面板上单击"复制到剪贴板"按钮，接着单击"粘贴"按钮，在列表中选择"与选定的标高对齐"命令，如图 5-122 所示。

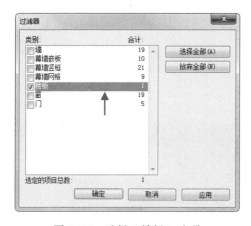

图 5-121　选择"楼板"选项

图 5-122　选择"与选定的标高对齐"命令

（13）弹出【选择标高】对话框，选择标高，如图 5-123 所示。

（14）单击"确定"按钮，执行"粘贴"操作。切换至三维视图，观察将楼板粘贴至其他楼层的结果，最终效果如图 5-124 所示。

图 5-123   选择标高

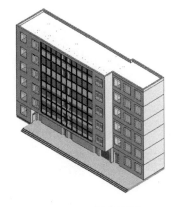

图 5-124   最终效果

第6章

坡道楼梯

　　本章介绍创建楼梯与坡道的方法。Revit Architecture提供多种楼梯类型供用户选择，所以着重讲述不同类型楼梯的创建方法。在讲解绘制坡道时，会先介绍设置参数的方法，因为坡道的样式与参数有直接的联系。此外，还会介绍绘制栏杆扶手、载入栏杆族及设置栏杆参数的方法。

6.1 坡道

为了事先确定坡道的显示样式，需要在【类型属性】对话框中设置相关参数。用户也可以选择已创建的坡道，修改参数重定义坡道的显示效果。

6.1.1 设置坡道参数

选择"建筑"选项卡，在"楼梯坡道"面板上单击"坡道"按钮，如图 6-1 所示，进入"修改丨创建坡道草图"选项卡。

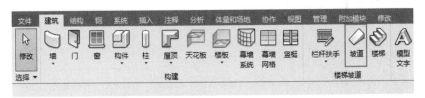

图 6-1 单击"坡道"按钮

在"属性"选项板上单击"编辑类型"按钮，打开【类型属性】对话框。单击"造型"选项，在列表中选择"实体"，指定坡道的造型。

保持"文字大小""文字字体"选项默认值，用户也可以重定义字体大小以及字体样式，不过通常保持默认值即可。

修改"坡道最大坡度（$1/x$）"选项值，如图 6-2 所示。最后单击"确定"按钮，返回视图。

在"属性"选项板中设置"底部标高"以及"顶部标高"，限制坡道的高度。最后在"宽度"选项中输入参数，如图 6-3 所示，指定坡道的宽度。

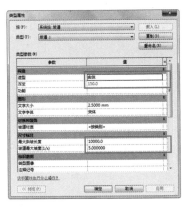

图 6-2 【类型属性】对话框

图 6-3 设置参数

新手问答

问："底部标高"选项中的"地坪"从哪里来的？

答：在立面视图中创建标高，将其命名为"地坪"。"地坪"位于 F1 之下，相距 450mm。将坡道的高度限制在"地坪"与 F1 之间，其高度也就为 450mm。

6.1.2 创建坡道

在"修改丨创建坡道草图"选项卡中单击"绘制"面板上的"线"按钮，如图 6-4 所示，可以创建直线坡道。单击"圆心-端点弧"按钮，可以创建弧形坡道。

图 6-4　单击"线"按钮

在绘图区域中单击鼠标左键指定起点，向上移动鼠标指针，输入距离，如图 6-5 所示。按下回车键创建坡道，如图 6-6 所示。观察创建结果，发现坡道的位置不对。

选择坡道，将鼠标指针置于坡道边界线之上，显示移动符号的时候按住鼠标左键不放，移动鼠标指针调整坡道的位置后松开鼠标左键，结果如图 6-7 所示。

单击"完成编辑模式"按钮，退出命令。在坡道的中间显示向下箭头，表示坡道的方向，如图 6-8 所示。

单击快速访问工具栏上的"默认三维视图"按钮，切换至三维视图，观察创建坡道的效果，如图 6-9 所示。

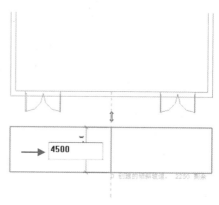

图 6-5　输入距离

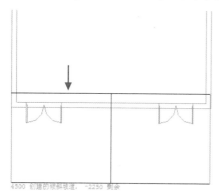

图 6-6　创建坡道

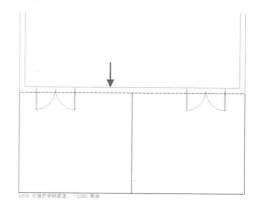

图 6-7　调整坡道的位置

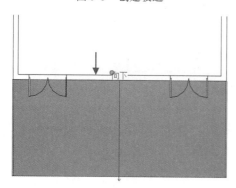

图 6-8　创建结果

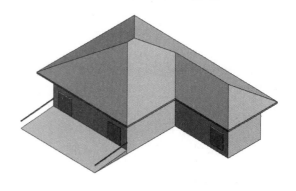

图 6-9　坡道的三维效果

6.1.3 新手点拨——创建项目坡道

素材文件：第 5 章/5.4.3 新手点拨——创建项目楼板 .rvt
效果文件：第 6 章/6.1.3 新手点拨——创建项目坡道 .rvt
视频课程：6.1.3 新手点拨——创建项目坡道

☞创建坡道

（1）选择"建筑"选项卡，在"楼梯坡道"面板上单击"坡道"按钮，进入"修改 | 创建坡道草图"选项卡，在"绘制"面板上单击"线"按钮，如图 6-10 所示。

图 6-10　单击"线"按钮

（2）在"属性"选项板中单击"编辑类型"按钮，打开【类型属性】对话框。选择"造型"为"实体"，接着修改其余参数值，如图 6-11 所示。

（3）单击"确定"按钮，关闭对话框。在"属性"选项板中修改"底部偏移"值为"–450.0"，"宽度"为"2300.0"，如图 6-12 所示。

（4）在视图中指定起点、终点，绘制坡道，结果如图 6-13 所示。

（5）单击"完成编辑模式"按钮，退出命令，查看创建坡道的结果，如图 6-14 所示。

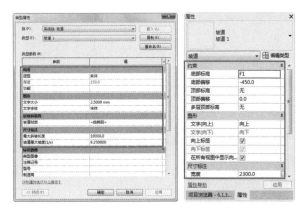

图 6-11　修改参数　　　图 6-12　设置参数

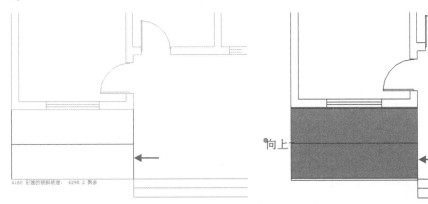

图 6-13　绘制坡道　　　　　图 6-14　创建坡道的结果

（6）切换至三维视图，观察创建坡道的效果，如图 6-15 所示。

（7）选择扶手，按〈Delete〉键，删除扶手的结果如图 6-16 所示。

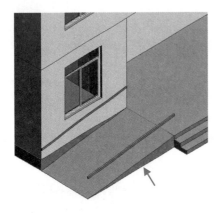

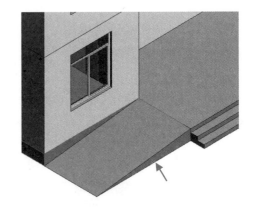

图 6-15　坡道的三维效果　　　　　　　图 6-16　删除扶手的结果

☞放置栏杆

（1）在"坡道楼梯"面板上单击"栏杆扶手"按钮，在列表中选择"放置在楼梯/坡道上"命令，如图 6-17 所示。

（2）拾取坡道放置栏杆扶手。选择靠墙的栏杆扶手，按〈Delete〉键将其删除，结果如图 6-18 所示。

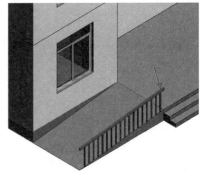

图 6-17　选择"放置在楼梯/坡道上"命令　　　　　图 6-18　放置栏杆扶手

（3）在"栏杆扶手"列表中选择"绘制路径"命令，如图 6-19 所示。

（4）进入"修改 | 创建栏杆扶手路径"选项卡，在"绘制"面板上单击"线"按钮，如图 6-20 所示。

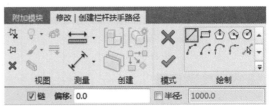

图 6-19　选择"绘制路径"命令　　　　　　图 6-20　单击"线"按钮

（5）在视图中指定起点、终点，绘制路径的结果如图 6-21 所示。

（6）在"属性"选项板中设置"从路径偏移"值为"-50.0"，如图 6-22 所示。

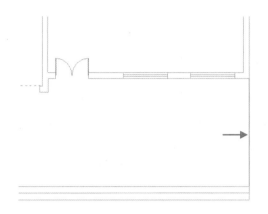

图6-21　绘制路径的结果　　　　　　　　图6-22　设置参数

（7）单击"完成编辑模式"按钮，退出命令，观察绘制栏杆扶手的结果，如图6-23所示。

（8）切换至三维视图，查看绘制栏杆扶手的三维效果，如图6-24所示。

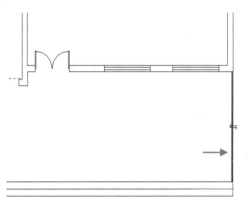

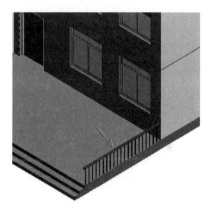

图6-23　绘制栏杆扶手的结果　　　　　　图6-24　绘制栏杆扶手的三维效果

6.2　楼梯

在Revit中可以创建多种类型的楼梯，如直梯、螺旋梯段以及转角梯段等，本节介绍创建方法。

6.2.1　直梯

选择"建筑"选项卡，在"楼梯坡道"面板上单击"楼梯"按钮，如图6-25所示，进入"修改 | 创建楼梯"选项卡。

图6-25　单击"楼梯"按钮

在"构件"面板中单击"直梯"按钮，接着在选项栏中设置"定位线"为"梯段：中心"，保持"偏移"值为"0.0"，定义"实际梯段宽度"为"1500.0"，如图6-26所示。

图 6-26　单击"直梯"按钮

在"属性"选项板中调出类型列表，显示三种梯段类型，选择其中一种作为直梯类型。修改"底部标高""顶部标高"，系统自动计算"所需踢面数"，如图 6-27 所示。

单击"属性"选项板中的"编辑类型"按钮，打开【类型属性】对话框。设置"最大踢面高度""最小踏板深度"等参数，如图 6-28 所示。单击"确定"按钮，返回视图。

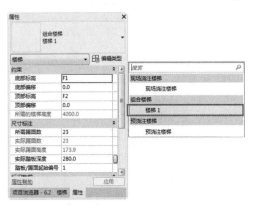

图 6-27　选择梯段类型

图 6-28　设置参数

在绘图区域中单击鼠标左键指定起点，向上移动鼠标指针，预览绘制梯段的效果，如图 6-29 所示。在合适的位置单击鼠标左键指定终点，绘制直梯的效果如图 6-30 所示。滑动鼠标中键，放大视图，发现在梯段的左侧，有显示踏板数量的标注文字。

单击"完成编辑模式"按钮，退出命令，创建直梯的结果如图 6-31 所示。单击快速访问工具栏上的"默认三维视图"按钮，转换至三维视图，查看直梯的三维效果，如图 6-32 所示。

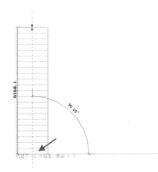

图 6-29　预览创建梯段

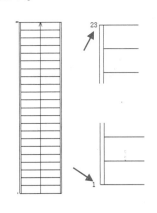

图 6-30　显示踏板数量的标注文字

图 6-31　创建直梯的结果

图 6-32　直梯的三维效果

6.2.2 全踏步螺旋梯段

激活"楼梯"命令，进入"修改 | 创建楼梯"选项卡，在"构件"面板上单击"全踏步螺旋"按钮，创建梯段，同时修改选项栏参数，如图6-33所示。

图6-33 单击"全踏步螺旋"按钮

在"属性"选项板中选择梯段的类型，设置"底部标高""顶部标高"选项值，如果没有特殊情况，"底部偏移""顶部偏移"选项值保持默认值即可，如图6-34所示。

在绘图区域中单击鼠标左键指定梯段的中心，移动鼠标指针，此时可以预览创建螺旋梯段的效果。输入半径值，如图6-35所示。

图6-34 设置参数

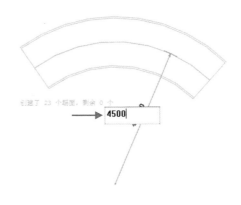

图6-35 输入半径值

按下回车键，创建螺旋梯段。单击"完成编辑模式"按钮，退出命令，观察创建梯段的效果，如图6-36所示。单击快速访问工具栏上的"默认三维视图"按钮 ，转换至三维视图，查看螺旋梯段的三维效果，如图6-37所示。

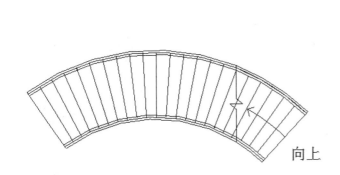

图6-36 创建螺旋梯段

图6-37 三维效果

6.2.3　圆心-端点螺旋梯段

激活"楼梯"命令，进入"修改 | 创建楼梯"选项卡，在"构件"面板上单击"圆心-端点螺旋"按钮，如图6-38所示，选择创建梯段的方式。

指定"定位线"为"梯段：中心"，表示利用梯段中心线确定梯段的位置，同时设置其他选项参数。

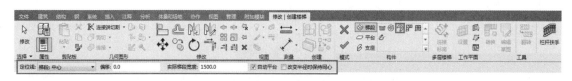

图6-38　单击"圆心-端点螺旋"按钮

在"属性"选项板中选择梯段类型为"现场浇注楼梯"，其余参数设置如图6-39所示。在绘图区域中单击鼠标左键，指定梯段的中心。移动鼠标指针，输入半径值，如图6-40所示。

按下回车键，移动鼠标指针，指定梯段的终点，同时预览创建梯段的效果，如图6-41所示。在合适的位置单击鼠标左键创建梯段，如图6-42所示。

单击"完成编辑模式"按钮，退出命令，查看创建梯段的效果，如图6-43所示。单击快速访问工具栏上的"默认三维视图"按钮 ，转换至三维视图，查看梯段的三维效果，如图6-44所示。

图6-39　选择梯段类型

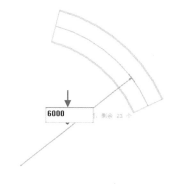

图6-40　输入半径值

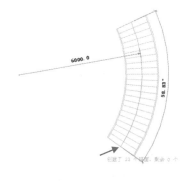

图6-41　指定终点

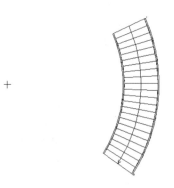

图6-42　创建梯段

图6-43　最终结果

图6-44　三维效果

新手问答

问：全踏步螺旋梯段与圆心 – 端点螺旋梯段的创建效果看起来一样，是同种类型的梯段吗？

答：梯段的创建效果相同，不同的是创建过程。创建全踏步螺旋梯段，需要指定梯段中心点及半径大小。创建圆心 – 端点螺旋梯段，则需要指定梯段中心点、半径以及梯段终点。针对不同类型的项目，选用不同的命令创建梯段。

6.2.4 L形转角梯段

激活"楼梯"命令，进入"修改 | 创建楼梯"选项卡。在"构件"面板上单击"L形转角"按钮，如图6-45所示，选择创建梯段的方式。同时设置选项栏参数。

图6-45 单击"L形转角"按钮

在"属性"选项板中显示梯段的类型为"组合楼梯"，用户可调出类型列表选择其他类型的梯段。最后设置参数，如图6-46所示，定义梯段的显示效果。

此时在绘图区域中已经可以预览创建的L形转角梯段的效果，如图6-47所示。

如果对默认的梯段方向不满意，可以按下空格键，翻转梯段，如图6-48所示。在合适的位置单击鼠标左键，放置转角楼梯，如图6-49所示。

单击"完成编辑模式"按钮，退出命令，在视图中查看L形转角楼梯的平面效果，最终结果如图6-50所示。单击快速访问工具栏上的"默认三维视图"按钮![icon]，转换至三维视图，查看梯段的三维效果，如图6-51所示。

图6-46 设置参数

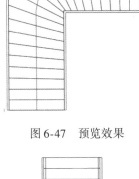

图6-47 预览效果

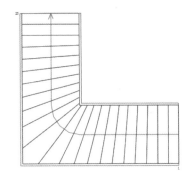

图6-48 翻转方向

图6-49 创建梯段

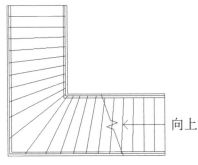

图6-50 最终结果

图6-51 三维效果

6.2.5　U形转角梯段

激活"楼梯"命令，进入"修改 | 创建楼梯"选项卡。在"构件"面板上单击"U形转角"按钮，如图6-52所示，选择创建梯段的方式。在选项栏中设置"定位线"的样式，输入"实际梯段宽度"值，其他选项值保持默认。

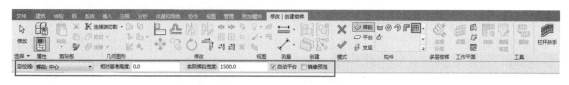

图6-52　单击"U形转角"按钮

在"属性"选项板中选择"预浇注楼梯"类型，其他参数设置如图6-53所示。在绘图区域中预览U形转角梯段的创建效果，按下空格键，翻转梯段方向，如图6-54所示。

在合适的位置单击鼠标左键，放置U形转角梯段。单击"完成编辑模式"按钮，退出命令，查看创建梯段的最终结果，如图6-55所示。

单击快速访问工具栏上的"默认三维视图"按钮 ，转换至三维视图，查看梯段的三维效果，如图6-56所示。

图6-53　设置参数

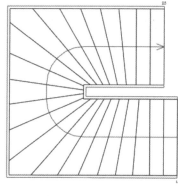

图6-54　翻转梯段方向

6.2.6　自定义梯段

激活"楼梯"命令，进入"修改 | 创建楼梯"选项卡，在"构件"面板上单击"创建草图"按钮，如图6-57所示，选择绘制梯段的方式。

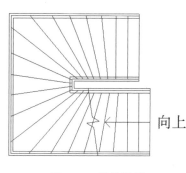

图6-55　最终结果

图6-56　三维效果

图6-57　单击"创建草图"按钮

在"属性"选项板中选择梯段的类型，设置"底部标高""顶部标高"，修改"顶部偏移"值，如图6-58所示。在"修改 | 创建楼梯 > 绘制梯段"选项卡中选择"线"绘制方式，如图6-59所示。

图 6-58　设置参数

图 6-59　单击"线"按钮

新手问答

问：为什么将"顶部偏移"值设置为"300.0"？

答：将梯段的"底部标高"设置为"地坪"，"顶部标高"设置为"F1"，表示将梯段的高度范围限制在"地坪"与"F1"之间。将"顶部偏移"值设置为"300.0"，表示允许梯段在F1的基础上向上延伸300mm。

在绘图区域中单击指定边界线的起点，向下移动鼠标指针，同时输入参数值，如图 6-60 所示，定义边界线的长度。接着向右移动鼠标指针，输入参数值，如图 6-61 所示，指定另一边界线的位置。

图 6-60　输入距离

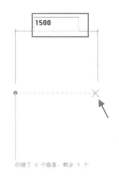

图 6-61　指定间距

创建梯段边界线的结果如图 6-62 所示。在"绘制"面板上单击"踢面"按钮，选择"线"绘制方式，如图 6-63 所示。

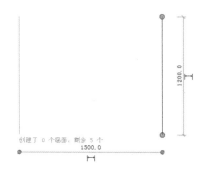

图 6-62　绘制边界线

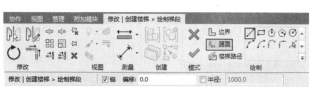

图 6-63　单击"踢面"按钮

拾取边界线的端点，绘制踢面线闭合区域，如图 6-64 所示。注意观察踢面线下方的灰色提示文字，显示 "创建了 2 个踢面，剩余 3 个"。因为在 "属性" 选项板中设定梯段的高度后，系统自动计算在指定的高度内需要 5 个踢面。

用户已经绘制了 2 段踢面线，表示已创建了 2 个踢面，所以还剩余 3 个。

将鼠标指针置于边界线之上，预览临时尺寸标注，输入 "300"，如图 6-65 所示，指定踢面的间距。

按下回车键，向右移动鼠标指针，单击鼠标左键指定终点绘制踢面线，最终结果如图 6-66 所示。单击 "完成编辑模式" 按钮，结束绘制操作，此时梯段的显示效果如图 6-67 所示。

再次单击 "完成编辑模式" 按钮，退出 "楼梯" 命令，在平面视图中观察创建踢面的结果，如图 6-68 所示。单击快速访问工具栏上的 "默认三维视图" 按钮 🏠，转换至三维视图，查看梯段的三维效果，如图 6-69 所示。

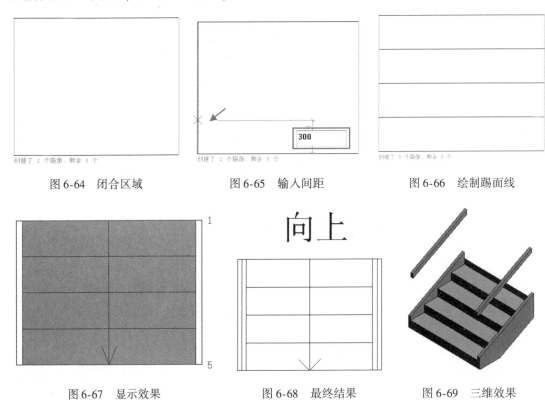

图 6-64　闭合区域　　　　图 6-65　输入间距　　　　图 6-66　绘制踢面线

图 6-67　显示效果　　　　图 6-68　最终结果　　　　图 6-69　三维效果

6.3　栏杆

用户可以选用两种方式创建栏杆，一种是绘制栏杆路径，另一种是直接在构件上创建栏杆。本节介绍利用这两种方法绘制栏杆。

6.3.1　载入栏杆族

选择 "插入" 选项卡，在 "从库中载入" 面板中单击 "载入族" 按钮，如图 6-70 所示，打开【载入族】对话框。选择 "扁钢栏杆" 族，如图 6-71 所示。单击 "打开" 按钮，将族载入项目文件。

图 6-70　单击"载入族"按钮　　　　　　　图 6-71　选择"扁钢栏杆"族

6.3.2　绘制路径创建栏杆

选择"建筑"选项卡,在"楼梯坡道"面板上单击"栏杆扶手"按钮,在列表中选择"绘制路径"命令,如图 6-72 所示。

图 6-72　选择"绘制路径"命令

在"属性"选项板上单击"编辑类型"按钮,打开【类型属性】对话框。单击"栏杆位置"选项后的"编辑"按钮,如图 6-73 所示,打开【编辑栏杆位置】对话框。

将鼠标指针定位在第 2 行"栏杆族"单元格中,在列表中选择栏杆族,修改"相对前一栏杆的距离"值,如图 6-74 所示。单击"确定"按钮,返回视图。

 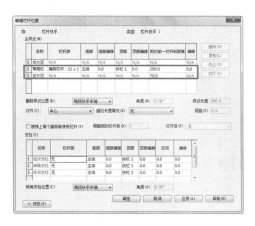

图 6-73　单击"编辑"按钮　　　　　　　图 6-74　选择栏杆族

在"修改 | 创建栏杆扶手路径"选项卡中单击"绘制"面板上的"线"按钮,如图 6-75 所示。在选项栏上选择"链"按钮,可以连续绘制多段相连接的线。

图 6-75　单击"线"按钮

滑动鼠标中键，放大显示需要放置栏杆的楼板。将鼠标指针置于楼板之上，指定路径的起点，如图 6-76 所示。单击鼠标左键，移动鼠标指针，继续指定下一点，如图 6-77 所示。

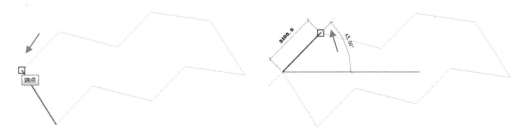

图 6-76　指定起点　　　　　　　　　　　图 6-77　指定下一点

参考楼板的轮廓线，绘制栏杆路径，如图 6-78 所示。接着重复操作，继续在楼板的另一侧绘制栏杆路径，如图 6-79 所示。

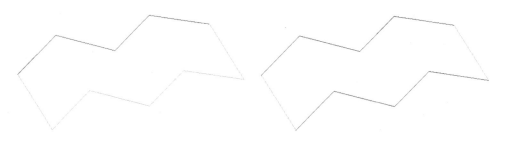

图 6-78　绘制路径　　　　　　　　　　　图 6-79　绘制另一侧路径

在"属性"选项板中设置"从路径偏移"值，如图 6-80 所示。单击"完成编辑模式"按钮，退出命令。此时却在软件界面的右下角弹出如图 6-81 所示的对话框，提醒用户绘制发生错误。

图 6-80　设置参数

图 6-81　提示对话框

单击"继续"按钮，返回绘制模式。选择楼板一侧的栏杆路径，按下〈Delete〉键将其删除。单击"完成编辑模式"按钮，退出命令，观察创建栏杆的效果，如图6-82所示。

再次执行绘制栏杆的操作，在楼板的另一侧绘制栏杆路径，如图6-83所示。

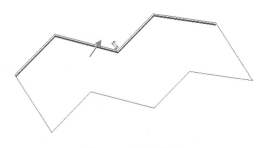

图6-82　创建栏杆

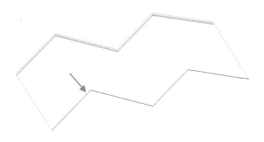

图6-83　绘制栏杆路径

结束绘制后，发现已创建的栏杆位于楼板之外。选择栏杆，显示翻转控件，单击控件，如图6-84所示，翻转栏杆，使其显示在楼板之上，如图6-85所示。

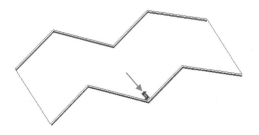

图6-84　单击控件

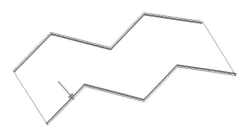

图6-85　向内翻转栏杆

新手问答

问：还有其他方法调整栏杆的位置吗？

答：有，在"属性"选项板中修改"从路径偏移"值。如调整图6-84中栏杆的位置，只要在"属性"选项板中将"从路径偏移"值改为正值，即"100.0"，栏杆就可以向内翻转。

单击快速访问工具栏上的"默认三维视图"按钮，转换至三维视图，查看栏杆的三维效果，如图6-86所示。

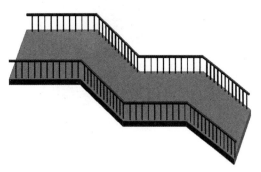

图6-86　栏杆的三维样式

6.3.3　在梯段上创建栏杆

在"楼梯坡道"面板上单击"栏杆扶手"按钮，在列表中选择"放置在楼梯/坡道上"命令，如图6-87所示。

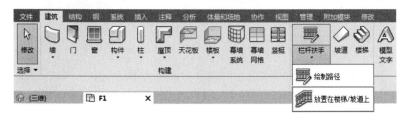

图6-87　选择"放置在楼梯/坡道上"命令

进入"修改 | 在楼梯/坡道上放置栏杆扶手"选项卡，单击"踏板"按钮，如图 6-88 所示，表示栏杆即将被放置在踏板上。在"属性"选项板中显示栏杆的参数，保持默认不变，如图 6-89 所示。

图 6-88 单击"踏板"按钮　　　　图 6-89 显示参数设置

将鼠标指针置于梯段之上，高亮显示梯段，如图 6-90 所示。此时单击鼠标左键，拾取梯段放置栏杆，结果如图 6-91 所示。

图 6-90 拾取梯段　　　　图 6-91 在踏板上放置栏杆

在"修改 | 在楼梯/坡道上放置栏杆扶手"选项卡，单击"梯边梁"按钮，如图 6-92 所示，更改栏杆的放置位置为梯边梁。拾取梯段，将栏杆放置在梯边梁之上，如图 6-93 所示。

图 6-92 单击"梯边梁"按钮　　　　图 6-93 在梯边梁上放置栏杆

滑动鼠标中键,放大视图,观察将栏杆放置在不同位置的显示效果。如图 6-94 所示为将栏杆放置在踏板之上,如图 6-95 所示为栏杆被放置在梯边梁之上的效果。

图 6-94 放大观察在踏板上放置栏杆

图 6-95 放大显示在梯边梁上放置栏杆

6.3.4 新手点拨——为坡道添加栏杆

素材文件:第 6 章/6.3.4 新手点拨——为坡道添加栏杆-素材 . rvt

效果文件:第 6 章/6.3.4 新手点拨——为坡道添加栏杆 . rvt

视频课程:6.3.4 新手点拨——为坡道添加栏杆

在本节,讲解为坡道添加栏杆的方法。在设置栏杆参数时,通过打开"预览"窗口,可以在修改参数的同时查看修改结果。

(1)选择"插入"选项卡,激活"载入族"命令,在【载入族】对话框中选择栏杆族,如图 6-96 所示。单击"打开"按钮,将其载入项目文件。

(2)选择"建筑"选项卡,单击"楼梯坡道"面板上的"栏杆扶手"按钮,在列表中选择"放置在楼梯/坡道上"命令,如图 6-97 所示。

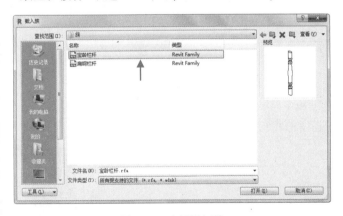
图 6-96 选择栏杆族

图 6-97 选择"放置在楼梯/坡道上"命令

(3)在"属性"选项板上单击"编辑类型"按钮,如图 6-98 所示,打开【类型属性】对话框。

(4)在对话框中单击"栏杆位置"选项右侧的"编辑"按钮,如图 6-99 所示。

图 6-98　单击"编辑类型"按钮　　　图 6-99　单击"编辑"按钮

（5）打开【编辑栏杆位置】对话框。激活"主样式"表格中第 2 行的"栏杆族"单元格，选择载入进来的栏杆族，同时设置"相对前一栏杆的距离"值，如图 6-100 所示。

（6）单击左下角的"预览"按钮，向左弹出预览窗口。修改参数后，单击"应用"按钮，可以在窗口中观察参数设置的效果。

（7）单击"确定"按钮，返回视图。将鼠标指针置于坡道之上，高亮显示坡道，如图 6-101 所示。此时在坡道上单击鼠标左键，即可放置栏杆。

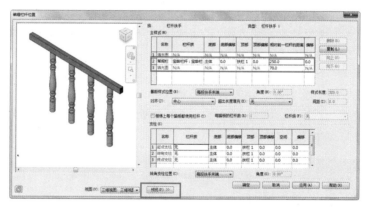

图 6-100　设置参数

（8）选择左侧的栏杆，在"属性"选项板中修改"从路径偏移"值，如图 6-102 所示。

（9）观察视图中的栏杆，发现其按照指定的距离向坡道内偏移，如图 6-103 所示。

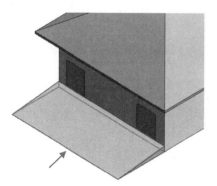

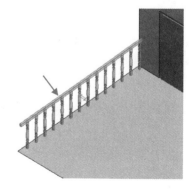

图 6-101　拾取坡道　　　　图 6-102　修改参数　　　　图 6-103　坡道向内偏移

（10）选择右侧的栏杆，在"属性"选项板中修改"从路径偏移"值，如图 6-104 所示。

（11）此时视图中的栏杆向坡道内移动，修改效果如图 6-105 所示。

（12）退出编辑，查看为坡道添加栏杆的最终效果，如图 6-106 所示。

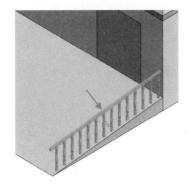

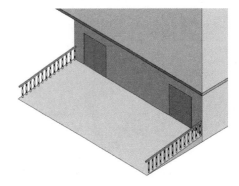

图 6-104　修改参数　　　图 6-105　调整栏杆位置修改效果　　　图 6-106　最终效果

第7章

房间面积

本章介绍创建房间对象以及计算面积的方法。创建房间对象、绘制房间
分隔线以及标记房间都是着重介绍的知识点。"定义面积边界""计算边界内
的面积"这两个知识点也需要花费笔墨来叙述。

7.1　房间

在项目中创建房间、标记房间，可以划分区域并标记区域。用户还可以利用房间分隔线，将指定的空间划分为若干区域。本节介绍创建房间的相关知识。

7.1.1　创建房间

☞载入房间标记

选择"建筑"选项卡，在"房间和面积"面板中单击"房间"按钮，如图7-1所示。如果项目文件中没有房间标记族，那么在激活命令后会打开【Revit】对话框。

图7-1　单击"房间"按钮

在对话框中提醒用户项目中没有载入房间标记族，单击"是"按钮，如图7-2所示，打开【载入族】对话框。在对话框中选择"标记房间"族，如图7-3所示，单击"打开"按钮，将族载入至项目。

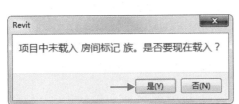

图7-2　单击"是"按钮　　　　　　　图7-3　选择"标记房间"族

☞放置房间

激活"房间"命令，进入"修改 | 放置房间"选项卡，在选项栏中显示默认值，如图7-4所示。在不修改默认值的情况下放置房间。

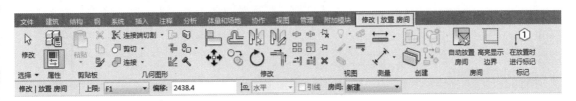

图7-4　"修改 | 放置房间"选项卡

移动鼠标指针，将其置于墙体空间之内，此时高亮显示房间边界线，如图 7-5 所示。在房间内单击鼠标左键，放置房间，结果如图 7-6 所示。

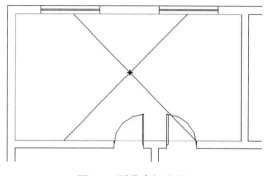

图 7-5 预览房间边界

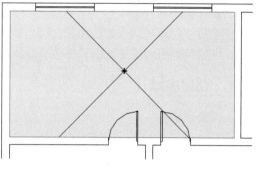

图 7-6 放置房间

☞ **在放置时标记房间**

在"修改 | 放置房间"选项卡中单击"在放置时进行标记"按钮，如图 7-7 所示，可以在放置房间的同时创建房间标记。

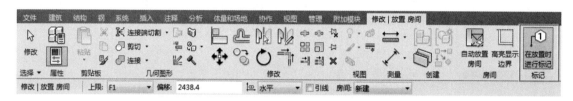

图 7-7 单击"在放置时进行标记"按钮

在"属性"选项板中单击"编辑类型"按钮，如图 7-8 所示，打开【类型属性】对话框。在"图形"列表中选择"房间名称""面积"选项，表示在房间标记中同时显示房间名称与房间面积。

单击"引线箭头"选项，在列表中选择箭头样式，如选择"30 度实心箭头"，如图 7-9 所示，单击"确定"按钮返回视图。

将鼠标指针置于墙体空间内，此时在高亮显示房间边界线的同时，也可以预览放置房间标记的效果，如图 7-10 所示。单击鼠标左键，放置房间的同时进行标记，结果如图 7-11 所示。此时却发现标记没有显示引线箭头。

图 7-8 单击"编辑
类型"按钮

图 7-9 选择引线箭头样式

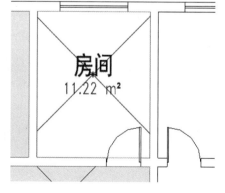

图 7-10 预览创建效果

选择房间标记,在"属性"选项板中选择"引线"选项,如图 7-12 所示,"方向"保持默认值即可。观察视图中的标记,发现虽然已显示引线箭头,却和房间标记混淆在一起,难以辨认。激活标记中的蓝色夹点,按住鼠标左键不放,拖曳鼠标指针,使标记与引线箭头相隔一个较合理的距离,后松开鼠标左键,方便识别,操作结果如图 7-13 所示。

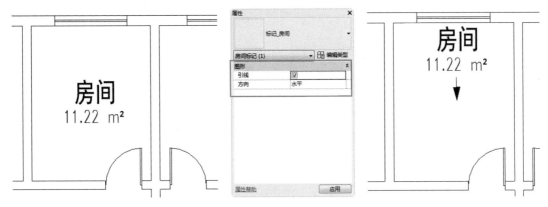

图 7-11 在放置房间时进行标记　　图 7-12 选择"引线"选项　　图 7-13 显示引线箭头

☞高亮显示房间边界

在"修改 | 放置房间"选项卡中单击"高亮显示边界"按钮,如图 7-14 所示。

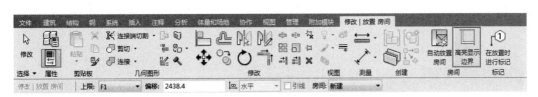

图 7-14 单击"高亮显示边界"按钮

在绘图区域中观察墙体的显示效果,发现所有的墙体以橙色填充样式显示,如图 7-15 所示,这些墙体即为房间边界。同时,在软件界面的右下角弹出对话框提醒用户房间边界图元高亮显示,如图 7-16 所示。展开列表,可以查看墙体的类型。

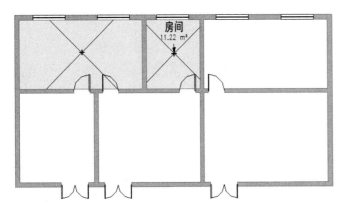

图 7-15 高亮显示边界线

图 7-16 显示墙体信息

☞自动放置房间

在"修改 | 放置房间"选项卡中单击"自动放置房间"按钮,如图 7-17 所示。

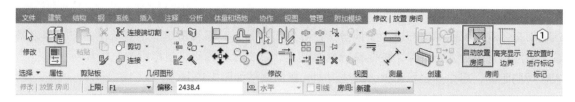

图7-17 单击"自动放置房间"按钮

系统自动在闭合区域内放置房间，同时弹出【Revit】对话框，提醒已创建房间的数目，如图7-18所示。观察自动放置房间的结果，发现已在所有的闭合区域内放置房间，如图7-19所示。

图7-18 【Revit】对话框

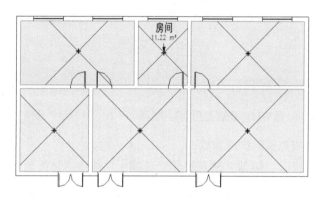

图7-19 自动放置房间

新手问答

问：为什么自动放置房间后却没有显示标记？

答：因为在自动放置房间时，系统仅拾取房间边界创建房间，并未激活"在放置时进行标记"命令。用户可以在统一放置房间后再标记房间，或者利用"在放置时进行标记"命令创建并标记房间。

7.1.2 新手点拨——在项目中创建房间

素材文件：第6章/6.1.3 新手点拨——创建项目坡道.rvt

效果文件：第7章/7.1.2 新手点拨——在项目中创建房间.rvt

视频课程：7.1.2 新手点拨——在项目中创建房间

（1）选择"建筑"选项卡，在"房间和面积"面板上单击"房间"按钮，进入"修改｜放置房间"选项卡，如图7-20所示。

图7-20 "修改｜放置房间"选项卡

（2）移动鼠标指针至墙体闭合区域内，显示房间边界，鼠标指针显示为相交的线段，如图7-21所示。

（3）此时单击鼠标左键，即可在闭合区域内放置房间，如图 7-22 所示。

（4）在"房间"面板上单击"自动放置房间"按钮，稍后弹出【Revit】对话框，显示"已自动创建 5 个房间。"，如图 7-23 所示。

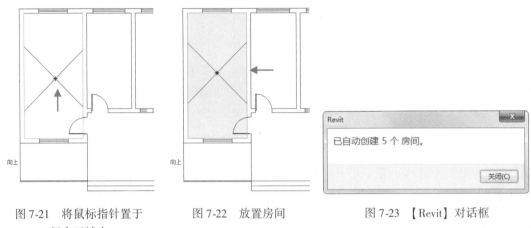

图 7-21　将鼠标指针置于　　　图 7-22　放置房间　　　　　图 7-23　【Revit】对话框
　　　　　　闭合区域内

（5）单击"关闭"按钮，返回视图观察自动放置房间的结果，如图 7-24 所示。

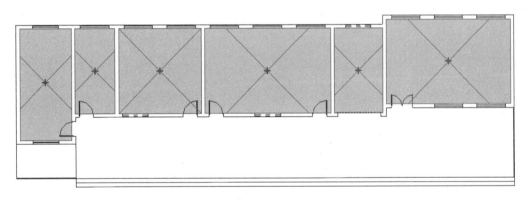

图 7-24　自动放置房间的结果

7.1.3　房间分隔

☞绘制分隔线

选择"建筑"选项卡，在"房间和面积"面板中单击"房间分隔"按钮，如图 7-25 所示。

图 7-25　单击"房间分隔"按钮

进入"修改 | 放置房间分隔"选项卡，在"绘制"面板上单击"线"按钮，如图 7-26 所示。在选项栏中选择"链"选项，可以绘制多段连续的线。

图 7-26 单击"线"按钮

将鼠标指针置于墙体之上，高亮显示墙边界线，单击鼠标左键指定分隔线的起点，如图 7-27 所示。向上移动鼠标指针，指定分隔线的终点，如图 7-28 所示。

绘制垂直分隔线后，以分隔线为边界线，房间被划分为两个区域，如图 7-29 所示。

☞在划分区域内放置房间

在"房间和面积"面板上单击"房间"按钮，进入放置房间的模式，此时发现新划分的区域显示为空白，如图 7-30 所示。

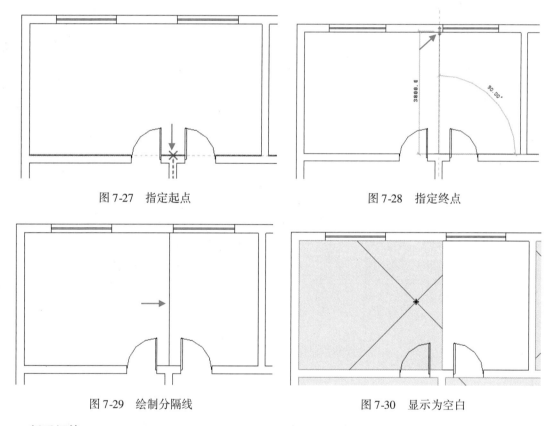

图 7-27 指定起点   图 7-28 指定终点

图 7-29 绘制分隔线   图 7-30 显示为空白

新手问答

问：为什么在房间内绘制分隔线后，有一个区域显示为空白？

答：在房间内绘制分隔线，以分隔线为界线房间被划分为两个区域。其中一个区域保留原有的房间对象，另一个区域为新划分出来的空间，所以显示为空白，用户可以在此放置房间。

将鼠标指针置于新划分出来的区域之上，预览放置房间的效果，如图 7-31 所示。此时单击鼠标左键，在区域内放置房间，结果如图 7-32 所示。

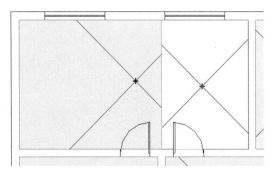

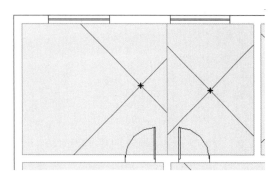

图7-31 预览放置房间　　　　　　　图7-32 放置房间

☞绘制圆形分隔线

　　利用"线"工具绘制分隔线是最常见的方式，其实还可以绘制其他类型的分隔线。激活"房间分隔"命令后，在"绘制"面板中显示各种绘制分隔线的工具，选择其中一种，如单击"圆"按钮，如图7-33所示，可以绘制圆形分隔线。

图7-33 单击"圆"按钮

　　在房间内单击鼠标左键，指定圆形分隔线的圆心，移动鼠标，借助临时尺寸标注确定半径，如图7-34所示。在合适的位置单击鼠标左键，绘制圆形分隔线，如图7-35所示。

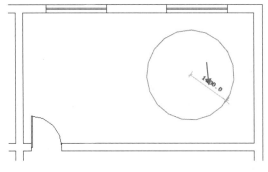

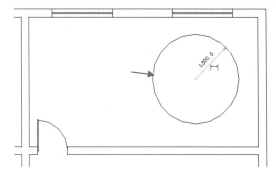

图7-34 确定半径　　　　　　　　图7-35 绘制圆形分隔线

　　激活"房间"命令，进入放置房间的模式，观察视图，发现圆形分隔线内的空间显示为空白，如图7-36所示。移动鼠标指针至圆形分隔线内，单击鼠标左键，在该区域内放置房间，如图7-37所示。

7.1.4 标记房间

☞创建房间标记

　　选择"建筑"选项卡，在"房间和面积"面板上单击"标记房间"按钮，如图7-38所示。

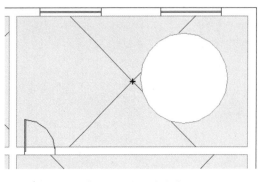

图 7-36　显示为空白　　　　　　　　　　　图 7-37　放置房间

图 7-38　单击"标记房间"按钮

进入"修改 | 放置房间标记"选项卡，在选项栏上选择"引线"选项，如图 7-39 所示。

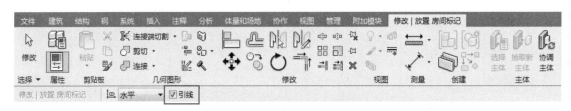

图 7-39　选择"引线"选项

将鼠标指针置于房间内，预览放置房间标记的效果，如图 7-40 所示。在合适的位置单击鼠标左键，放置房间标记，如图 7-41 所示。

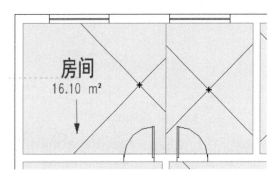

图 7-40　预览放置标记

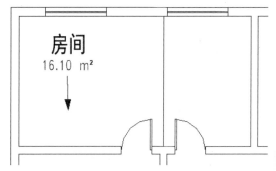

图 7-41　放置房间标记

新手问答

问：房间标记包含的内容都是相同的吗？

答：不是。用户在族编辑器中创建房间标记时，可以指定不同的标记内容以及字体的大小、格式。在本例中使用的房间标记，字体为黑体，内容则包括房间名称与房间面积。

☞编辑房间标记

　　选择房间标记，在"属性"选项板上单击"编辑类型"按钮，打开【类型属性】对话框。默认情况下，"房间名称""面积"选项为选择状态，表示在房间标记中同时显示这两项内容。

　　取消选择"面积"选项，将"引线箭头"设置为"无"，如图7-42所示。单击"确定"按钮，发现房间标记的显示内容为房间名称与引线，如图7-43所示。

　　在这里需要注意的是，引线箭头与引线是不同的。隐藏引线箭头，但是引线却不会受到影响。

　　在"属性"选项板中取消选择"引线"选项，如图7-44所示。此时房间标记的引线被隐藏，结果如图7-45所示。

　　选择房间标记，在标记上单击鼠标左键，进入编辑模式，输入新的房间名称，如图7-46所示。在空白位置单击鼠标左键退出编辑模式，修改房间名称的结果如图7-47所示。

图7-42　取消选择选项

图7-43　房间标记显示结果

图7-44　取消"引线"选项

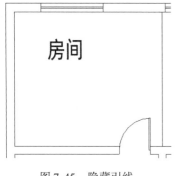
图7-45　隐藏引线

图7-46　输入名称

图7-47　修改房间名称

7.1.5　标记所有未标记的对象

　　观察视图中的房间对象，发现有的房间已创建标记，有的却显示为空白，如图7-48所示。为了快速地为没有标记的房间创建标记，可以在"房间和面积"面板中单击"标记房间"按钮，在列表中选择"标记所有未标记的对象"命令，如图7-49所示。

　　打开【标记所有未标记的对象】对话框，选择"房间标记"选项，如图7-50所示。选择左下角的"引线"选项，可以为标记添加引线。

单击"确定"按钮，返回视图，发现所有的房间对象已被添加标记，如图 7-51 所示。默认的房间标记名称为"房间"，用户可以重定义名称。

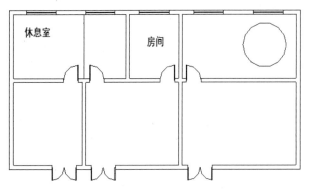

图 7-48　未标记的房间显示为空白　　　　　　图 7-49　选择"标记所有未标记的对象"命令

图 7-50　选择"房间标记"选项

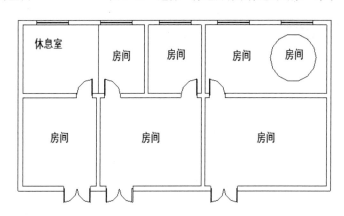

图 7-51　标记所有房间

为了方便识别各房间，可在标记名称后添加编号，如图 7-52 所示。除了利用阿拉伯数字编号外，用户也可以重新输入房间名称，如将其命名为"办公室""休闲室"等。

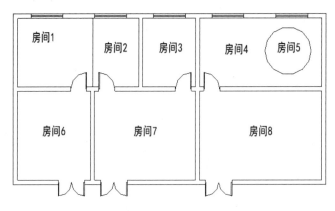

图 7-52　添加编号

7.1.6　新手点拨——标记项目房间

素材文件：第 7 章/7.1.2 新手点拨——在项目中创建房间 . rvt

效果文件：第 7 章/7.1.6 新手点拨——标记项目房间 .rvt

视频课程：7.1.6 新手点拨——标记项目房间

（1）选择"注释"选项卡，在"标记"面板上单击"房间标记"按钮，如图 7-53 所示。

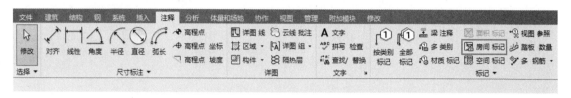

图 7-53　单击"房间标记"按钮

（2）在"属性"选项板中单击"编辑类型"按钮，打开【类型属性】对话框，选择相应选项，如图 7-54 所示。

（3）单击"确定"按钮，返回视图。在房间内单击鼠标左键，放置标记，结果如图 7-55 所示。

图 7-54　选择相应选项

图 7-55　放置标记

（4）重复上述操作，继续在其他房间放置标记，结果如图 7-56 所示。

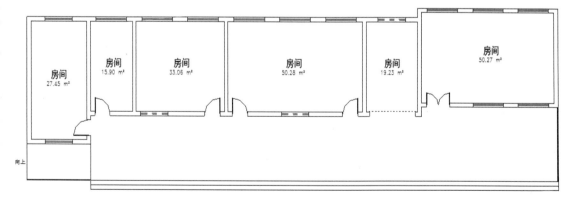

图 7-56　标记所有的房间

（5）双击标记，进入在位编辑模式，重定义房间名称，结果如图 7-57 所示。

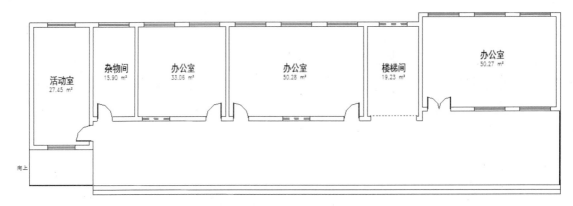

图 7-57　重定义房间名称

7.2 面积

在计算项目面积之前，需要创建面积视图。以面积边界线为范围，执行命令即可计算面积大小。为了区分不同的功能区，可以创建颜色填充方案。

7.2.1 创建面积平面视图

选择"建筑"选项卡，在"房间和面积"面板上单击"面积"按钮，在列表中选择"面积平面"命令，如图 7-58 所示。

图 7-58　单击"面积平面"按钮

打开【新建面积平面】对话框，在"类型"选项中选择"总建筑面积"，在列表中选择标高，如图 7-59 所示。保持选择"不复制现有视图"选项勾选。

单击"确定"按钮，弹出【Revit】对话框，询问用户是否创建相关联的面积边界线，如图 7-60 所示。单击"是"按钮，系统执行创建面积平面图的操作。

图 7-59　设置参数　　　　图 7-60　单击"是"按钮

选择项目浏览器，展开"面积平面（总建筑面积）"列表，显示新建的面积平面视图，如图 7-61 所示。在视图中查看创建结果，发现以外墙线为基准创建面积边界线，如图 7-62 所示。在计算面积的时候，包括墙体在内都是统计的范围。

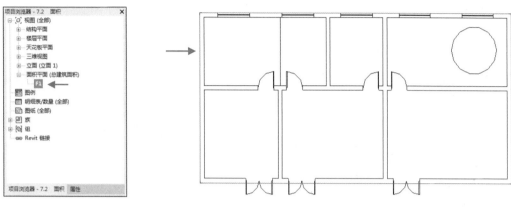

图 7-61　创建面积视图　　　　　　　　　　　图 7-62　创建编辑边界线

新手问答

问：在【新建面积平面】对话框中选择"类型"为"总建筑面积"，与"类型"为"出租面积"有什么不同？

答：在对话框中选择"类型"为"出租面积"，如图 7-63 所示。系统会以内墙线为基准创建面积边界线，如图 7-64 所示。在计算面积时，将会统计面积边界线内的面积，不包括墙体面积。

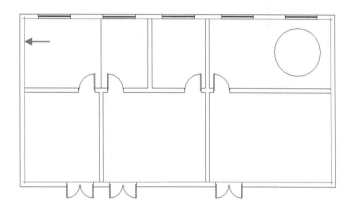

图 7-63　选择"出租面积"选项　　　　　　　图 7-64　创建面积边界线

7.2.2　定义面积边界

选择"建筑"选项卡，在"房间和面积"面板中单击"面积边界"按钮，如图 7-65 所示。

图 7-65　单击"面积边界"按钮

Revit+VR 建筑设计实操实战思维课堂

新手问答

问：为什么在我的软件界面中，"面积边界"按钮显示为灰色？

答：在执行"面积边界"命令之前，需要先创建面积视图并切换至该视图，在面积视图中才可以激活"面积边界"命令。

进入"修改 | 放置面积边界"选项卡，在"绘制"面板上单击"线"按钮，如图7-66所示。保持选项栏各选项的默认值不变，开始绘制面积边界线。

图7-66 单击"线"按钮

移动鼠标指针，将其置于右上角的内墙体，如图7-67所示。单击鼠标左键，向左移动鼠标指针，继续指定下一点，如图7-68所示。

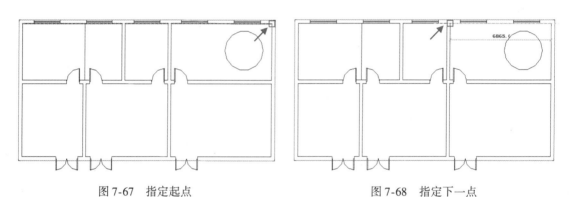

图7-67 指定起点　　　　图7-68 指定下一点

陆续指定下一点，闭合面积边界线，如图7-69所示。

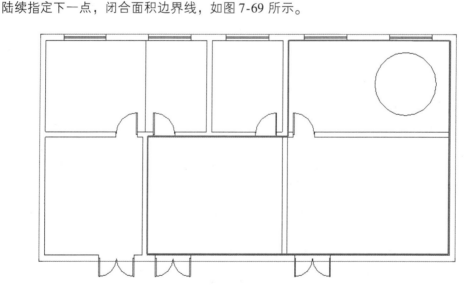

图7-69 绘制面积边界线

7.2.3 标记面积

选择"建筑"选项卡,在"房间和面积"面板上单击"标记面积"按钮,向下弹出列表,选择"标记面积"命令,如图 7-70 所示。

图 7-70 选择"标记面积"命令

如果项目文件中没有面积标记族,那么在激活命令后会弹出【Revit】对话框,如图 7-71 所示。单击"是"按钮,打开【载入族】对话框,选择"标记-面积"族,如图 7-72 所示。单击"打开"按钮,将标记族载入至项目。

图 7-71 单击"是"按钮

图 7-72 选择"标记-面积"族

将鼠标指针置于面积边界线之内,高亮显示统计区域,同时预览创建面积标记的效果,如图 7-73 所示。在区域内单击鼠标左键,放置面积标记,结果如图 7-74 所示。

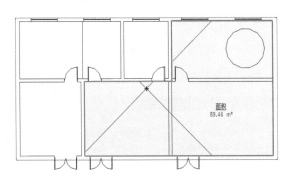

图 7-73 预览标记效果

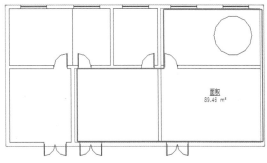

图 7-74 标记房间面积

7.2.4 新手点拨——计算项目面积

素材文件:第 7 章/7.1.6 新手点拨——标记项目房间.rvt
效果文件:第 7 章/7.2.4 新手点拨——计算项目面积.rvt

视频课程：7.2.4 新手点拨——计算项目面积

（1）选择"建筑"选项卡，在"房间和面积"面板上单击"面积"按钮，在列表中选择"面积平面"命令，如图7-75所示。

（2）打开【新建面积平面】对话框，选择"F1"视图，如图7-76所示。

图 7-75　选择"面积平面"命令　　　　　　图 7-76　选择视图

（3）单击"确定"按钮，打开【Revit】对话框，询问用户"是否要自动创建与所有外墙关联的面积边界线?"，单击"是"按钮。

（4）转换至面积平面视图，查看创建面积边界线的结果，如图7-77所示。

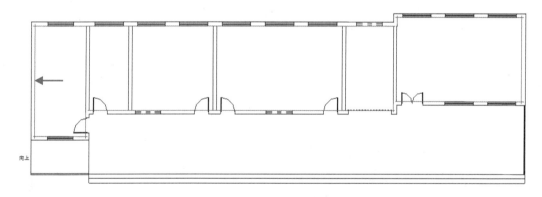

图 7-77　创建面积边界线

（5）选择"注释"选项卡，在"标记"面板上单击"面积标记"按钮，如图7-78所示。

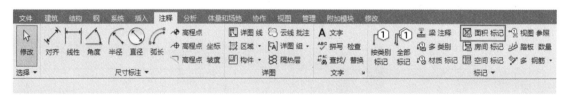

图 7-78　单击"面积标记"按钮

（6）在视图中指定基点，放置面积标记，结果如图7-79所示。

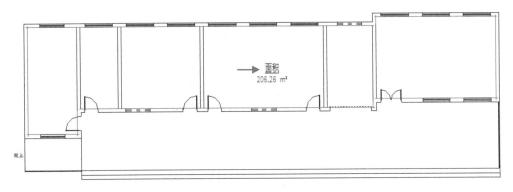

图 7-79 标记面积

7.2.5 设置颜色填充方案

选择"建筑"选项卡，单击"房间和面积"面板名称，向下弹出列表，选择"颜色方案"命令，如图 7-80 所示。

图 7-80 选择"颜色方案"命令

弹出【编辑颜色方案】对话框，在左上角的"类别"列表中选择"房间"，单击"颜色"选项，向下弹出列表，选择"名称"选项，如图 7-81 所示。

稍后弹出【不保留颜色】对话框，如图 7-82 所示，单击"确定"按钮，系统按照用户设定的条件自动生成颜色方案。

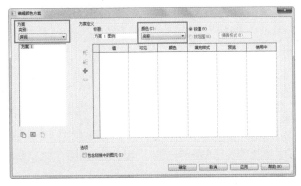

图 7-81 设置参数

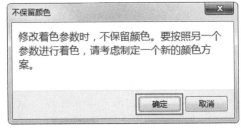

图 7-82 单击"确定"按钮

在对话框中显示颜色方案，以房间名称命名不同的填充图案，如图 7-83 所示。用户如果对于系统生成的颜色方案不满意，可以修改参数。单击"颜色"按钮，打开【颜色】对话框，如图 7-84 所示。选择颜色，或者设置颜色参数，单击"确定"按钮，可以在单元格中显示所定义的颜色。

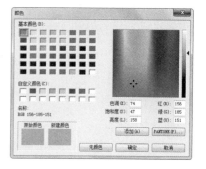

图 7-83　生成填充方案　　　　　　　　　　图 7-84　【颜色】对话框

默认的"填充样式"为"＜实体填充＞"，单击"填充样式"选项，在列表中显示多种填充样式。选择其中一种，如选择"上对角线"样式，如图 7-85 所示。在"预览"单元格中查看填充图案的显示效果，如图 7-86 所示。

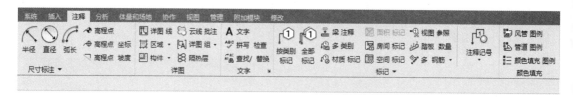

图 7-85　选择填充样式　　　　　　　　　　图 7-86　预览填充效果

7.2.6　放置颜色填充图例

选择"注释"选项卡，在"颜色填充"面板上单击"颜色填充图例"按钮，如图 7-87 所示。

图 7-87　单击"颜色填充图例"按钮

单击"属性"选项板中的"编辑类型"按钮，如图 7-88 所示，打开【类型属性】对话框。在"图形"列表中选择"显示标题"选项。在"文字"列表下选择"粗体"选项，"字体""尺寸"保持默认值。

在"标题文字"列表下选择"字体"为"宋体"，修改"尺寸"大小，同时选择"粗体"选项，如图 7-89 所示。根据使用要求，用户可以在对话框中自定义参数，设置填充图例的显示效果。

图 7-88　单击"编辑类型"按钮　　　　　　　　　图 7-89　设置参数

　　单击"确定"按钮，此时鼠标指针显示"没有向视图指定颜色方案"提示文字，如图 7-90 所示。移动鼠标指针，在合适的位置单击鼠标左键，指定放置填充图例的基点。接着打开【选择空间类型和颜色方案】对话框，选择"空间类型"为"房间"，如图 7-91 所示，单击"确定"按钮即可创建填充图例。

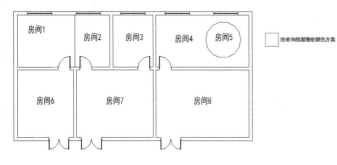
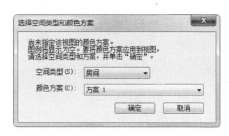

图 7-90　指定放置基点　　　　　　　　　　　图 7-91　设置参数

　　在视图中查看创建填充图例的效果，如图 7-92 所示。在图例列表中，以房间名称命名各图例，同时在房间内显示填充图案，方便用户识别。

　　选择图例，显示夹点，如图 7-93 所示。将鼠标指针置于图例之上，按住鼠标左键不放，拖曳鼠标即可移动图例至指定的位置后松开鼠标左键。

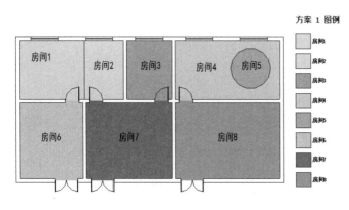
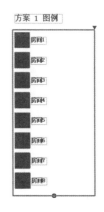

图 7-92　放置颜色填充图例　　　　　　　　　图 7-93　显示夹点

7.2.7 新手点拨——创建项目颜色填充图例

素材文件：第7章/7.2.4 新手点拨——计算项目面积 . rvt

效果文件：第7章/7.2.7 新手点拨——创建项目颜色填充图例 . rvt

视频课程：7.2.7 新手点拨——创建项目颜色填充图例

（1）选择"建筑"选项卡，单击"房间和面积"面板名称，向下弹出列表，选择"颜色方案"命令。

（2）打开【编辑颜色方案】对话框，单击左下角的"新建"按钮，打开【新建颜色方案】对话框，输入名称，如图7-94所示。

（3）单击"确定"按钮，弹出【不保留颜色】对话框，单击"确定"按钮。在【编辑颜色方案】对话框中查看创建颜色方案的结果，如图7-95所示。

图 7-94　输入名称　　　　　　　　　　图 7-95　创建填充方案

（4）在"填充样式"列表中选择图案，如图7-96所示。

（5）单击"颜色"按钮，打开【颜色】对话框，选择"红色"，如图7-97所示。

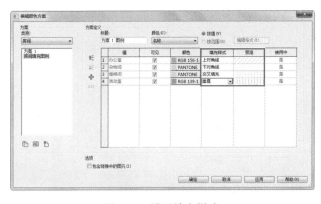

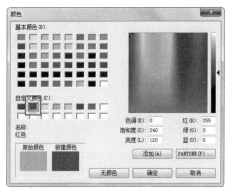

图 7-96　设置填充样式　　　　　　　　图 7-97　选择"红色"

（6）修改图案填充颜色的结果如图 7-98 所示。

（7）重复上述操作，继续修改图案填充颜色，结果如图7-99所示。单击"确定"按钮，关闭对话框。

	值	可见	颜色	填充样式	预览	使用中
1	办公室	✓	红色	上对角线		是
2	杂物间	✓	PANTONE	下对角线		是
3	楼梯间	✓	PANTONE	交叉填充		是
4	活动室	✓	RGB 139-1	垂直		是

图 7-98　修改颜色

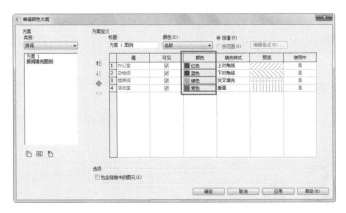

图 7-99　修改填充颜色的结果

（8）选择"注释"选项卡，在"颜色填充"面板上单击"颜色填充图例"按钮。接着在"属性"选项板中单击"编辑类型"按钮，打开【类型属性】对话框。

（9）在对话框中设置属性参数，如图 7-100 所示。

（10）单击"确定"按钮，返回视图。在视图中单击鼠标左键，指定放置图例的基点，稍后弹出【选择空间类型和颜色方案】对话框。

（11）选择"空间"类型为"房间"，"颜色方案"为"房间填充图例"，如图 7-101 所示。

图 7-100　设置参数

图 7-101　选择相应选项

（12）单击"确定"按钮，创建颜色填充图例的结果如图 7-102 所示。

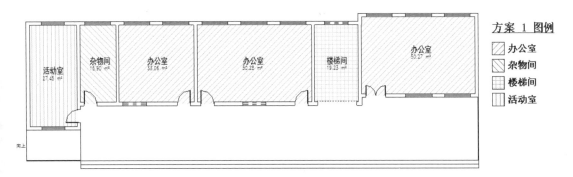

图 7-102　创建填充图例

第8章

洞口

　　本章介绍创建洞口的方法，包括面洞口、竖井洞口以及墙洞口等，举例介绍创建门洞和楼梯井的方法。

8.1 面洞口

激活"面洞口"命令，可以在屋顶、楼板以及天花板上创建各种类型的洞口。选择已创建的洞口，在编辑模式中重定义洞口轮廓，可以更改洞口的显示效果。

8.1.1 创建面洞口

选择"建筑"选项卡，在"洞口"面板上单击"按面"按钮，如图 8-1 所示。

图 8-1 单击"按面"按钮

将鼠标指针置于天花板之上，高亮显示天花板轮廓线，如图 8-2 所示。此时单击鼠标左键，进入"修改 | 创建洞口边界"选项卡。在"绘制"面板上单击"内接多边形"按钮，如图 8-3 所示。在选项栏中显示"边"数为"6"，表示即将创建六边形的轮廓线。用户也可以修改该选项的值，指定所绘多边形的边数。

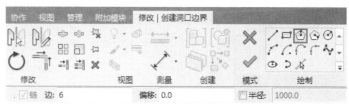

图 8-2 选择天花板 　　　　　图 8-3 单击"内接多边形"按钮

在天花板上单击鼠标左键，指定多边形的圆心。按住鼠标左键不放，拖曳鼠标指针，借助临时尺寸标注确定半径值，如图 8-4 所示。在合适的位置松开鼠标左键，创建六边形轮廓线的效果如图 8-5 所示。

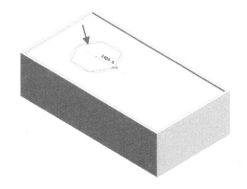

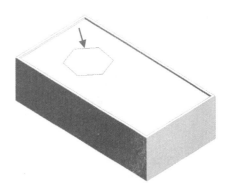

图 8-4 指定半径值 　　　　　　　图 8-5 绘制多边形

单击"完成编辑模式"按钮，退出命令，创建六边形面洞口的结果如图 8-6 所示。

8.1.2　编辑面洞口

选择面洞口，进入"修改 | 天花板洞口剪切"选项卡，单击"编辑草图"按钮，如图 8-7 所示，进入编辑模式。在模式中高亮显示面洞口轮廓线，如图 8-8 所示。

在"绘制"面板上单击"线"按钮，如图 8-9 所示，选择绘制轮廓线的方式。

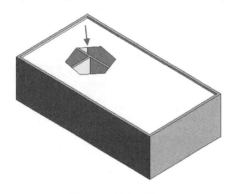

图 8-6　创建面洞口

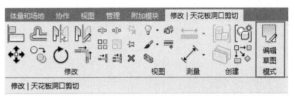

图 8-7　单击"编辑草图"按钮

图 8-8　进入编辑模式

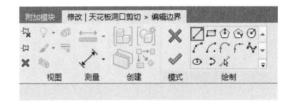

图 8-9　单击"线"按钮

拾取多边形的角点，绘制水平线段，如图 8-10 所示。单击"完成编辑模式"按钮，在软件界面的右下角弹出提示对话框，提醒用户线不能彼此相交，如图 8-11 所示。

原来，在上一步骤所绘制的两条水平线段与多边形轮廓线构成了相交的关系。因为系统无法识别这种类型的轮廓线，导致无法创建洞口，因此通过对话框提醒用户操作出现失误。

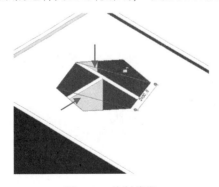

图 8-10　绘制线段

图 8-11　提示对话框

单击"继续"按钮，返回绘制模式。删除多边形的轮廓线，使得剩下的轮廓线组合为一个矩形，如图 8-12 所示。单击"完成编辑模式"按钮，结束操作。在视图中查看编辑面洞口的结果，如图 8-13 所示。

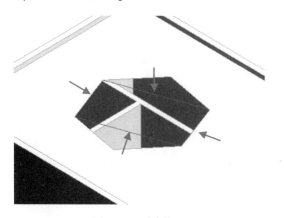

图 8-12 删除线段

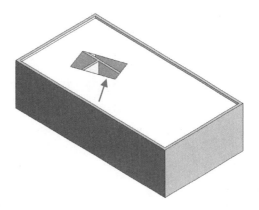

图 8-13 修改结果

8.2 竖井洞口

激活"竖井洞口"命令，可以创建一个同时跨多个标高，贯穿屋顶或者楼板、天花板的洞口。本节介绍创建竖井洞口的方法，最后举例说明如何创建楼梯井洞口。

8.2.1 创建竖井洞口

在三维视图中选择其他图元，如墙体、门窗等，单击鼠标右键，在菜单中选择"在视图中隐藏"→"图元"命令，隐藏图元，仅保留天花板，如图 8-14 所示。本节以天花板为基础，介绍创建竖井洞口的方法。

在右上角的 ViewCube 中单击"上"按钮，切换至俯视图，如图 8-15 所示。

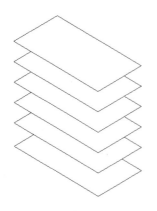

图 8-14 保留天花板

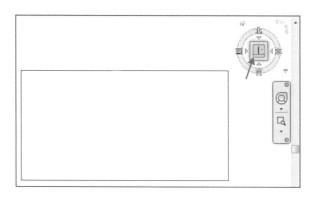

图 8-15 切换视图

新手问答

问：一定要在俯视图中才可以绘制竖井洞口轮廓线吗？

答：不一定。切换至俯视图，只是为了能够更准确、快速地绘制轮廓线，在三维视图也是可以绘制洞口轮廓线的。

选择"建筑"选项卡,在"洞口"面板上单击"竖井"按钮,如图8-16所示。

图8-16 单击"竖井"按钮

进入"修改 | 创建竖井洞口草图"选项卡,在"绘制"面板上单击"圆"按钮,如图8-17所示,指定所绘轮廓线的类型。

图8-17 单击"圆"按钮

在天花板之上单击鼠标左键,指定圆心,按住鼠标左键不放,拖曳鼠标,借助临时尺寸标注确定半径大小。在合适的位置松开鼠标左键,绘制圆形轮廓线,如图8-18所示。单击"完成编辑模式"按钮,退出命令,最终结果如图8-19所示。

图8-18 绘制圆形轮廓线

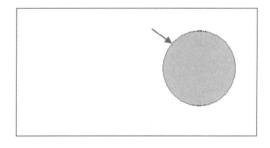

图8-19 最终结果

保持洞口的选择状态,在"属性"选项板中设置"底部约束""顶部约束"选项值,同时修改"顶部偏移"值,如图8-20所示。观察视图中圆形洞口的显示效果,如图8-21所示。

将"顶部偏移"值设置为"5000.0",表示洞口顶部在F6的基础上,向上延伸5000mm。

图8-20 设置参数

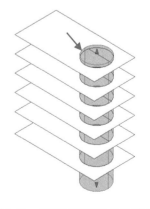

图8-21 圆形竖井洞口显示效果

8.2.2 新手点拨——创建楼梯井

素材文件:第8章/8.2.2新手点拨——创建楼梯井-素材.rvt

效果文件:第8章/8.2.2新手点拨——创建楼梯井-结果.rvt

视频课程:8.2.2新手点拨——创建楼梯井

（1）选择"建筑"选项卡，在"洞口"面板上单击"竖井"按钮，如图 8-22 所示。

（2）进入"修改 | 创建竖井洞口草图"选项卡，在"绘制"面板上单击"矩形"按钮，如图 8-23 所示。

图 8-22　单击"竖井"按钮

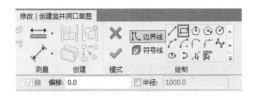

图 8-23　单击"矩形"按钮

（3）将鼠标指针置于内墙角，如图 8-24 所示，指定矩形的起点。

（4）按住鼠标左键不放，向左上角拖曳鼠标指针，在内墙线上随意指定一点为矩形的对角点，后松开鼠标左键，如图 8-25 所示。

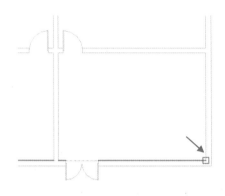

图 8-24　指定起点

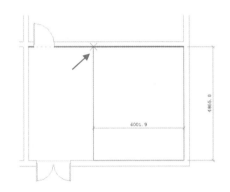

图 8-25　指定对角点

新手问答

问：为什么可以在内墙线上随意指定矩形的对角点？

答：因为在绘制过程中，没有办法通过临时尺寸确定矩形的尺寸。所以可以随意指定对角点创建矩形，在绘制完毕后通过修改尺寸确定矩形的大小。

（5）在合适的位置单击鼠标左键，结束绘制矩形。鼠标左键单击下方的临时尺寸标注，进入编辑模式，输入参数，如图 8-26 所示。

（6）在空白位置单击鼠标左键，修改矩形尺寸的效果如图 8-27 所示。

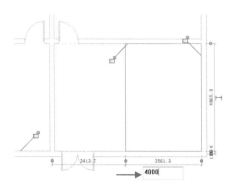

图 8-26　输入参数

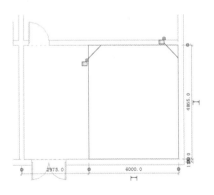

图 8-27　修改尺寸

（7）在"绘制"面板中单击"符号线"按钮，选择"线"绘制方式，如图 8-28 所示。

（8）在洞口轮廓线单击指定起点、下一点、终点，绘制符号线，如图 8-29 所示。

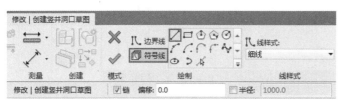

图 8-28　单击"符号线"按钮　　　　　图 8-29　绘制符号线

新手问答

问：绘制符号线的作用是什么？

答：绘制符号线，是表示该区域为洞口区域，提醒后续操作的用户。

（9）在"属性"选项板中设置"底部约束""顶部约束"选项值，如图 8-30 所示。

（10）单击快速访问工具栏上的"默认的三维视图"按钮，切换至三维视图。选择外墙，执行"在视图中隐藏"→"图元"命令，隐藏外墙后观察创建洞口的效果，如图 8-31 所示。

图 8-30　设置参数

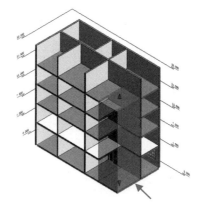

图 8-31　查看洞口

8.3　墙洞口

墙洞口的类型被限定为矩形，但是用户可以在弧墙、直墙上创建洞口。本节介绍创建与编辑墙洞口的方法。

8.3.1　在弧墙上创建洞口

☞创建洞口

选择"建筑"选项卡，在"洞口"面板上单击"墙"按钮，如图 8-32 所示。将鼠标指针移动到弧墙上，高亮显示墙轮廓线，如图 8-33 所示。

图 8-32 单击"墙"按钮

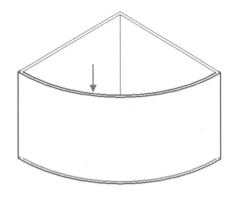

图 8-33 选择墙体

在弧墙上单击鼠标左键，进入绘制模式。在弧墙上单击指定起点，按住鼠标左键不放，向右下角拖曳鼠标指针，预览绘制墙洞口的效果，如图 8-34 所示。

在合适的位置松开鼠标左键，在弧墙上创建墙洞口的结果如图 8-35 所示。

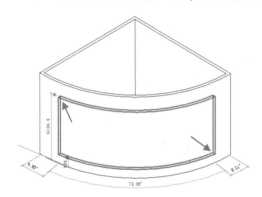

图 8-34 指定对角点

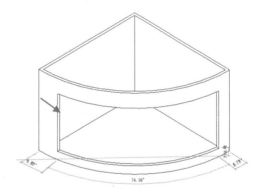

图 8-35 创建墙洞口

☞编辑洞口

选择墙洞口，在边界线上显示四个三角形夹点。将光标置于左侧的夹点之上，按住鼠标左键不放，向右拖曳鼠标指针，此时可以向右调整洞口边界线的位置，如图 8-36 所示。

在合适的位置松开鼠标左键，观察编辑洞口的效果，如图 8-37 所示。因为左侧边界线向右移动，洞口的宽度被改变。

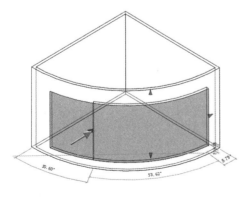

图 8-36 向右拖曳鼠标指针

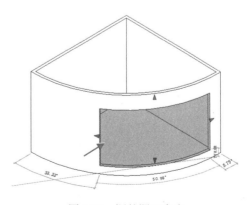

图 8-37 调整洞口宽度

选择洞口，将鼠标指针置于下方三角形夹点之上，按住鼠标左键不放，向上拖曳鼠标指针，如图 8-38 所示。在合适的位置松开鼠标左键，向上移动边界线缩小洞口的高度，结果如图 8-39 所示。

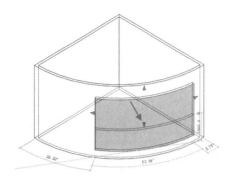

图 8-38　向上拖曳鼠标指针

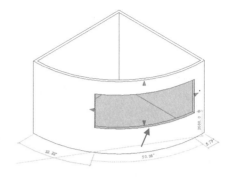

图 8-39　调整洞口的高度

8.3.2　新手点拨——创建门洞

素材文件：第 8 章/8.3.2 新手点拨——创建门洞-素材.rvt
效果文件：第 8 章/8.3.2 新手点拨——创建门洞.rvt
视频课程：8.3.2 新手点拨——创建门洞

（1）选择"建筑"选项卡，在"洞口"面板上单击"墙"按钮，如图 8-40 所示。

（2）在平面视图中将鼠标指针置于墙体之上，高亮显示墙体轮廓线，如图 8-41 所示。

图 8-40　单击"墙"按钮

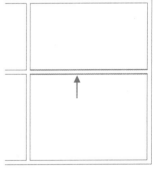

图 8-41　选择墙体

（3）在墙体上单击鼠标左键，指定起点，按住鼠标左键不放，向右下角拖曳鼠标指针，预览创建门洞的效果，如图 8-42 所示。

（4）在合适的位置松开鼠标左键，创建门洞的结果如图 8-43 所示。

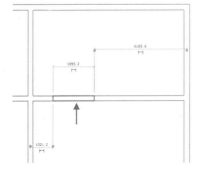

图 8-42　预览创建洞口

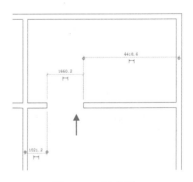

图 8-43　创建洞口

（5）用鼠标左键单击门洞的宽度标注，进入编辑模式，输入参数，如图 8-44 所示。

（6）在空白位置单击鼠标左键退出命令，修改门洞宽度的结果如图 8-45 所示。

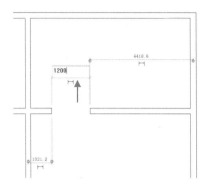

图 8-44　输入参数

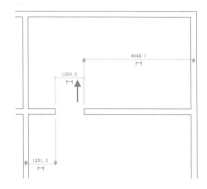

图 8-45　修改洞口宽度

（7）单击快速访问工具栏上的"默认的三维视图"按钮，切换至三维视图。选择外墙，如图 8-46 所示。

（8）单击鼠标右键，在菜单中选择"在视图中隐藏"→"图元"命令，如图 8-47 所示。

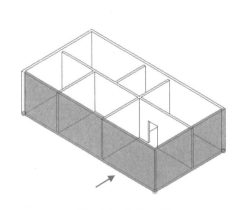

图 8-46　选择外墙

图 8-47　选择命令

（9）隐藏外墙体后，能够比较清楚地查看创建门洞的结果，如图 8-48 所示。

（10）鼠标左键单击临时尺寸标注，进入编辑模式，输入参数，如图 8-49 所示。

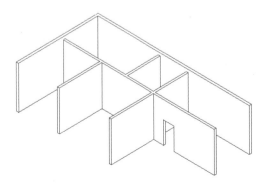

图 8-48　隐藏外墙

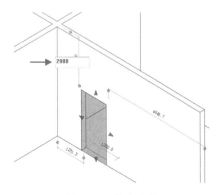

图 8-49　输入参数

（11）在空白位置单击鼠标左键，退出命令，修改门洞的高度，如图 8-50 所示。

与编辑弧墙洞口类似，选择门洞，激活夹点，拖曳鼠标可以预览修改洞口宽度，如图 8-51 所示。在合适的位置松开鼠标左键，即可调整洞口的宽度。调整洞口高度也是相同的操作方法。

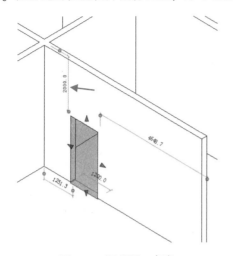

图 8-50　调整洞口高度

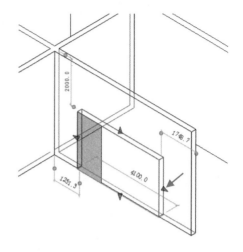

图 8-51　预览修改洞口宽度

8.4　垂直洞口

选择"建筑"选项卡，在"洞口"面板上单击"垂直"按钮，如图 8-52 所示。

图 8-52　单击"垂直"按钮

将鼠标指针置于屋顶之上，高亮显示屋顶轮廓线，如图 8-53 所示。在屋顶上单击鼠标左键，进入"修改 | 创建洞口边界"选项卡，在"绘制"面板上单击"圆"按钮，如图 8-54 所示，指定即将创建的洞口类型。

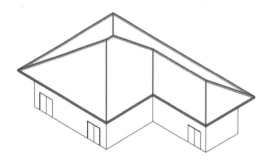

图 8-53　选择屋顶

图 8-54　单击"圆"按钮

在屋顶上单击鼠标左键，指定圆心，按住鼠标左键不放，拖曳鼠标指定半径大小，后松开鼠标左键，绘制圆形轮廓线的结果如图 8-55 所示。单击"完成编辑模式"按钮，退出命令，观察在屋顶上创建圆形洞口的效果，如图 8-56 所示。

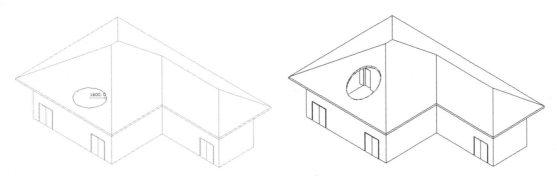

图 8-55　绘制圆形轮廓线　　　　　　　　　　　图 8-56　创建圆形洞口

选择洞口，进入"修改 | 屋顶洞口剪切"选项卡，单击"编辑草图"按钮，如图 8-57 所示，进入编辑模式。用户可以删除原有的轮廓线重新创建，也可在已有的轮廓线上执行编辑操作，最终修改洞口的显示样式。

图 8-57　单击"编辑草图"按钮

第 9 章

注释

本章介绍创建注释的方法。尺寸标注与文字标注是重点内容，本章着重讲解常用标注的创建方法，例如线性标注、高程点标注以及文字标注。

9.1　尺寸标注

在 Revit 中可以创建包括对齐标注、线性标注等各种类型的标注，本节介绍设置标注参数及创建标注的方法。

9.1.1　设置尺寸参数

选择"建筑"选项卡，单击"尺寸标注"面板名称，向下弹出列表，选择"线性尺寸标注类型"命令，如图 9-1 所示，打开【类型属性】对话框。

图 9-1　选择"线性尺寸标注类型"命令

在对话框中展开"图形"列表，显示各选项参数，如"引线类型""引线记号"等，如图 9-2 所示。修改选项参数，影响尺寸标注的显示效果。

展开"文字"列表，如图 9-3 所示，修改参数，调整标注文字的显示。修改"文字大小"选项值，可以控制标注文字的大小。

在后续的章节中将会介绍创建尺寸标注的方法，期间穿插介绍如何设置标注参数。在如图 9-1 所示的列表中，选择相应的命令，可以打开【类型属性】对话框设置尺寸参数。如选择"角度尺寸标注类型"命令，即可在对话框中设置角度标注的参数。

图 9-2　"图形"列表

图 9-3　"文字"列表

9.1.2　对齐标注

☞创建对齐标注

选择"注释"选项卡，在"尺寸标注"面板上单击"对齐"按钮，如图 9-4 所示，进入"修改 | 放置对齐标注"选项卡。

图 9-4　单击"对齐"按钮

在"尺寸标注"面板中，"对齐"按钮高亮显示，表示即将创建的标注类型为对齐标注。在选项栏中选择"参照墙中心线"选项，如图9-5所示，表示以墙中心线为基准创建尺寸标注。保持"拾取"方式为"单个参照点"不变即可。

图9-5 "修改|放置尺寸标注"选项卡

新手问答

问：参照方式（如参照墙中心线）是用来做什么的？

答：选择参照方式创建标注，为的是指定尺寸标注的范围。如以墙中心线为基准，表示所创建的尺寸标注表示的是两段墙中心线的距离。用户还可以选择其他参照方式，如墙面线等。

移动鼠标指针，将其置于墙体之上，此时高亮显示墙中心线，如图9-6所示。单击鼠标左键，指定标注起点。向右移动鼠标，拾取另一段墙中心线，如图9-7所示。

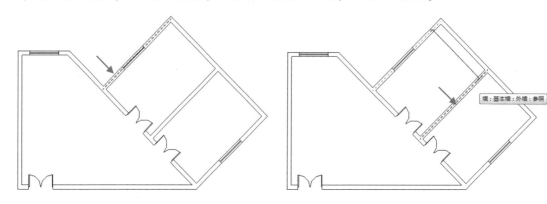

图9-6 拾取墙中心线　　　　　　　　　　图9-7 拾取另一段墙中心线

此时可以预览创建标注的效果，向上移动鼠标指针，如图9-8所示，指定放置尺寸标注的基点。在合适的位置单击鼠标左键，创建对齐标注的结果如图9-9所示。

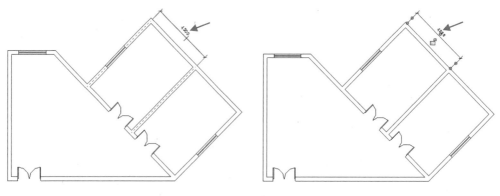

图9-8 预览创建效果　　　　　　　　　　图9-9 创建对齐标注

☞编辑对齐标注

观察创建完毕的对齐标注，发现标注数字太小，不方便识别。保持标注的选择，在"属性"

选项板上单击"编辑类型"按钮，如图 9-10 所示，打开【类型属性】对话框。

展开"文字"选项组，修改"文字大小"选项值，如图 9-11 所示。单击"应用"按钮，可以预览修改文字大小的结果。

图 9-10　单击"编辑类型"按钮

图 9-11　修改参数

单击"确定"按钮，返回视图，查看修改标注数字大小的结果，如图 9-12 所示。继续执行"对齐标注"命令，再创建的标注会继承已修改的属性参数，显示效果如图 9-13 所示。

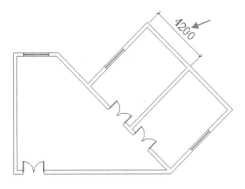

图 9-12　修改结果

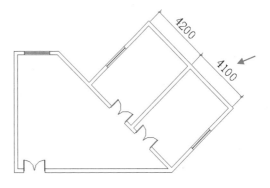

图 9-13　继承属性参数的效果

9.1.3　线性标注

☞创建线性标注

　　选择"注释"选项卡，在"尺寸标注"面板上单击"线性"按钮，如图 9-14 所示，进入"修改 | 放置尺寸标注"选项卡。

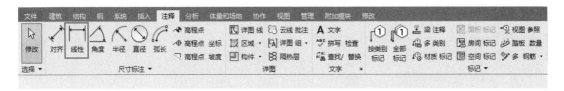

图 9-14　单击"线性"按钮

在选项卡中，"线性"按钮高亮显示，如图 9-15 所示，表示即将创建的标注类型为线性标注。与创建对齐标注时需要指定参照线不同，在创建线性标注时只要指定参照点即可。所以在选项栏中并没有提供选择参照线的选项。

图 9-15　"修改 | 放置尺寸标注"选项卡

移动鼠标指针，置于左下外墙角，如图 9-16 所示，单击鼠标左键指定线性标注的第一个参照点。向右移动鼠标指针，指定门洞线为第二个参照点，如图 9-17 所示。

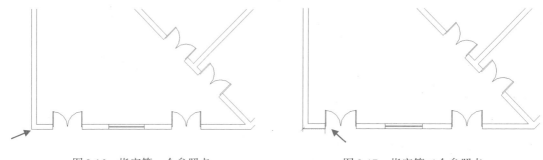

图 9-16　指定第一个参照点　　　　　　图 9-17　指定第二个参照点

向下移动鼠标指针，预览创建线性标注的效果，如图 9-18 所示。在合适的位置单击鼠标左键，创建线性标注，注明两个参照点的间距，如图 9-19 所示。

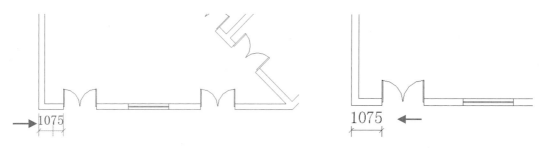

图 9-18　预览创建效果　　　　　　　　图 9-19　创建线性标注

单击左右两侧的门洞线，指定标注的参照点，如图 9-20 所示。当用户指定第二个参照点后，可以预览线性标注，如图 9-21 所示，标注两个参照点的间距。

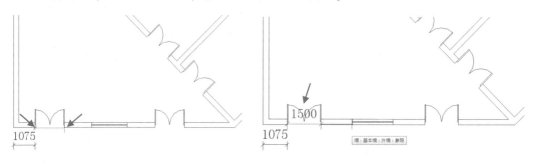

图 9-20　指定参照点　　　　　　　　　图 9-21　预览创建标注

此时不要着急指定放置尺寸标注，向右移动鼠标指针，继续指定参照点，预览连续标注的效果，如图9-22所示。向下移动鼠标指针，指定基点放置线性标注，如图9-23所示。

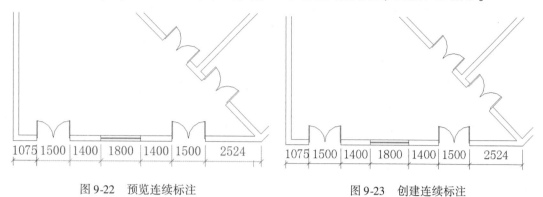

图9-22　预览连续标注　　　　　　　图9-23　创建连续标注

☞编辑线性标注

选择线性标注，单击"属性"选项板中的"编辑类型"按钮，打开【类型属性】对话框。修改"文字大小""文字偏移"值。

选择"斜体"选项，如图9-24所示，重定义标注数字的显示效果。单击"确定"按钮，返回视图，查看修改结果，如图9-25所示。

图9-24　修改参数　　　　　　　　　图9-25　修改结果

新手问答

问："文字偏移"值表示的是什么？

答：表示文字与尺寸线的距离。默认值是1.5mm，即文字与尺寸线相距1.5mm。创建线性标注后，假如发现文字与尺寸线相距较远，可以修改偏移值，调整二者之间的距离。

观察修改结果，发现左侧第一个线性标注的数字被尺寸界线遮挡，如图9-26所示。选择标注，进入"修改丨尺寸标注"选项卡。

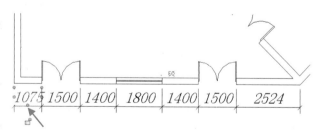

图9-26　尺寸数字被尺寸界线遮挡

在选项卡中选择"引线"选项，如图9-27所示。表示在编辑尺寸标注的同时，会添加引线帮助识别。

图 9-27　选择"引线"选项

　　将鼠标指针置于标注数字下方的圆形夹点，按住鼠标左键不放，向左下角拖曳鼠标指针，预览移动标注数字的结果如图 9-28 所示。在合适的位置松开鼠标左键，发现标注数字已被移动至左下角，并有引线相连，如图 9-29 所示。

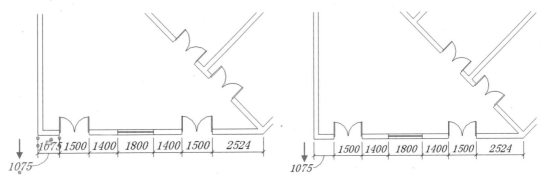

图 9-28　预览移动数字的效果　　　　　　　　图 9-29　移动数字

9.1.4　新手点拨——在平面图上绘制尺寸标注

　　素材文件：第 7 章/7.2.7 新手点拨——创建项目颜色填充图例 .rvt

　　效果文件：第 9 章/9.1.4 新手点拨——在平面图上绘制尺寸标注 .rvt

　　视频课程：9.1.4 新手点拨——在平面图上绘制尺寸标注

　　(1) 选择"注释"选项卡，在"尺寸标注"面板上单击"对齐"按钮，依次拾取轴线，预览创建连续标注的结果，如图 9-30 所示。

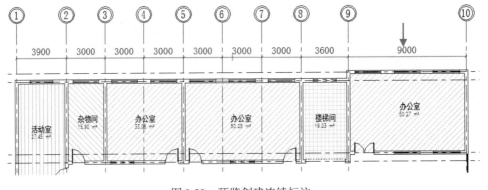

图 9-30　预览创建连续标注

　　(2) 向上移动鼠标指针，单击鼠标左键，创建连续标注，结果如图 9-31 所示。

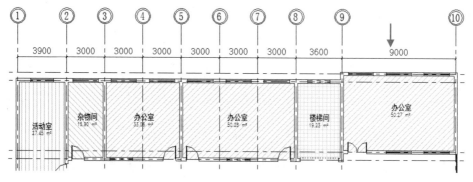

图 9-31　创建连续标注

（3）选择"管理"选项卡，在"设置"面板上单击"其他设置"按钮，在列表中选择"箭头"命令，如图 9-32 所示。

（4）打开【类型属性】对话框，选择"箭头样式"为"对角线"，修改"记号尺寸"为"4"，如图 9-33 所示。

图 9-32　选择"箭头"命令

图 9-33　设置参数

（5）单击"确定"按钮，返回视图，观察修改箭头大小的结果，如图 9-34 所示。

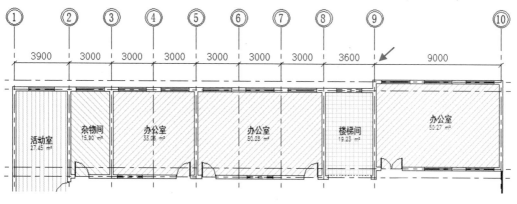

图 9-34　修改箭头大小的结果

（6）继续执行"对齐"命令，在平面图中创建尺寸标注，结果如图9-35所示。

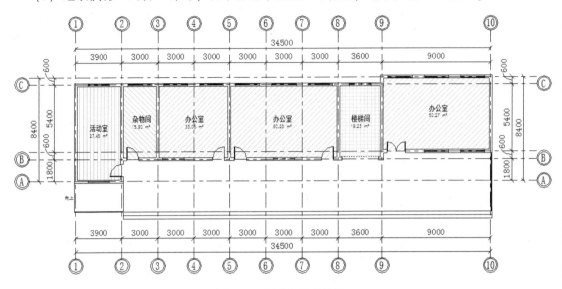

图9-35　创建标注的结果

9.1.5　角度标注

☞创建角度标注

选择"注释"选项卡，在"尺寸标注"面板上单击"角度"按钮，如图9-36所示，进入"修改|放置尺寸标注"选项卡。

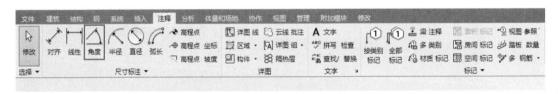

图9-36　单击"角度"按钮

在选项卡，"角度"按钮高亮显示，表示即将创建的标注类型为角度标注。在选项栏中选择参照方式为"参照墙中心线"，如图9-37所示。

图9-37　选择"参照墙中心线"选项

移动鼠标指针至墙体之上，高亮显示墙中心线，如图9-38所示。单击鼠标左键拾取第一段墙中心线，移动鼠标指针，拾取另一段墙中心线，如图9-39所示。

此时可以预览创建角度标注的效果，如图9-40所示。向下移动鼠标指针，在合适的位置单击鼠标左键，创建角度标注的结果如图9-41所示。

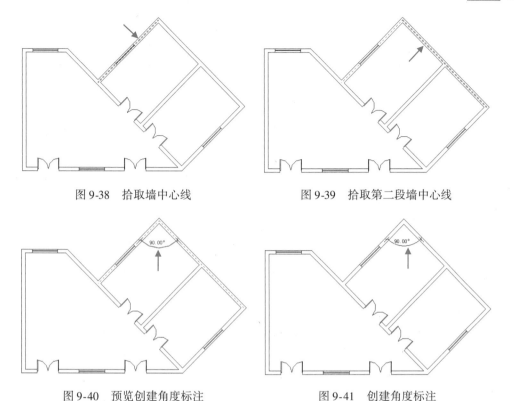

图 9-38　拾取墙中心线　　　　　　　图 9-39　拾取第二段墙中心线

图 9-40　预览创建角度标注　　　　　　图 9-41　创建角度标注

☞编辑角度标注

　　选择角度标注，在"属性"选项板上单击"编辑类型"按钮，打开【类型属性】对话框。展开"图形"列表，在"记号"选项中选择"30 度实心箭头"，如图 9-42 所示，重定义角度标注的记号。

　　展开"文字"列表，修改"文字大小""文字偏移"值，选择"粗体"选项，如图 9-43 所示。

图 9-42　选择记号　　　　　　　　　图 9-43　修改参数

　　单击"确定"按钮，返回视图，查看修改属性参数后尺寸标注的显示效果，如图 9-44 所示。在"修改 | 放置尺寸标注"选项卡中选择参照方式为"参照墙面"，能够以墙面线为参照创建角度标注，结果如图 9-45 所示。

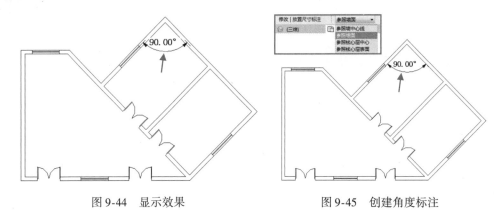

图 9-44 显示效果　　　　　　　图 9-45 创建角度标注

9.1.6 半径标注

☞创建半径标注

选择"注释"选项卡，在"尺寸标注"面板上单击"半径"按钮，如图 9-46 所示，进入"修改 | 放置尺寸标注"选项卡。

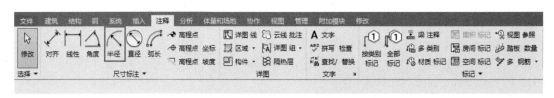

图 9-46 单击"半径"按钮

在选项卡中，"半径"按钮高亮显示，表示即将创建的尺寸标注类型为半径标注。在选项卡中选择"参照墙中心线"，如图 9-47 所示。

图 9-47 选择"参照墙中心线"选项

将鼠标指针移动至弧墙之上，高亮显示墙中心线，如图 9-48 所示。在墙中心线上单击鼠标左键，预览创建半径标注的效果，如图 9-49 所示。

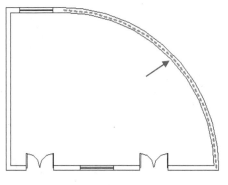

图 9-48 拾取墙中心线

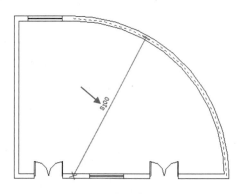

图 9-49 预览创建半径标注

在合适的位置单击鼠标左键，创建半径标注如图 9-50 所示。

☞编辑半径标注

选择半径标注，在"属性"选项板上单击"编辑类型"按钮，如图 9-51 所示，打开【类型属性】对话框。

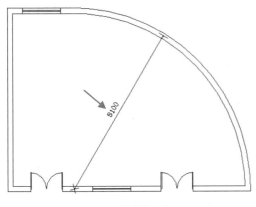
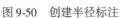

图 9-50　创建半径标注

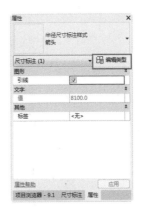

图 9-51　单击"编辑"按钮

在对话框中展开"图形"列表，选择"记号"类型为"30 度实心箭头"。展开"文字"列表，修改"文字大小"选项值，如图 9-52 所示。

单击"确定"按钮，返回视图，观察修改属性参数后半径标注的显示效果，如图 9-53 所示。

图 9-52　设置参数

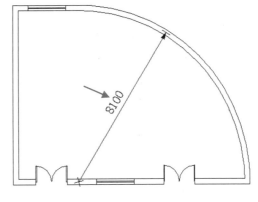

图 9-53　修改结果

9.1.7　直径标注

☞创建直径标注

选择"注释"选项卡，在"尺寸标注"面板上单击"直径"按钮，如图 9-54 所示，进入"修改|放置尺寸标注"选项卡。

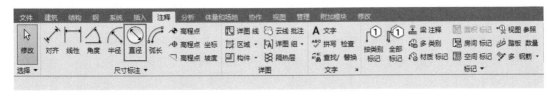

图 9-54　单击"直径"按钮

在选项卡中,"直径"按钮高亮显示,如图 9-55 所示,表示即将创建直径标注。

图 9-55 "修改丨放置尺寸标注"选项卡

在绘图区域中选择一段弧,如图 9-56 所示。在弧上单击鼠标左键,预览创建直径标注的结果,如图 9-57 所示。

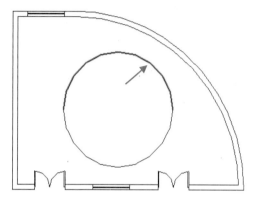

图 9-56 选择弧线

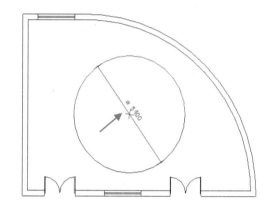

图 9-57 预览创建直径标注

移动鼠标指针,在合适的位置单击鼠标左键,创建直径标注的结果如图 9-58 所示。

☞编辑直径标注

选择直径标注,在"属性"选项板上单击"编辑类型"按钮,打开【类型属性】对话框。展开"图形"列表,选择"记号"的类型为"30 度实心箭头"。

展开"文字"列表,修改"文字大小"选项值,如图 9-59 所示。

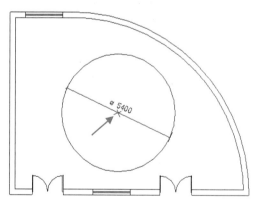

图 9-58 创建直径标注

图 9-59 修改参数

单击右下角的"应用"按钮,在绘图区域中预览修改参数的结果,如图 9-60 所示。

为什么直径标注会带有符号?在【类型属性】对话框中展开"其他"列表,在"直径符号文字"选项中输入符号,如图 9-61 所示。单击"确定"按钮,即可为直径标注添加符号。

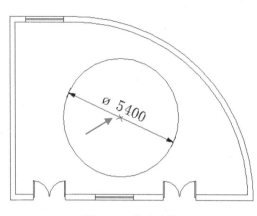

图 9-60　修改结果

图 9-61　设置符号文字

新手问答

问：是否也可以为半径标注添加前缀符号？

答：可以。选择半径标注，打开【类型属性】对话框。展开"其他"列表，选择"半径符号位置"为"值后"，激活"半径符号文字"选项，输入符号，如图 9-62 所示。单击"确定"按钮，观察为半径标注添加符号的效果，如图 9-63 所示。

图 9-62　设置参数

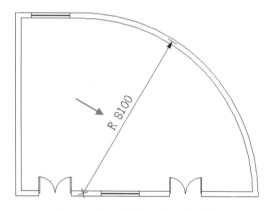

图 9-63　为半径标注添加前缀符号

9.1.8　弧长标注

☞创建弧长标注

选择"注释"选项卡，在"尺寸标注"面板上单击"弧长"按钮，如图 9-64 所示，进入"修改 | 放置尺寸标注"选项卡。

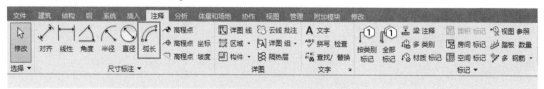

图 9-64　单击"弧长"按钮

在选项卡中，"弧长"按钮高亮显示，表示即将要创建的标注类型为弧长标注。在选项栏中选择参照方式为"参照墙面"，如图 9-65 所示，表示以墙面线为基准创建弧长标注。

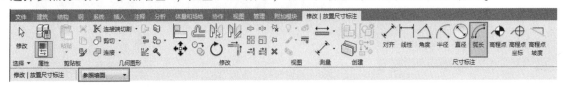

图 9-65　选择参照方式

移动鼠标指针置于弧墙之上，高亮显示外墙线，如图 9-66 所示，单击鼠标左键拾取墙线。移动鼠标指针置于左侧的水平墙线之上，高亮显示墙线，如图 9-67 所示。单击鼠标左键，拾取墙线作为第一个参照。

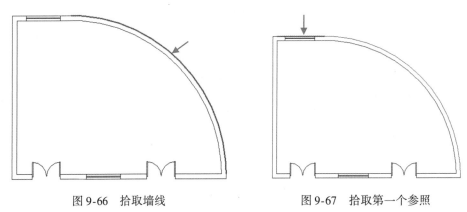

图 9-66　拾取墙线　　　　　　　　　图 9-67　拾取第一个参照

向右下角移动鼠标指针，拾取水平墙线作为第二个参照，如图 9-68 所示。移动鼠标指针，预览创建弧长标注的效果，如图 9-69 所示。在合适的位置单击鼠标左键，创建弧长标注的最终结果如图 9-70 所示。

☞编辑弧长标注

选择弧长标注，在"属性"选项板上单击"编辑类型"按钮，打开【类型属性】对话框。默认情况下，弧长标注的"记号"类型为"对角线"。在"记号"选项中，选择"30 度实心箭头"，如图 9-71 所示，重定义弧长标注的"记号"类型。

展开"文字"列表，修改"文字大小"选项值，同时选择"粗体"选项，如图 9-72 所示。单击"确定"按钮，返回视图，观察修改属性参数后弧长标注的显示效果，如图 9-73 所示。

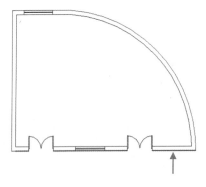

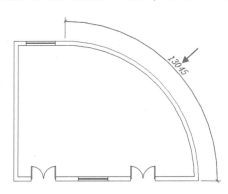

图 9-68　拾取第二个参照　　　　　　　图 9-69　预览创建弧长标注

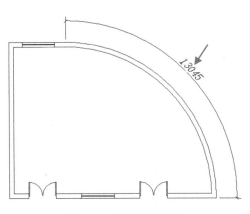

图 9-70 创建弧长标注

图 9-71 选择"记号"类型

图 9-72 设置参数

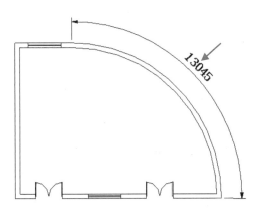

图 9-73 显示效果

9.1.9 高程点标注

☞创建高程点标注

　　选择"注释"选项卡，在"尺寸标注"面板上单击"高程点"按钮，如图9-74所示，进入"修改|放置尺寸标注"选项卡。

图 9-74 单击"高程点"按钮

　　在选项卡中，"高程点"按钮高亮显示，表示即将创建的尺寸标注类型为"高程点"标注。在选项栏中"引线""水平段"选项，如图9-75所示。

图 9-75 选择"引线""水平段"选项

移动鼠标指针，将其置于立面门顶部轮廓线之上，此时高亮显示轮廓线，同时预览高程点标注，如图 9-76 所示。单击鼠标左键，指定起点。向右上角移动鼠标指针，绘制引线，如图 9-77 所示。

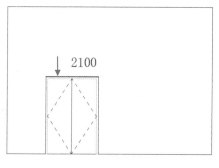

图 9-76　拾取轮廓线

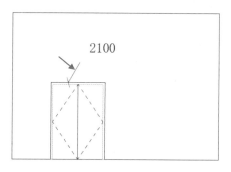

图 9-77　绘制引线

新手问答

问：为什么要将鼠标指针置于立面门的顶部轮廓线之上？

答：在创建高程点标注时，拾取需要标注高程的图元。拾取立面门顶部轮廓线，通过标注轮廓线的标高，得知立面门的高度。

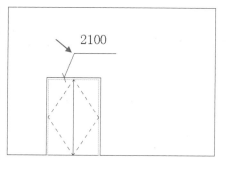

单击鼠标左键，结束绘制引线。向右移动鼠标指针，在合适的位置单击鼠标左键，绘制水平段，创建高程点标注的效果如图 9-78 所示。

图 9-78　创建高程点标注

☞编辑高程点标注

选择高程点标注，在"属性"选项板上单击"编辑类型"按钮，如图 9-79 所示，打开【类型属性】对话框。

默认情况下，高程点标注的"引线箭头"类型为"对角线"。在"引线箭头"选项中，选择"箭头打开 90 度 1.25mm"选项，如图 9-80 所示，重定义标注的箭头样式。

选择"粗体""斜体"选项，修改"文字大小""文字距引线的偏移量"选项值，单击"确定"按钮，返回视图。修改属性参数后，高程点标注的显示效果如图 9-81 所示。

图 9-79　单击"编辑类型"按钮

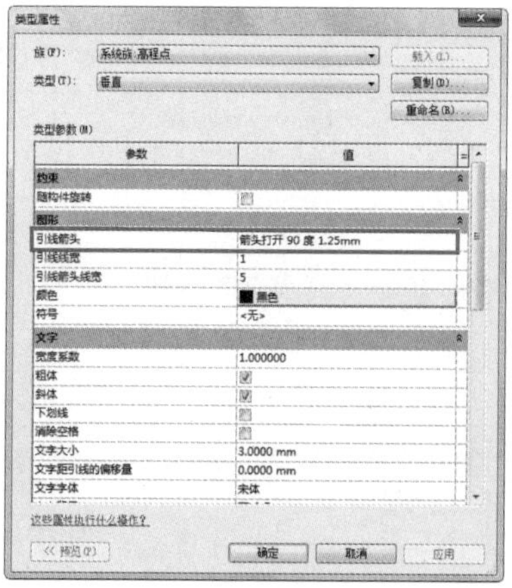

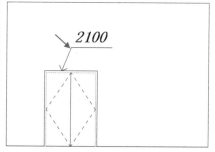

图 9-80　设置参数

图 9-81　显示效果

9.1.10 高程点坐标标注

☞创建高程点坐标标注

选择"注释"选项卡,在"尺寸标注"面板上单击"高程点坐标"按钮,如图 9-82 所示,进入"修改 | 放置尺寸标注"选项卡。

图 9-82 单击"高程点坐标"按钮

在选项卡中,"高程点坐标"按钮高亮显示,表示即将创建高程点坐标标注。在选项栏中选择"引线""水平段"选项,如图 9-83 所示。

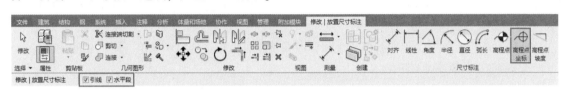

图 9-83 选择"引线"选项

新手问答

问:为什么要选择"引线""水平段"选项?

答:选择"引线""水平段"选项后,所创建的高程点坐标标注就会包含这两个元素,反之则不包含。为了更好地连接标注点与标注,通常都会选择这两个选项。

移动鼠标指针,将其置于左下角,此时可以预览高程点坐标标注,如图 9-84 所示。单击鼠标左键,指定测量点。向右下角移动鼠标指针,绘制引线,如图 9-85 所示。

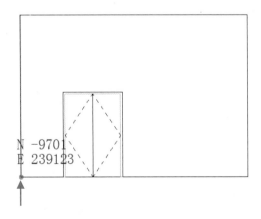

图 9-84 指定测量点

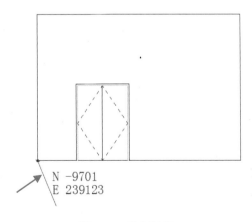

图 9-85 绘制引线

向右移动鼠标指针,绘制水平段,如图 9-86 所示。在合适的位置单击鼠标左键,创建高程点坐标标注,结果如图 9-87 所示。

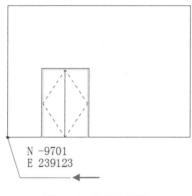

图 9-86　绘制水平段

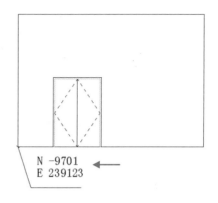

图 9-87　创建坐标标注

☞编辑高程点坐标标注

　　选择高程点坐标标注，在"属性"选项板中单击"编辑类型"按钮，打开【类型属性】对话框。单击"引线箭头"选项，在列表中选择"30 度实心箭头"。修改"文字距引线的偏移量"为"0"，如图 9-88 所示。

　　单击"确定"按钮，返回视图，观察修改属性参数后标注的显示效果，如图 9-89 所示。

图 9-88　设置参数

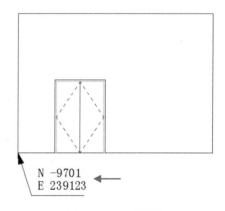

图 9-89　显示效果

9.1.11　高程点坡度标注

☞创建高程点坡度标注

　　选择"注释"选项卡，在"尺寸标注"面板上单击"高程点坡度"按钮，如图 9-90 所示，进入"修改 | 放置尺寸标注"选项卡。

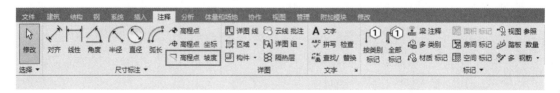

图 9-90　单击"高程点坡度"按钮

在选项卡中，"高程点坡度"按钮高亮显示，如图 9-91 所示，表示即将创建高程点坡度标注。在选项栏中，保持"相对参照的偏移"值不变。

图 9-91　保持值不变

移动鼠标指针至坡度之上，高亮显示坡道轮廓线，同时预览创建高程点坡度标注的效果，如图 9-92 所示。在坡道上单击鼠标左键，创建高程点坡度标注，如图 9-93 所示。

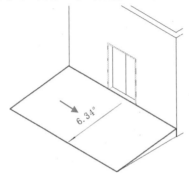
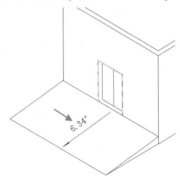

图 9-92　预览创建坡度标注　　　　图 9-93　创建坡度标注

☞编辑高程点坡度标注

选择高程点坡度标注，在"属性"选项板中单击"编辑类型"按钮，打开【类型属性】对话框。在"引线箭头"选项中选择"30 度实心箭头"，修改"引线长度"值。

分别修改"文字大小""文字距引线的偏移量"值，如图 9-94 所示。单击"确定"按钮，返回视图，查看修改属性参数后标注的显示效果，如图 9-95 所示。

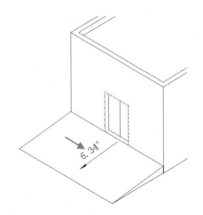

图 9-94　设置参数　　　　　　　　图 9-95　显示效果

9.2　文字注释

在创建文字注释前设置属性参数，可以控制所创建的文字的显示效果。也可以在创建完毕后，再修改指定注释的属性参数。本节介绍创建、编辑文字注释的方法。

9.2.1　设置文字注释参数

选择"注释"选项卡，在"文字"面板中单击右下角的"文字类型"按钮，如图 9-96 所示，打开【类型属性】对话框。

在对话框中包括"图形""文字"两个参数列表，如图 9-97 所示。修改列表参数，影响文字注释的显示效果。单击"复制"按钮，可以创建文字类型。单击"重命名"按钮，打开【重命名】对话框，修改参数，重定义文字类型名称。

图 9-96　单击"文字类型"按钮

图 9-97　设置参数

新手问答

问：创建文字类型有什么好处？

答：当项目中存在很多文字注释时，有时只希望修改指定注释的显示效果。这个时候就需要创建文字类型。修改文字类型参数，只会影响该类型的注释文字，其他的注释文字不会受到影响。

9.2.2　文字注释

☞创建文字注释

选择"注释"选项卡，在"文字"面板上单击"文字"按钮，如图 9-98 所示，进入"修改 | 放置文字"选项卡。

图 9-98　单击"文字"按钮

在选项卡中显示默认值，如图 9-99 所示。暂时保持默认值不变，待创建文字注释后，可以再根据要求编辑文字注释的属性。

图 9-99　"修改 | 放置文字"选项卡

移动鼠标指针，在合适的位置单击鼠标左键，进入编辑模式，如图9-100所示。输入标注内容，如图9-101所示。

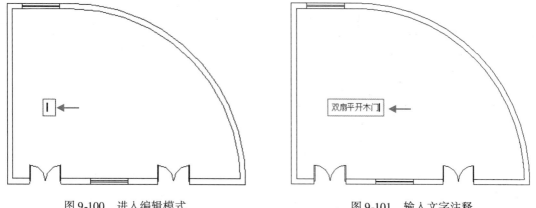

图9-100　进入编辑模式　　　　　　　图9-101　输入文字注释

当用户确定基点后，进入"修改 | 放置文字 | 放置编辑文字"选项卡。在选项卡中显示设置文字样式的命令按钮，如加粗、斜体、下划线等。输入完毕后，单击"关闭"按钮，如图9-102所示，退出编辑模式。

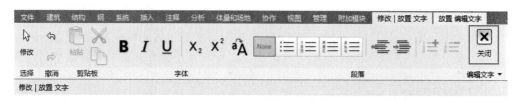

图9-102　单击"关闭"按钮

☞编辑文字注释

创建文字注释的效果如图9-103所示。选择文字注释，在"属性"选项板中选择"弧引线"选项，如图9-104所示。单击"编辑类型"按钮，打开【类型属性】对话框。

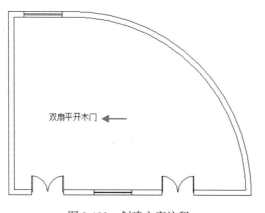

图9-103　创建文字注释　　　　　　图9-104　选择"弧引线"选项

新手问答

问：选择"弧引线"选项有什么含义？

答：选择该项后，用户为文字注释添加引线，引线显示为弧线。如果取消选择该项，则为文字注释添加直引线。

在对话框中选择"引线箭头"为"30度实心箭头",修改"文字大小",选择"粗体""斜体"选项,如图9-105所示。单击"确定"按钮,返回视图。

在"引线"面板上单击"添加左侧弧引线"按钮，如图9-106所示,在文字注释的左侧添加引线。

图9-105　设置参数　　　　　　　　　图9-106　单击"添加左侧弧引线"按钮

查看为文字注释添加引线的结果,如图9-107所示。发现引线的指向不准确,需要再编辑。将鼠标指针置于文字注释左上角的移动符号,按住鼠标左键不放,向右拖曳鼠标指针,调整文字注释的位置,后松开鼠标左键。

激活引线箭头的端点,按住鼠标左键不放,拖曳鼠标,使得引线箭头指向双扇平开木门,后松开鼠标左键,操作结果如图9-108所示。

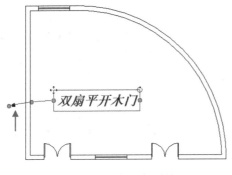

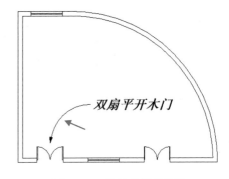

图9-107　添加左侧引线　　　　　　　　图9-108　调整引线的位置

由于有两扇规格相同的双扇平开木门,所以就不需要再另外创建文字注释对其进行特别说明。选择文字注释,在"引线"面板中单击"添加右侧弧引线"按钮，如图9-109所示,在文字注释的右侧再添加一段引线。

图9-109　单击"添加右侧弧引线"按钮

观察在文字注释右侧添加弧引线的结果，如图 9-110 所示。此时发现引线没有准确地指向要标注的双扇平开木门。激活引线箭头的端点，将其拖曳至双扇平开木门的上方，结果如图 9-111 所示。

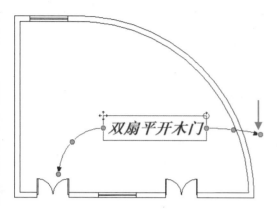

图 9-110 添加右侧引线

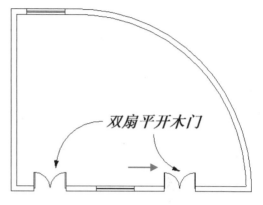

图 9-111 调整引线的位置

9.2.3 新手点拨——在立面图上添加注释文字

素材文件：第 9 章/9.1.4 新手点拨——在平面图上绘制尺寸标注.rvt

效果文件：第 9 章/9.2.3 新手点拨——在立面图上添加注释文字.rvt

视频课程：9.2.3 新手点拨——在立面图上添加注释文字

（1）选择"注释"选项卡，在"文字"面板上单击"文字"按钮。接着在"属性"选项板中单击"编辑类型"按钮，如图 9-112 所示。

（2）打开【类型属性】对话框，单击"复制"按钮，打开【名称】对话框，输入名称，如图 9-113 所示。

图 9-112 单击"编辑类型"按钮　　　　图 9-113 输入名称

（3）单击"确定"按钮，返回【类型属性】对话框，设置参数如图 9-114 所示。

（4）移动鼠标指针，在视图中单击鼠标左键，进入在位编辑模式，输入注释文字。在空白位置单击鼠标左键，退出命令，如图 9-115 所示。

图 9-114　设置参数

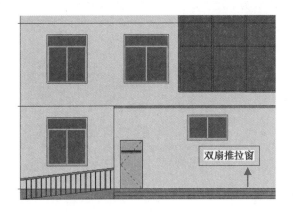

图 9-115　创建注释文字

（5）选择注释文字，在"引线"面板上单击"添加左弧引线"按钮，如图 9-116 所示。

（6）为注释文字添加弧引线，结果如图 9-117 所示。

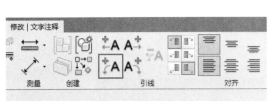

图 9-116　单击"添加左弧引线"按钮

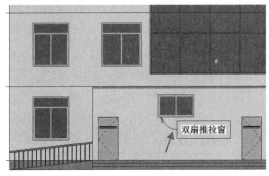

图 9-117　添加引线

（7）重复上述操作，继续创建注释文字，结果如图 9-118 所示。

图 9-118　创建注释文字

9.2.4　查找/替换文字注释

选择"注释"选项卡，在"文字"面板上单击"查找/替换"按钮，如图 9-119 所示，打开【查找/替换】对话框。

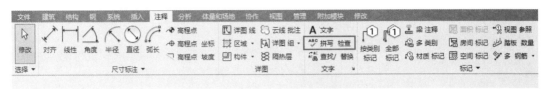

图 9-119　单击"查找/替换"按钮

在"查找"选项中输入要查找的内容，如木门。在"替换为"选项中输入要替换的内容，如玻璃门，如图 9-120 所示。单击"查找全部"按钮，在对话框中显示查找结果，如图 9-121 所示。

图 9-120　输入内容

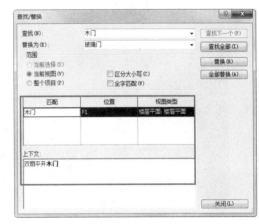

图 9-121　查找结果

单击"全部替换"按钮，打开【全部替换】对话框，告知用户已完成替换，如图 9-122 所示。单击"关闭"按钮，返回视图，查看替换指定文字注释的结果，如图 9-123 所示。

图 9-122　【全部替换】对话框

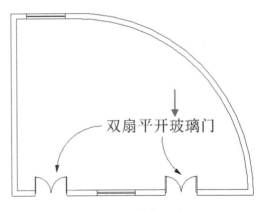

图 9-123　替换结果

第 **10** 章

标记

本章介绍创建标记与注释符号的方法。通过添加标记与注释符号，可以帮助用户表达图元的详细信息。主要介绍载入标记族、放置标记族的操作方法。

10.1 创建标记

载入标记，可以为选定的图元添加标记。如为门窗添加标记，可以注明门窗的尺寸、名称或者材质。本节介绍创建标记的方法。

10.1.1 载入标记

选择"注释"选项卡，在"标记"面板上单击"按类别标记"按钮，如图 10-1 所示，进入"修改 | 标记"选项卡。

图 10-1　单击"按类别标记"按钮

在选项栏中选择"引线"选项，指定附着方式为"附着端点"，保持引线长度为 12.7mm 不变，如图 10-2 所示。

图 10-2　"修改 | 标记"选项卡

移动鼠标指针于窗图元之上，高亮显示图元，如图 10-3 所示。在图元上单击鼠标左键，此时却弹出【未载入标记】对话框。在对话框中提醒用户尚未载入窗标记，单击"是"按钮，如图 10-4 所示，打开【载入族】对话框。

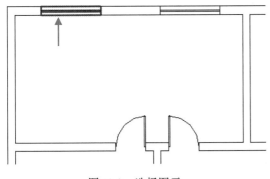

图 10-3　选择图元

图 10-4　单击"是"按钮

在对话框中选择标记族，如图 10-5 所示，单击"打开"按钮，将族载入至项目。打开【载入的标记和符号】对话框，查看已载入的标记，如图 10-6 所示。

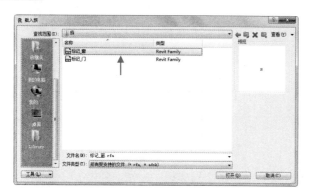

图 10-5　选择族

图 10-6　查看已载入的标记

10.1.2　按类别标记

☞创建标记

接 10.1.1 节，载入窗标记后，将鼠标指针移动到窗图元之上，此时可以预览创建标记的结果，如图 10-7 所示。在图元上单击鼠标左键，创建窗标记的结果如图 10-8 所示。

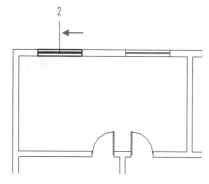

图 10-7　预览创建标记

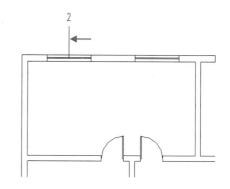

图 10-8　创建标记

☞编辑标记

选择标记，在"属性"选项板上单击"编辑类型"按钮，打开【类型属性】对话框。单击"引线箭头"选项，在列表中选择"30 度实心箭头"选项，如图 10-9 所示，为标记的引线添加箭头。

单击"确定"按钮返回视图，观察添加引线箭头的结果，如图 10-10 所示。

图 10-9　选择箭头

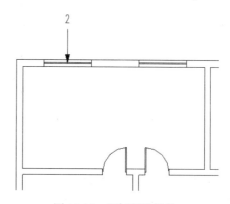

图 10-10　添加引线箭头

新手问答

问：能否修改标记引线的长度？

答：可以。在"修改|标记"选项卡中，显示默认的引线长度为12.7mm。输入参数，可以更改引线的长度。如图10-11所示为默认引线长度的创建结果，如图10-12所示为将引线长度设置为5mm的结果。

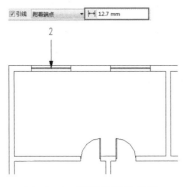
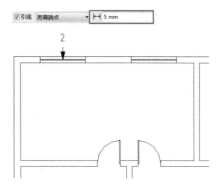

图 10-11　引线的默认长度　　　　　图 10-12　修改引线的长度

选择标记，在"属性"选项板中取消选择"引线"选项，如图10-13所示。在视图中查看标记的显示效果，发现引线被隐藏，标记位于图元的上方，如图10-14所示。

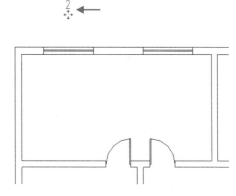

图 10-13　取消选择选项　　　　　　图 10-14　隐藏引线

移动鼠标指针，将其置于标记下方的"移动"符号之上。按住鼠标左键不放，向下拖曳鼠标指针，如图10-15所示。在合适的位置松开鼠标左键，调整标记位置的结果如图10-16所示。

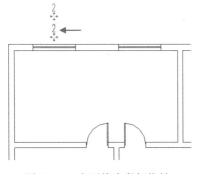
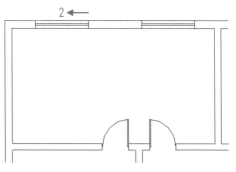

图 10-15　向下拖曳鼠标指针　　　　图 10-16　调整标记的位置

10.1.3 全部标记

选择"注释"选项卡,在"标记"面板上单击"全部标记"按钮,如图 10-17 所示,打开【标记所有未标记的对象】对话框。

图 10-17 单击"全部标记"按钮

在对话框中选择"窗标记"选项,如图 10-18 所示。单击"确定"按钮,返回视图后发现所有的窗图元已自动创建标记,如图 10-19 所示。

图 10-18 选择标记

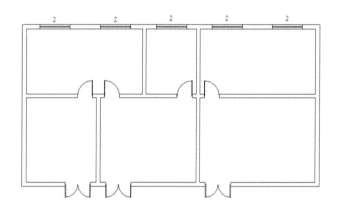

图 10-19 全部标记窗图元

10.1.4 添加多类别标记

☞载入多类别标记族

选择"注释"选项卡,在"标记"面板上单击"多类别"按钮,如图 10-20 所示。如果项目中没有多类别标记族,系统会弹出【Revit】对话框。

图 10-20 单击"多类别"按钮

在对话框中提醒用户项目中尚未载入多类别标记族,单击"是"按钮,如图 10-21 所示。打开【载入族】对话框,选择标记族,如图 10-22 所示。单击"打开"按钮,载入族至项目。

☞创建多类别标记

载入标记族后,将鼠标指针置于门图元之上,此时可以预览创建门标记的效果,如图 10-23 所示。在门图元上单击鼠标左键,创建门标记的结果如图 10-24 所示。

图 10-21　单击"打开"按钮　　　　　　　　　图 10-22　选择族

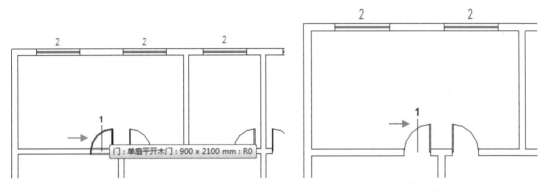

图 10-23　预览创建门标记　　　　　　　　　图 10-24　创建门标记

移动鼠标指针，在外墙上单击鼠标左键，标记外墙的结果如图 10-25 所示。在内墙上单击鼠标左键，标记内墙的结果如图 10-26 所示。

执行"多类别标记"操作，可以连续为多个图元创建标记。正如本节所介绍的一样，可以为门窗、内外墙体创建标记。标记完毕后，按下〈Esc〉键退出命令即可。

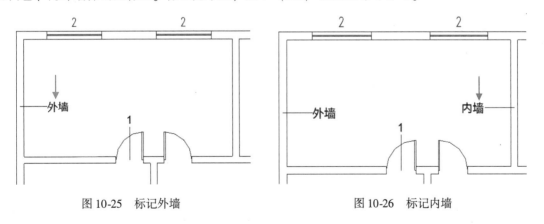

图 10-25　标记外墙　　　　　　　　　　　图 10-26　标记内墙

10.1.5　标记图元材质

☞载入材质标记

选择"注释"选项卡，在"标记"面板上单击"多类别"按钮，如图 10-27 所示。如果项目中没有材质标记族，系统会弹出【Revit】对话框。

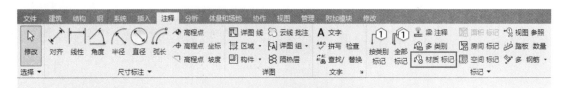

图 10-27 单击"多类别"按钮

在对话框中提醒用户项目中尚未载入材质标记族，单击"是"按钮，如图 10-28 所示。打开【载入族】对话框，选择标记族，如图 10-29 所示。单击"打开"按钮，将材质标记族载入项目。

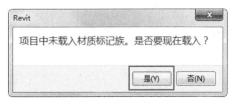

图 10-28 单击"是"按钮

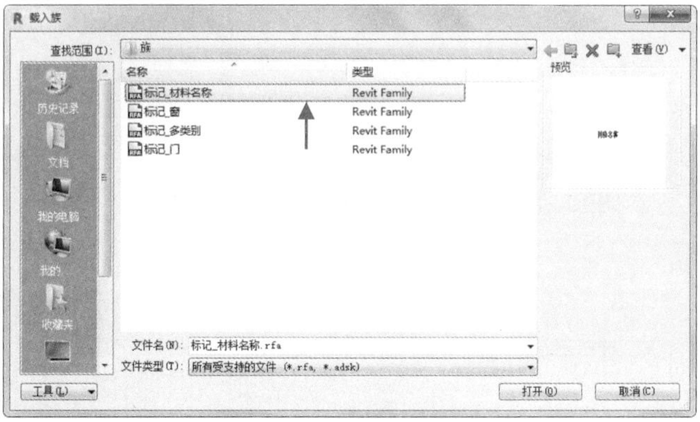

图 10-29 选择族

载入标记族后，进入"修改 | 标记材质"选项卡，在选项栏中选择"引线"选项，如图 10-30 所示。

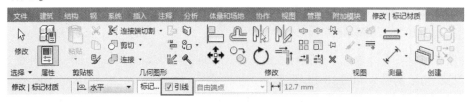

图 10-30 选择"引线"选项

☞创建材质标记

将鼠标指针置于外墙体之上，预览标记墙体材质的结果，如图 10-31 所示。在墙体上单击鼠标左键，向右移动鼠标指针，绘制水平段，如图 10-32 所示。

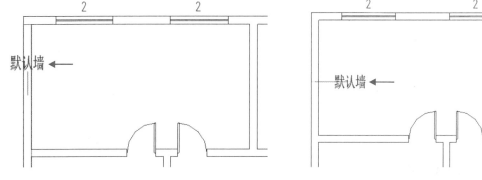

图 10-31 预览创建标记

图 10-32 绘制水平段

在合适的位置单击鼠标左键，结束绘制水平段。向右下角移动鼠标指针，绘制引线，如图 10-33 所示。在合适的位置单击鼠标左键，标记墙体材质的结果如图 10-34 所示。

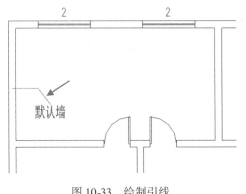

图 10-33　绘制引线

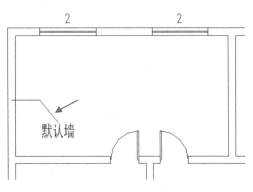

图 10-34　创建材质标记

新手问答

问：为什么墙体的材质标记显示为"默认墙"？

答：编辑墙体属性时，在【材质浏览器】对话框中选择名称为"默认墙"的材质，所以墙体的材质标记就显示为"默认墙"。

10.1.6　标记楼梯踏板/踢面数量

选择"注释"选项卡，在"标记"面板上单击"踏板数量"按钮，如图 10-35 所示。

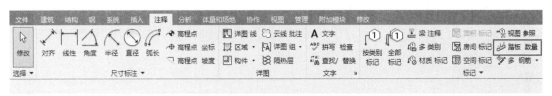

图 10-35　单击"踏板数量"按钮

移动鼠标指针至梯段之上，高亮显示参照线，如图 10-36 所示。在梯段上单击鼠标左键，标注踏板数量，结果如图 10-37 所示。

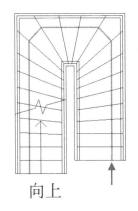

图 10-36　选择梯段

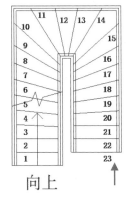

图 10-37　标记踏板数量

选择踏板数量标注文字，进入"修改|楼梯踏板/踢面数"选项卡。默认情况下，"起始编号"为"1"，如图 10-38 所示。修改选项值，重定义起始编号。

在"属性"选项板中，显示踏板标记的相关参数，包括"标记类型""显示规则"等，如图 10-39 所示。修改选项值，在视图中观察修改结果，满意后退出编辑即可。

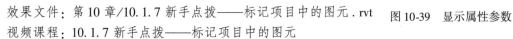

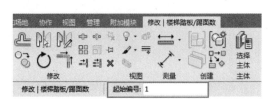

图 10-38　显示"起始编号"值

10.1.7　新手点拨——标记项目中的图元

素材文件：第 9 章/9.2.3 新手点拨——在立面图上添加注释文字.rvt

效果文件：第 10 章/10.1.7 新手点拨——标记项目中的图元.rvt

视频课程：10.1.7 新手点拨——标记项目中的图元

图 10-39　显示属性参数

（1）在视图中选择尺寸标注、轴线，执行"隐藏"操作，使得图面更加整洁，如图 10-40 所示，方便创建并识别标记。

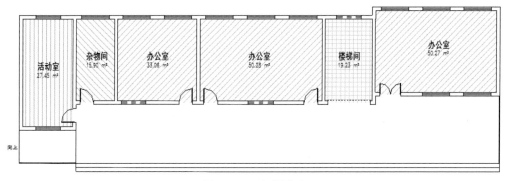

图 10-40　隐藏图元

（2）选择"注释"选项卡，在"标记"面板上单击"全部标记"按钮，如图 10-41 所示。

（3）打开【标记所有未标记的对象】对话框，选择"窗标记""门标记"，同时选择左下角的"引线"选项，保持引线参数设置不变，如图 10-42 所示。

图 10-41　单击"全部标记"按钮　　　　图 10-42　选择标记

（4）单击"确定"按钮，返回视图，观察标记门窗图元的结果，如图 10-43 所示。

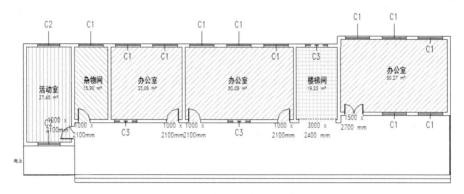

图 10-43　标记门窗图元

（5）选择标记，激活"移动"按钮，调整标记位置方便识别，结果如图 10-44 所示。

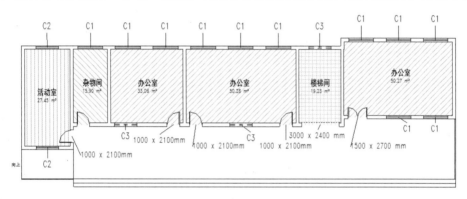

图 10-44　调整标记的位置

10.2　注释符号

注释符号的类型包括图元注释符号、材质注释符号以及用户注释符号。在创建注释符号前，照例需要先载入符号族。本节介绍创建注释符号的方法。

10.2.1　图元注释

☞载入注释记号

选择"注释"选项卡，在"标记"面板上单击"注释记号"按钮，在弹出的列表中选择"图元注释记号"命令，如图 10-45 所示。如果项目中尚未载入注释记号标记族，系统会弹出【Revit】对话框。

图 10-45　选择"图元注释记号"命令

在对话框中单击"是"按钮，如图 10-46 所示，打开【载入族】对话框。在对话框中选择族，如图 10-47 所示。单击"打开"按钮，将族载入至项目。

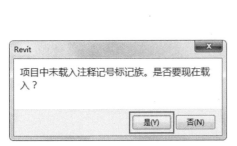

图 10-46　单击"打开"按钮　　　　　　　　图 10-47　选择族

☞创建注释记号

载入标记族后，进入"修改丨放置图元注释记号"选项卡，在选项栏中选择"引线"选项，如图 10-48 所示。其他选项值保持默认即可。

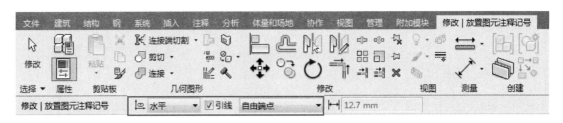

图 10-48　选择"引线"选项

移动鼠标指针，将其置于窗图元之上，预览创建注释记号的结果如图 10-49 所示。在窗图元上单击鼠标左键，向上移动鼠标指针，绘制垂直线段，如图 10-50 所示。

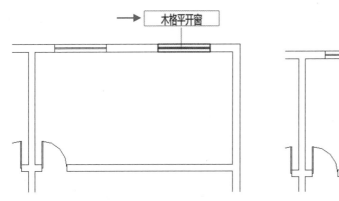

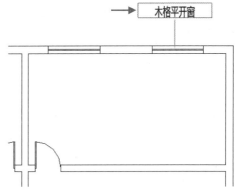

图 10-49　预览创建注释记号　　　　　　　图 10-50　向上移动鼠标指针

在合适的位置单击鼠标左键，向右移动鼠标指针，绘制水平线段，如图 10-51 所示。单击鼠标左键，结束绘制水平线段，创建注释记号的结果如图 10-52 所示。

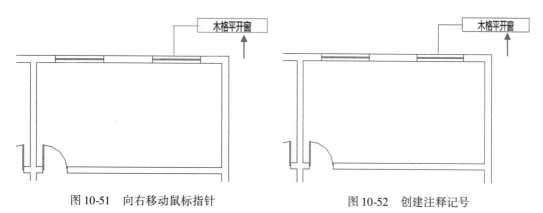

图 10-51　向右移动鼠标指针　　　　　　　图 10-52　创建注释记号

☞编辑注释记号

　　选择注释记号，在"属性"选项板中单击"编辑类型"按钮，如图 10-53 所示，打开【类型属性】对话框。单击"引线箭头"选项，在列表中选择"30 度实心箭头"，如图 10-54 所示，为注释记号的引线添加箭头。

　　在对话框中显示"注释记号编号""封闭式"为选择状态，表示在视图中显示注释记号的内容以及方框。

图 10-53　单击"编辑类型"按钮　　　　　图 10-54　选择箭头样式

　　单击"确定"按钮，返回视图，查看添加引线箭头的结果，如图 10-55 所示。如果不希望在注释记号中显示方框，可以在【类型属性】对话框中取消选择"封闭式"选项，如图 10-56 所示。

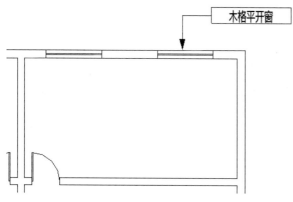

图 10-55　添加引线箭头　　　　　　　　图 10-56　取消选择选项

单击"确定"按钮，在视图中查看隐藏方框的结果，如图 10-57 所示。

新手问答

问：为什么我创建的注释记号没有显示文字，却显示为问号？

答：如果注释记号显示为?，表示所标注图元的"注释记号"内容为空白。选择图元，打开【类型属性】对话框。在"注释记号"选项中输入内容，如图 10-58 所示。关闭对话框后，即可在注释标记中显示文字。

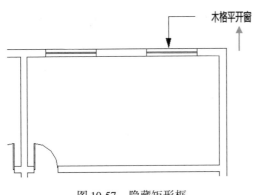

图 10-57　隐藏矩形框　　　　　　　图 10-58　输入内容

10.2.2　材质注释

☞创建材质注释记号

选择"注释"选项卡，在"标记"面板上单击"注释记号"按钮，在列表中选择"材质注释记号"命令，如图 10-59 所示。

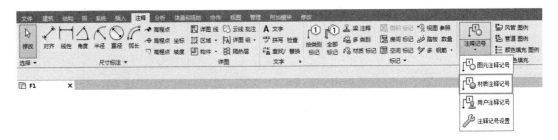

图 10-59　选择"材质注释记号"命令

移动鼠标指针于内墙体之上，预览标注材质的效果，如图 10-60 所示。依次鼠标左键绘制引线，创建墙体材质标记的效果如图 10-61 所示。

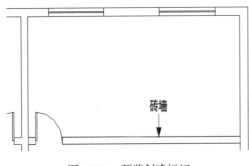

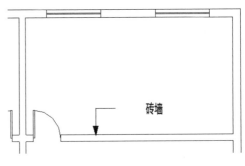

图 10-60　预览创建标记　　　　　　图 10-61　创建材质标记

☞编辑材质注释记号

有时候创建材质标记后，却发现标记的内容显示为一个问号。这是由于没有定义图元材质的缘故。以墙体为例，假如为墙体创建材质标记后，注释内容显示为问号，就先退出放置标记的命令。

选择墙体，在"属性"选项板上单击"编辑类型"按钮，打开【类型属性】对话框。单击"结构"选项右侧的"编辑"按钮，打开【编辑部件】对话框。

在"材质"单元格中定位鼠标指针，单击其中的矩形按钮，如图 10-62 所示。打开【材质浏览器】对话框，在右侧的界面中选择"标识"选项卡，设置参数如图 10-63 所示。

关闭对话框返回视图，可以发现已在标记中显示材质名称。

图 10-62　单击矩形按钮

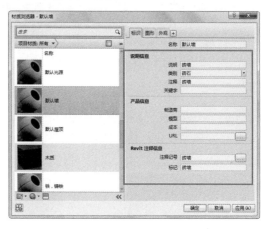

图 10-63　设置参数

选择材质标记，在"属性"选项板中修改"关键值"为"墙漆饰面"，如图 10-64 所示。在视图中查看修改结果，发现材质名称已被修改，如图 10-65 所示。

图 10-64　输入内容

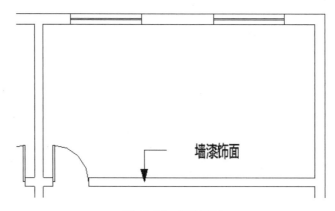

图 10-65　修改结果

新手问答

问：是否可以跳过在【材质浏览器】对话框中修改参数，直接在"属性"选项板中定义墙体的材质标记内容？

答：不可以。如果没有事先在【材质浏览器】对话框中设置参数，在视图选择墙体的材质标记时，"属性"选项板中的"关键值"选项显示为不可编辑状态。

10.3　图形符号

通过载入符号族，可以在项目中放置各种类型图形符号，如标高符号、高程点符号、剖面线符号以及指北针符号等，本节介绍放置图形符号的方法。

10.3.1　放置图形符号

选择"注释"选项卡，在"符号"面板上单击"符号"按钮，如图 10-66 所示。如果项目中没有符号族，系统会弹出【Revit】对话框。

图 10-66　单击"符号"按钮

在对话框中单击"是"按钮，如图 10-67 所示，打开【载入族】对话框。选择族，如图 10-68 所示，单击"打开"按钮，将族载入至项目。

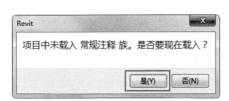

图 10-67　单击"是"按钮

图 10-68　选择族

☞放置符号

载入符号后，进入"修改 | 放置符号"选项卡，保持"引线数"为"0"不变，如图 10-69 所示。

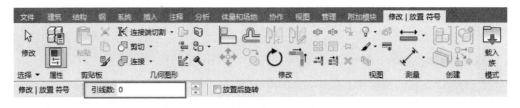

图 10-69　"修改 | 放置符号"选项卡

移动鼠标指针，在平面图中指定放置基点，同时预览放置标高符号的结果，如图 10-70 所示。在合适的位置单击鼠标左键，放置标高符号，结果如图 10-71 所示。

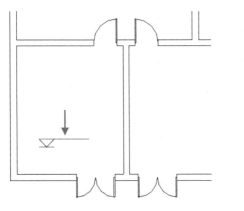
图 10-70 预览放置符号

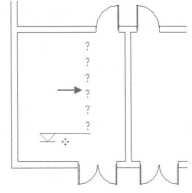
图 10-71 放置标高符号

☞输入标高值

此时在【属性】选项板中，标高值显示为空白，如图 10-72 所示。选择项目浏览器，在视图列表中双击立面图名称，转换至立面视图，查看楼层标高，如图 10-73 所示。

图 10-72 标高值为空白

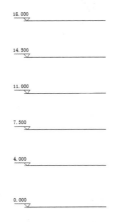
图 10-73 查看楼层标高

在 "属性" 选项板中依次输入标高值，如图 10-74 所示。在视图中查看修改结果，如图 10-75所示。

图 10-74 输入标高值

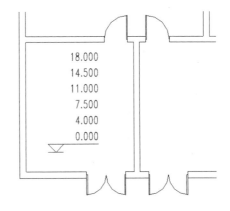
图 10-75 修改结果

10.3.2 新手点拨——在项目中放置指北针

素材文件：第10章/10.1.7新手点拨——标记项目中的图元.rvt

效果文件：第10章/10.3.2新手点拨——在项目中放置指北针.rvt

视频课程：10.3.2新手点拨——在项目中放置指北针

(1) 选择"注释"选项卡，在"符号"面板上单击"符号"按钮，如图10-76所示。

(2) 在"属性"选项板中选择"指北针"，如图10-77所示。

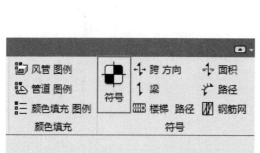

图10-76 单击"符号"按钮　　　　图10-77 选择"指北针"符号

(3) 在平面图的右上角单击鼠标左键，放置指北针，结果如图10-78所示。

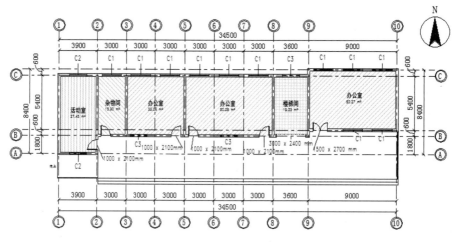

图10-78 放置指北针

第 **11** 章

体量和场地

本章介绍创建体量模型与场地的方法。在讲解体量知识点的时候,着重介绍创建体量模型的方法,载入体量模型次之。创建场地与编辑场地也是需要用户掌握的内容,着重介绍创建场地、载入构件以及创建子面域等内容。

11.1 概念体量

获取体量模型有两个方法，第一个方法是启用命令创建模型，第二个方法是载入体量模型至项目。本节介绍具体的操作方法。

11.1.1 内建体量

☞创建体量模型

选择"体量和场地"选项卡，在"概念体量"面板上单击"内建体量"按钮，如图 11-1 所示。

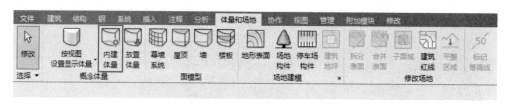

图 11-1 单击"内建体量"按钮

稍后弹出【体量-显示体量已启用】对话框，如图 11-2 所示，单击"关闭"按钮关闭对话框。随即弹出【名称】对话框，用户可以使用默认名称，如图 11-3 所示，也可以重定义名称。

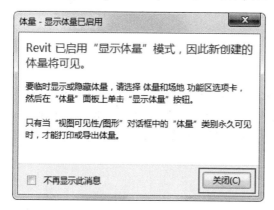

图 11-2 单击"关闭"按钮

图 11-3 【名称】对话框

在【名称】对话框中单击"确定"按钮，进入"创建"选项卡。在"绘制"面板上单击"内接多边形"按钮，如图 11-4 所示。

图 11-4 单击"内接多边形"按钮

进入"修改 | 放置线"选项卡，在选项栏中设置"边"为"6"，如图 11-5 所示，表示即将创建六边形轮廓线。其余选项保持默认值即可。

图 11-5 "修改 | 放置线"选项卡

在绘图区域中单击指定起点，按住鼠标左键不放，拖曳鼠标指针，借助临时尺寸标注确定半径大小，后松开鼠标左键，如图 11-6 所示。单击快速访问工具栏上的"默认三维视图"按钮，切换至三维视图，观察创建六边形轮廓线的结果，如图 11-7 所示。

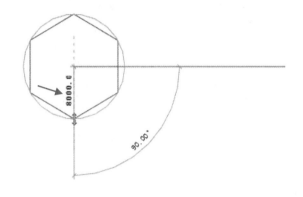

图 11-6 指定半径大小

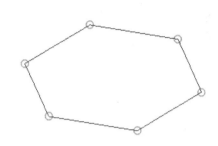

图 11-7 选择轮廓线

选择六边形，进入"修改 | 线"选项卡。单击"创建形状"按钮，在列表中选择"实心形状"命令，如图 11-8 所示。

图 11-8 选择"实心形状"命令

在绘图区域中显示创建实心体量模型，结果如图 11-9 所示。选择项目浏览器，展开"族"列表，在其中已创建的体量族，如图 11-10 所示。

图 11-9 创建体量模型

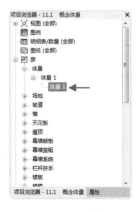

图 11-10 显示体量族

☞编辑体量模型

选择体量模型，在模型上显示蓝色的三角形夹点，如图 11-11 所示。将鼠标指针置于平面上的夹点，按住鼠标左键不放，向上拖曳鼠标指针，预览拉伸模型的效果，如图 11-12 所示。

在合适的位置松开鼠标左键，查看拉伸模型的结果如图 11-13 所示。选择体量模型，进入"修改|体量"选项卡，单击"在位编辑"按钮，如图 11-14 所示。

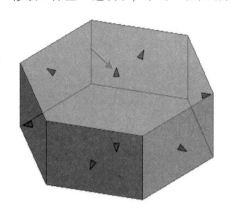
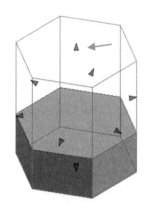

图 11-11　显示夹点　　　图 11-12　向上拖曳鼠标指针　　　图 11-13　拉伸模型

进入编辑模式，选择模型边，如图 11-15 所示。将鼠标指针置于红色轴之上，按住鼠标左键不放，向右拖曳鼠标指针，在一定模型边的同时，模型的样式也发生改变，如图 11-16 所示。

在合适的位置松开鼠标左键，观察由于移动边而改变模型显示样式的结果，如图 11-17 所示。切换至平面视图，选择模型边，如图 11-18 所示。

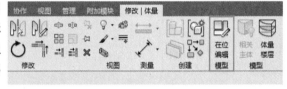

图 11-14　单击"在位编辑"按钮

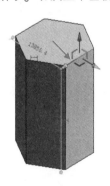
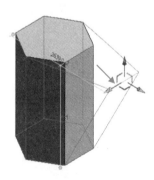

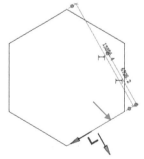

图 11-15　选择模型边　图 11-16　拖曳鼠标指针　图 11-17　改变模型的样式　图 11-18　选择模型边

新手问答

问：当正处在体量模型的编辑模式中时，可以自由地在各视图间切换而不影响编辑操作吗？

答：可以。用户可以通过激活快速访问工具栏上的按钮🏠，切换至三维视图，也可以在项目浏览器中双击视图名称进入该视图。

按下〈Delete〉键，删除选中的模型边。此时模型会自动闭合，同时样式也被改变，如图 11-19 所示。切换至三维视图，观察修改模型样式的结果，如图 11-20 所示。

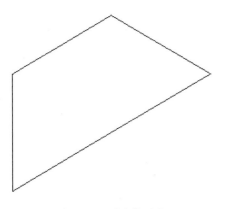
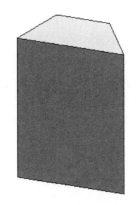

图 11-19　删除模型边　　　　　　图 11-20　修改模型的显示效果

11.1.2　放置体量

☞载入体量族

　　选择"体量和场地"选项卡，在"概念体量"面板上单击"放置体量"按钮，如图 11-21 所示。如果项目中还未载入体量族，系统会弹出【Revit】对话框。

图 11-21　单击"放置体量"按钮

　　在对话框中单击"是"按钮，如图 11-22 所示，打开【载入族】对话框。选择族，如图 11-23 所示，单击"打开"按钮，将族载入至项目。

图 11-22　单击"是"按钮

图 11-23　选择族

☞放置体量

　　载入族后，进入"修改 | 放置 放置体量"选项卡。默认选择"放置在工作平面上"方式，如图 11-24 所示。

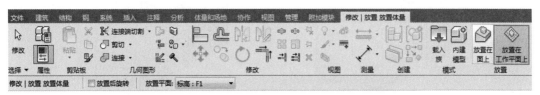

图 11-24　选择"放置在工作平面上"方式

移动鼠标指针，选择放置基点，同时可以预览体量模型，如图11-25所示。在合适的位置单击鼠标左键，放置体量模型的结果如图11-26所示。

新手问答

问：为什么见不到放置体量模型的工作平面？

答：因为工作平面默认被隐藏。选择"建筑"选项卡，在"工作平面"面板中单击"显示"按钮，如图11-27所示，在视图中显示工作平面的效果如图11-28所示。

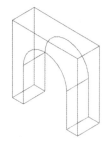 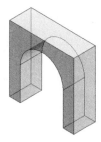

图 11-25　预览放置效果　　图 11-26　放置体量模型

图 11-27　单击"显示"按钮

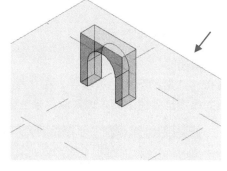

图 11-28　显示工作平面

☞在面上放置体量模型

在"修改 | 放置 放置体量"选项卡中，单击"放置在面上"按钮，如图11-29所示，更改放置体量模型的方式。

图 11-29　单击"放置在面上"按钮

移动鼠标指针于矩形体量之上，此时模型面轮廓线高亮显示，同时预览放置体量模型的效果，如图11-30所示。在选定的面上单击鼠标左键，放置体量模型的结果如图11-31所示。

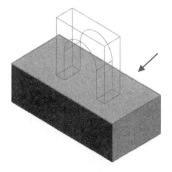 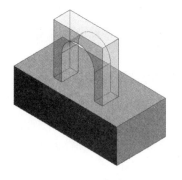

图 11-30　高亮显示轮廓线　　图 11-31　放置体量模型

11.1.3 设置体量模型的显示方式

在"体量和场地"选项卡中,"概念体量"面板上显示体量的显示方式为"按视图设置显示体量",如图 11-32 所示,表示基于当前视图的设置显示体量。但是在默认情况下,体量是关闭的。

在列表中选择"显示体量形状和楼层"命令,如图 11-33 所示,即可在所有视图中显示体量形状以及指定的任何体量楼层。

图 11-32 体量的显示方式

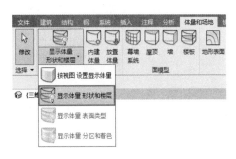

图 11-33 选择命令

11.2 场地建模

场地建模的内容包括创建地形表面、放置场地构件与停车场构件等。本节介绍操作方法。

11.2.1 通过放置点创建地形表面

选择"体量和场地"选项卡,在"场地建模"面板上单击"地形表面"按钮,如图 11-34 所示,进入"修改丨编辑表面"选项卡。

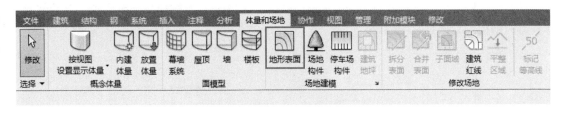

图 11-34 单击"地形表面"按钮

在"工具"面板上单击"放置点"按钮,如图 11-35 所示,表示通过放置点创建地形表面。在选项栏中,"高程"的类型为"绝对高程",参数值为"0"。保持默认设置不变,开始创建地形表面。

图 11-35 单击"放置点"按钮

在绘图区域中单击鼠标左键，放置第一点，如图 11-36 所示。向下移动鼠标指针，单击鼠标左键，放置第二点，如图 11-37 所示。

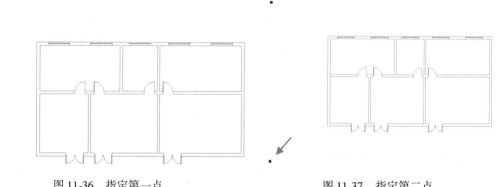

图 11-36　指定第一点　　　　　　　　　　　　　图 11-37　指定第二点

向右移动鼠标指针，指定第三点的位置，如图 11-38 所示。单击鼠标左键，向上移动鼠标指针，指定第四点的位置，如图 11-39 所示。

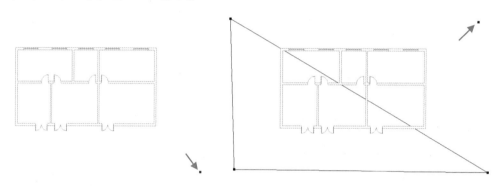

图 11-38　指定第三点　　　　　　　　　　　　　图 11-39　指定第四点

绘制闭合轮廓线的结果如图 11-40 所示。单击"完成表面"按钮，退出命令，查看创建地形表面的结果，如图 11-41 所示。

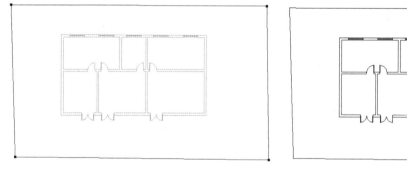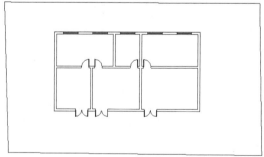

图 11-40　绘制闭合轮廓线　　　　　　　　　　　图 11-41　创建地形表面

选择项目浏览器，在三维视图名称上双击鼠标左键，如图 11-42 所示。进入三维视图，查看创建场地的三维效果，如图 11-43 所示。

图 11-42　双击视图名称

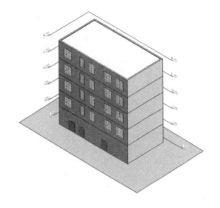

图 11-43　查看场地的三维效果

11.2.2　新手点拨——选择实例创建地形表面

素材文件：第 11 章/11.2.2 新手点拨——选择实例创建地形表面-素材.rvt

效果文件：第 11 章/11.2.2 新手点拨——选择实例创建地形表面-结果.rvt

视频课程：11.2.2 新手点拨——选择实例创建地形表面

☞导入 DWG 图纸

（1）选择"插入"选项卡，在"插入"面板上单击"导入 CAD"按钮，如图 11-44 所示。

（2）打开【导入 CAD 格式】对话框，选择 DWG 图纸，单击"打开"按钮，导入图纸的结果如图 11-45 所示。

图 11-44　单击"导入 CAD"按钮

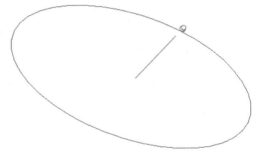

图 11-45　导入 DWG 图纸

☞选择 DWG 图纸创建地形表面

（1）选择"体量和场地"选项卡，在"场地建模"面板上单击"地形表面"按钮，进入"修改 | 编辑表面"选项卡。

（2）在"工具"面板上单击"通过导入创建"按钮，在列表中选择"选择导入实例"命令，如图 11-46 所示。

图 11-46　选择"选择导入实例"选项

（3）鼠标左键单击 DWG 图纸，打开【从所选图层添加点】对话框，选择"0"图层，如图 11-47 所示。

（4）单击"确定"按钮，系统在 DWG 图纸上生成地形表面，如图 11-48 所示。

（5）单击"完毕表面"按钮，退出命令，查看创建地形表面的最终效果，如图 11-49 所示。

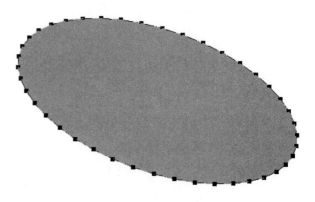

图 11-47　选择"0"图层　　　　　　　　　　图 11-48　创建地形表面

☞分离地形表面与 DWG 图纸

（1）选择创建结果，显示样式如图 11-50 所示。

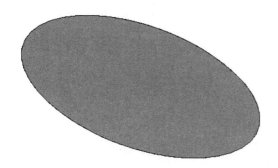

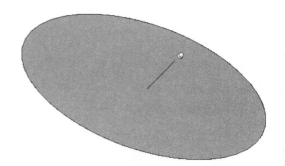

图 11-49　最终效果　　　　　　　　　　图 11-50　选择创建结果

（2）进入"修改 | 选择多个"选项卡，单击"过滤器"按钮，如图 11-51 所示。

（3）打开【过滤器】对话框，选择"椭圆轮廓线 . dwg"选项，如图 11-52 所示。

图 11-51　单击"过滤器"按钮　　　　图 11-52　选择"椭圆轮廓线 . dwg"选项

（4）单击"确定"按钮返回视图。此时发现 DWG 图纸处于"锁定"状态，单击"锁定"按钮，解锁图纸，显示效果如图 11-53 所示。

（5）选择 DWG 图纸后，按住鼠标左键不放，向下拖曳鼠标指针，移动 DWG 图纸，使其与椭圆地形表面分离，后松开鼠标左键，如图 11-54 所示。

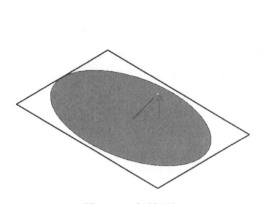 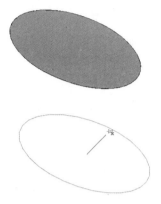

图 11-53　解锁图纸　　　　　　　　图 11-54　分离图纸与地形表面

新手问答

问：利用"选择导入实例"方法创建地形表面有什么好处吗？

答：好处就是比较灵活。选择"放置点"方式创建地形表面，只能通过指定点创建表面，当需要创建其他类型的地形表面时，这种方法就不适用。先在 AutoCAD 应用程序中绘制轮廓线，再将轮廓线导入 Revit，可以创建形式多样的地形表面。

11.2.3　放置场地构件

☞载入场地构件族

选择"体量和场地"选项卡，在"场地建模"面板上单击"场地构件"按钮，如图 11-55 所示。假如项目中尚未载入场地构件族，系统会弹出【Revit】对话框。

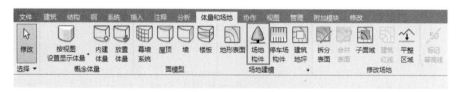

图 11-55　单击"场地构件"按钮

在对话框中单击"是"按钮，如图 11-56 所示，打开【载入族】对话框。在对话框中选择构件族，如图 11-57 所示，单击"打开"按钮，载入族至项目。

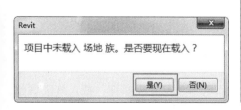 

图 11-56　单击"是"按钮　　　　　　　图 11-57　选择族

☞放置场地构件

载入族后，进入"修改 | 场地构件"选项卡，如图 11-58 所示。在选项栏中选择"放置后旋转"选项，可以在放置场地构件后指定角度旋转构件。

图 11-58　"修改 | 场地构件"选项卡

在视图中移动鼠标指针，指定放置基点，同时预览放置构件的效果，如图 11-59 所示。在合适的位置单击鼠标左键，放置场地构件的结果如图 11-60 所示。

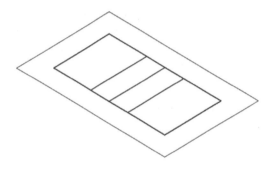

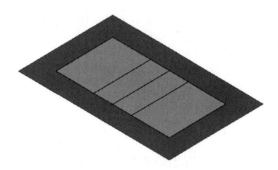

图 11-59　预览放置结果　　　　　　　　图 11-60　放置场地构件

11.2.4　新手点拨——放置停车场构件

素材文件：第 11 章/11.2.4 新手点拨——放置停车场构件-素材 . rvt
效果文件：第 11 章/11.2.4 新手点拨——放置停车场构件-结果 . rvt
视频课程：11.2.4 新手点拨——放置停车场构件

☞载入停车场构件

（1）选择"体量和场地"选项卡，在"场地建模"面板上单击"停车场构件"按钮，如图 11-61 所示。

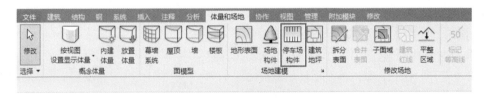

图 11-61　单击"停车场构件"按钮

（2）弹出【Revit】对话框，提醒用户项目尚未载入停车场族。单击"是"按钮，如图 11-62 所示，打开【载入族】对话框。

（3）在对话框中选择停车场构件族，如图 11-63 所示。单击"打开"按钮，载入族至项目。

图 11-62 单击"是"按钮　　　　　　　　　　　　图 11-63 选择族

☞放置停车场构件

（1）载入族后，进入"修改 | 停车场构件"选项卡，在选项栏中选择"放置后旋转"选项，如图 11-64 所示。

图 11-64 选择"放置后旋转"选项

（2）在【属性】选项板中显示停车场构件的信息，如图 11-65 所示。

（3）移动鼠标指针，指定放置基点，同时预览放置停车场构件的效果，如图 11-66 所示。

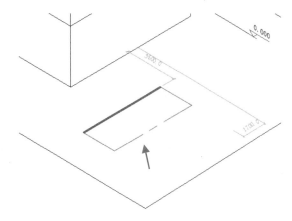

图 11-65 "属性"选项板　　　　　　　　图 11-66 指定放置基点

（4）单击鼠标左键放置停车场，向右移动鼠标指针，指定旋转方向，如图 11-67 所示。

（5）单击鼠标左键，旋转方向后放置停车场的结果如图 11-68 所示。

☞复制停车场构件

（1）选择停车场构件，进入"修改 | 停车场"选项卡，在"修改"面板上单击"复制"按钮，选择"多个"选项，如图 11-69 所示。

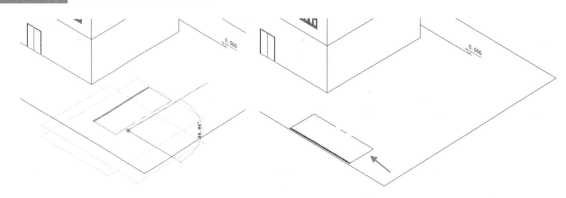

图 11-67　指定旋转方向　　　　　　　图 11-68　放置停车场

图 11-69　选择"多个"选项

（2）将鼠标指针置于停车场构件的左下角点，如图 11-70 所示，指定复制起点。

（3）向右移动鼠标指针，指定复制的终点，如图 11-71 所示。

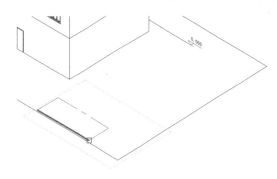

图 11-70　指定起点

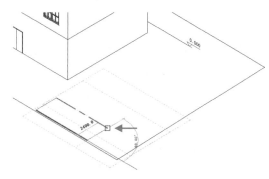

图 11-71　指定终点

（4）重复指定起点与终点，复制停车场构件的结果如图 11-72 所示。

新手问答

问：为什么可以在"复制"命令内创建多个停车场副本？

答：在开始执行"复制"操作之前，已经在选项栏中选择了"多个"选项。只要选择该项，用户就可以通过指定点创建多个停车场副本。

☞查看停车场构件

（1）选择项目浏览器，展开视图列表，双击立面图名称，如图 11-73 所示。

（2）转换至立面视图，观察停车位的立面效果，如图 11-74 所示。

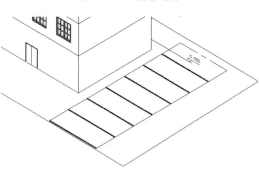

图 11-72　复制停车场

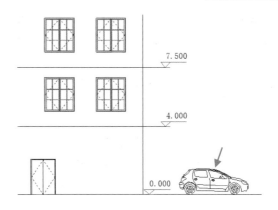

图 11-73　选择视图　　　　　　　　图 11-74　查看立面效果

11.2.5　建筑地坪

选择"体量和场地"选项卡，在"场地建模"面板上单击"建筑地坪"按钮，如图 11-75 所示。

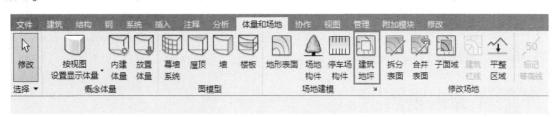

图 11-75　单击"建筑地坪"按钮

进入"修改 | 创建建筑地坪边界"选项卡，在"绘制"面板上单击"内接多边形"按钮，如图 11-76 所示。在选项栏中设置"边"数为 6，表示即将创建一个六边形表示地坪边界。

图 11-76　单击"内接多边形"按钮

移动鼠标指针至建筑地坪之上，单击鼠标左键指定圆心。向外拖曳鼠标指针，输入半径值，如图11-77所示。按下回车键，创建六边形边界线，如图 11-78 所示。

图 11-77　输入半径值　　　　　　　　图 11-78　绘制边界线

在"属性"选项板中设置"自标高的高度偏移"值，如图 11-79 所示。将偏移值设置为"－500"，表示建筑地坪在地形表面的基础上向下偏移"500"mm。

单击"完成编辑模式"按钮，退出命令，观察创建建筑地坪的效果，如图 11-80 所示。

新手问答

问：一定要在地形表面上创建建筑地坪吗？

答：是的。在创建建筑地坪之前，需要先绘制地形表面。如果在地形表面以外的区域创建建筑地坪，系统会弹出对话框提醒用户，如图 11-81 所示。

图 11-79　设置参数

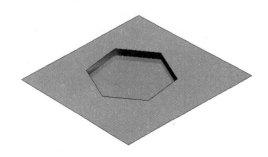

图 11-80　创建建筑地坪

图 11-81　提示对话框

11.3　修改场地

通过修改场地，可以改变场地的显示样式。修改操作包括拆分表面、合并表面以及创建子面域，本节介绍操作方法。

11.3.1　拆分表面

选择"体量和场地"选项卡，在"修改场地"面板上单击"拆分表面"按钮，如图 11-82 所示。

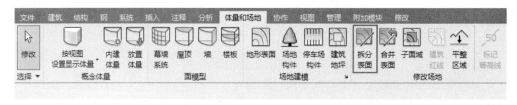

图 11-82　单击"拆分表面"按钮

在地形表面上单击鼠标左键，进入"修改 | 拆分表面"选项卡，在"绘制"面板上单击"圆"按钮，如图 11-83 所示。

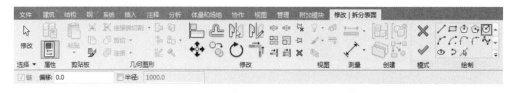

图 11-83　单击"圆"按钮

移动鼠标指针，在地形表面上指定圆心，拖曳鼠标指针，借助临时尺寸标注确定半径值，如图 11-84 所示。单击"完成编辑模式"按钮，退出命令，拆分表面的结果如图 11-85 所示。

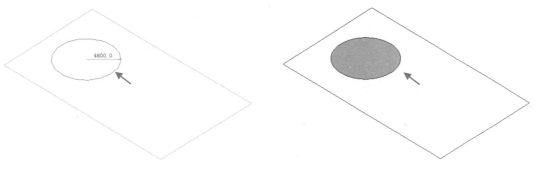

图 11-84　绘制圆形　　　　　　　　　　　图 11-85　拆分地形表面

选择圆形地形表面，将鼠标指针置于边界线之上，按住鼠标左键不放，向外移动鼠标指针，预览移动地形表面的效果，如图 11-86 所示。在合适的位置松开鼠标左键，移动地形表面的结果如图 11-87 所示。

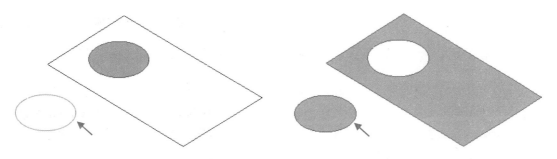

图 11-86　预览移动效果　　　　　　　　　图 11-87　移动地形表面

在"修改 | 拆分表面"选项卡中选择不同的绘制方式，可以创建不同的拆分结果。单击"外接多边形"按钮，绘制多边形边界线，拆分后的地形表面显示为多边形，如图 11-88 所示。

单击"线"按钮，在地形表面上绘制线段，将其拆分为两部分，如图 11-89 所示。

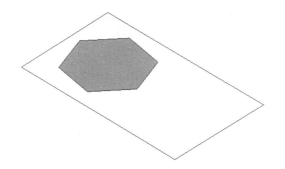 

图 11-88　拆分地形表面的结果 1　　　　　图 11-89　拆分地形表面的结果 2

11.3.2　合并表面

选择"体量和场地"选项卡，在"修改场地"面板上单击"拆分表面"按钮，如图 11-90 所示。

图 11-90 单击"拆分表面"按钮

移动鼠标指针于圆形地形表面之上，高亮显示边界线，如图 11-91 所示。此时单击鼠标左键选中表面，移动鼠标指针，选择矩形地形表面，如图 11-92 所示。

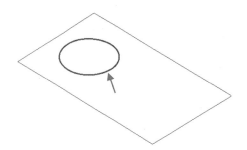

图 11-91 高亮显示边界线

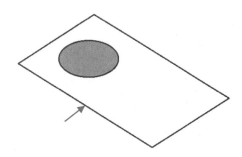

图 11-92 选择矩形表面

单击鼠标左键选择矩形地形表面，即可合并两个地形表面，结果如图 11-93 所示。

新手问答

问：在合并表面的时候，选择表面的顺序有规定吗？

答：没有规定。根据选择的顺序不同，地形表面的显示样式也不同。首先选择矩形地形表面，该表面显示为蓝色填充状态，如图 11-94 所示，未选中的圆形地形表面则显示为白色。再次选择圆形表面后，两个表面合二为一。

图 11-93 合并表面

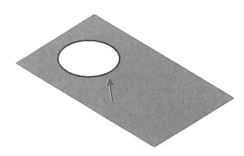

图 11-94 矩形表面的显示效果

11.3.3　新手点拨——在平面图上绘制子面域

素材文件：第 11 章/11.3.3 新手点拨——在平面图上绘制子面域-素材.rvt

效果文件：第 11 章/11.3.3 新手点拨——在平面图上绘制子面域-结果.rvt

视频课程：11.3.3 新手点拨——在平面图上绘制子面域

（1）选择"体量和场地"选项卡，在"修改场地"面板上单击"子面域"按钮，如图 11-95所示。

图 11-95　单击"子面域"按钮

（2）进入"修改 | 创建子面域边界"选项卡，在"绘制"面板上单击"线"按钮，如图 11-96 所示。

图 11-96　单击"线"按钮

（3）在地形表面上单击鼠标左键，指定起点，如图 11-97 所示。

（4）移动鼠标指针，单击鼠标左键指定终点，如图 11-98 所示。

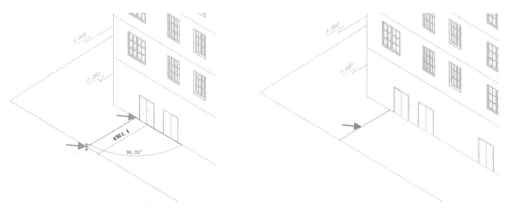

图 11-97　指定起点　　　　　　　　　　　　图 11-98　绘制边界线

（5）继续单击指定起点、终点，绘制如所示的子面域边界线，如图 11-99 所示。

（6）单击"完成编辑模式"按钮，系统在软件界面的右下角弹出对话框，提醒用户高亮显示的线有一端处在开放状态，如图 11-100 所示。

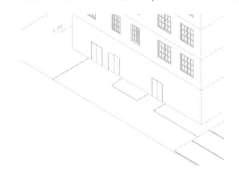

图 11-99　绘制边界线

图 11-100　提示对话框

（7）在视图中查看出现错误的边界线，边界线的端点高亮显示，如图 11-101 所示，表示绘制方法错误。

（8）在提示对话框中单击"继续"按钮，绘制线段闭合轮廓线，如图 11-102 所示。

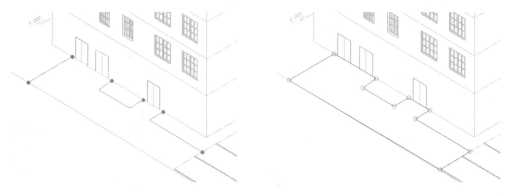

图 11-101　高亮显示出错部分　　　　　图 11-102　闭合轮廓线

新手问答

问：为什么开放的边界线无法创建子面域?

答：只有在一个闭合的区域内，才可在地形表面上将该区域划分为子面域。用户也才可以修改子面域的属性，如材质、尺寸等。

（9）单击"完成编辑模式"按钮，退出命令，查看创建子面域的结果，如图 11-103 所示。

选择子面域，进入"修改 | 地形"选项，单击"编辑边界"按钮，如图 11-104 所示。进入"修改 | 编辑边界"选项卡，激活工具重定义边界，修改子面域的显示效果。

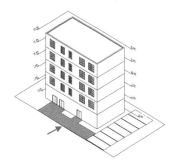

图 11-103　创建子面域

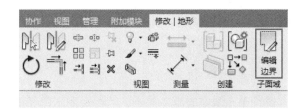

图 11-104　单击"编辑边界"按钮

11.3.4　建筑红线

在三维视图中选择"体量和场地"选项卡，发现"修改场地"面板上的"建筑红线"按钮显示为不可调用的状态，如图 11-105 所示。

图 11-105　"建筑红线"不可调用

☞通过绘制创建建筑红线

切换至平面视图，发现"建筑红线"按钮已经显示为可用状态，如图 11-106 所示。单击"建筑红线"按钮，打开【创建建筑红线】对话框，选择"通过绘制来创建"选项，如图 11-107 所示。

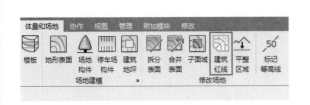

图 11-106　单击"建筑红线"按钮　　　　　图 11-107　选择"通过绘制来创建"选项

进入"修改 | 创建建筑红线草图"选项卡，在"绘制"面板上单击"矩形"按钮，如图 11-108 所示。

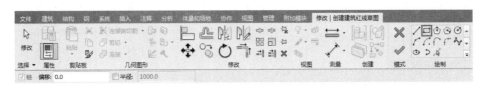

图 11-108　单击"矩形"按钮

在绘图区域中单击指定起点、对角点，绘制矩形建筑红线的结果如图 11-109 所示。单击"完成编辑模式"按钮，退出命令，查看创建建筑红线的结果，如图 11-110 所示。

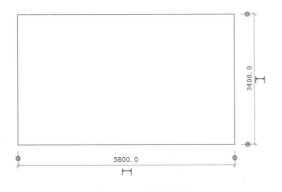

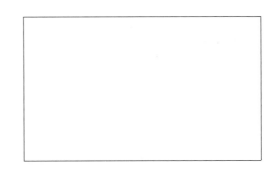

图 11-109　绘制结果　　　　　　　　　图 11-110　最终结果

☞通过输入距离和方向角创建建筑红线

在【创建建筑红线】对话框中选择"通过输入距离和方向角来创建"选项，如图 11-111 所示，打开【建筑红线】对话框。

在表格中输入"距离""方向角""类型"参数，如图 11-112 所示。单击"确定"按钮，即可在绘图区域中创建矩形建筑红线。

在对话框中单击"插入"按钮，可在表格中插入新行。选择表行，单击"删除"按钮可将其删除。

如果用户设置的参数不足以创建闭合的建筑红线，"添加线以封闭"按钮会被激活。单击该按钮，系统可自动添加参数，帮助用户创建闭合建筑红线。

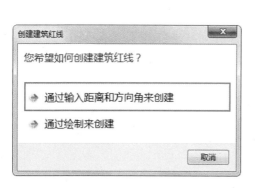

图 11-111　选择相应选项

图 11-112　输入参数

☞编辑建筑红线

选择基于草图创建的建筑红线，进入"修改 | 建筑红线"选项卡，如图 11-113 所示。单击"编辑草图"按钮，进入"修改 | 建筑红线 > 编辑草图"选项卡，激活命令，重定义建筑红线。

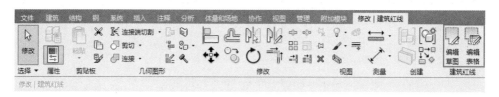

图 11-113　"修改 | 建筑红线"选项卡

单击"编辑表格"按钮，弹出【约束丢失】对话框，如图 11-114 所示。提醒用户将当前建筑红线转换为基于表格的建筑红线后，不可进行方向转换。

单击"是"按钮，弹出【建筑红线】对话框。修改表行参数，重定义建筑红线。

在视图中选择基于表格创建的建筑红线，在"修改 | 建筑红线"选项卡中"编辑草图"按钮显示为不可用状态，如图 11-115 所示。只能通过单击"编辑表格"按钮，在【建筑红线】对话框中修改参数。

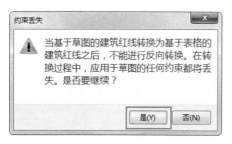

图 11-114　【约束丢失】对话框

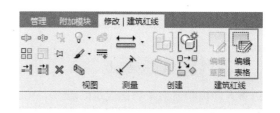

图 11-115　"修改 | 建筑红线"选项卡

11.3.5　平整区域

☞简化表面

选择"体量和场地"选项卡，在"修改场地"面板上单击"平整区域"按钮，如图 11-116

所示。

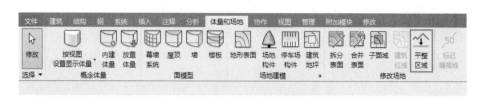

图 11-116　单击"平整区域"按钮

打开【编辑平整区域】对话框，选择"创建与现有地形表面完全相同的新地形表面"选项，如图 11-117 所示。表示在现有的地形表面基础上创建一个副本。

移动鼠标指针于地形表面之上，高亮显示边界线，如图 11-118 所示。单击鼠标左键，选择地形表面。

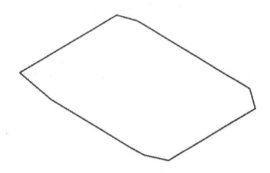

图 11-117　选择相应选项　　　　　　图 11-118　高亮显示边界线

进入"修改｜编辑表面"选项卡，单击"简化表面"按钮，如图 11-119 所示。

图 11-119　单击"简化表面"按钮

进入编辑模式后，地形表面的显示样式如图 11-120 所示。激活"简化表面"命令，弹出【简化表面】对话框。修改"表面精度"选项值，如图 11-121 所示。

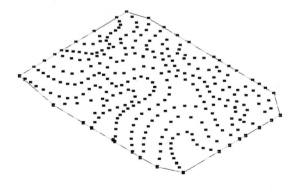

图 11-120　地形表面的显示效果　　　　　图 11-121　修改参数

单击"确定"按钮，查看简化地形表面的效果，发现高程点少了很多，如图 11-122 所示。单击"完成编辑模式"按钮，退出命令。选择地形表面，按住鼠标左键不放，向下拖曳鼠标指针，后松开鼠标左键，分离两个表面的效果如图 11-123 所示。

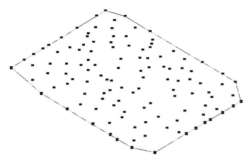

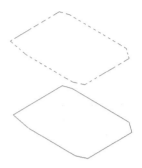

图 11-122　简化表面　　　　　　　　　　图 11-123　移动地形表面

☞修改点高程

进入"平整区域"编辑模式后，在地形表面上选择若干高程点，如图 11-124 所示。进入"修改 | 编辑表面 | 内部点"选项卡，在选项栏中修改"高程"值，如图 11-125 所示。

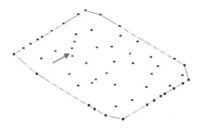

图 11-124　选择高程点　　　　　　　　　图 11-125　输入参数

观察视图中高程点的显示效果，发现已修改"高程"值的点向上移动，效果如图 11-126 所示。单击"完成编辑模式"按钮，退出命令。

在视图控制栏上单击"视觉样式"按钮，在列表中选择"着色"选项，查看最终的修改结果，如图 11-127 所示。

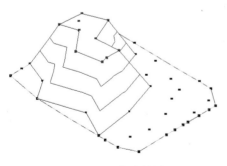

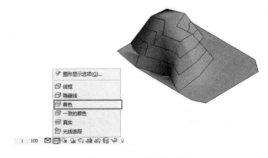

图 11-126　修改结果　　　　　　　　　　图 11-127　最终结果

11.3.6　标记等高线

选择"体量和场地"选项卡，在"修改场地"面板上单击"标记等高线"按钮，如图 11-128 所示。

图 11-128　单击"标记等高线"按钮

进入"修改 | 标记等高线"选项卡，如图 11-129 所示。假如选择"链"选项，可以连续绘制连接的线段。

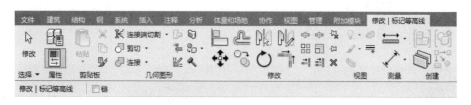

图 11-129　"修改 | 标记等高线"选项卡

在绘图区域中单击指定鼠标左键，指定起点。向右拖曳鼠标指针，单击鼠标左键，指定终点，如图 11-130 所示。退出命令，查看标记等高线的结果，如图 11-131 所示。

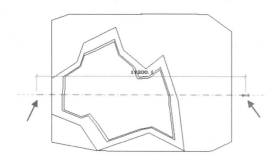

图 11-130　指定起点和终点

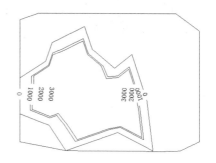

图 11-131　标记等高线

选择等高线，在"属性"选项板中单击"编辑类型"按钮，如图 11-132 所示，打开【类型属性】对话框。在对话框中修改参数，如图 11-133 所示，可以调整等高线标记的显示效果，包括颜色、字体等。

图 11-132　单击"编辑类型"按钮

图 11-133　【类型属性】对话框

第 **12** 章

链接与导入

　　链接或者导入外部文件，可以在项目中作为参考，帮助用户创建模型或者编辑模型。本章介绍链接模型、图纸以及图像的操作方法。

12.1 链接文件

能够链接到 Revit 中的文件类型包括 Revit 模型、CAD 图纸、图像，本节介绍链接方法。

12.1.1 链接 Revit

选择"插入"选项卡，在"链接"面板中单击"链接 Revit"按钮，如图 12-1 所示。

图 12-1　单击"链接 Revit"按钮

打开【导入/链接 RVT】对话框，选择 Revit 模型，如图 12-2 所示。单击"打开"按钮，在视图中观察链接进来的 Revit 模型，如图 12-3 所示。

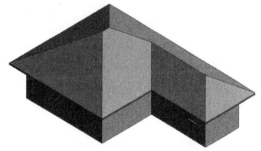

图 12-2　选择模型　　　　　　　　　图 12-3　查看 Revil 模型

12.1.2 链接 CAD

选择"插入"选项卡，在"链接"面板中单击"链接 CAD"按钮，如图 12-4 所示。

图 12-4　单击"链接 CAD"按钮

打开【链接 CAD 格式】对话框，选择图纸，如图 12-5 所示。在对话框的下方设置属性参数，如"颜色""单位""定位"等，控制 CAD 图纸在项目中的显示样式。

单击"打开"按钮，在视图中查看链接 CAD 图纸的结果，如图 12-6 所示。

选择图纸，进入"修改 | 建筑平面图 . dwg"选项卡，如图 12-7 所示。激活"导入实例"面板上的按钮，可以编辑图纸。

图 12-5　选择图纸

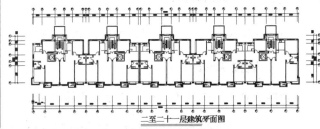

图 12-6　链接 CAD 图纸的结果

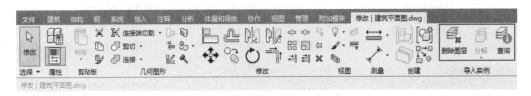

图 12-7　"修改 | 建筑平面图 . dwg"选项卡

单击"删除图层"按钮，打开【选择要删除的图层/标高】对话框，选择图层，如图 12-8 所示。单击"确定"按钮，可以删除选中的图层。

单击"查询"按钮，在需要查询的实例上单击鼠标左键，打开【导入实例查询】对话框。在其中显示"类型""块名称"等信息，如图 12-9 所示。单击"删除"按钮，删除实例。单击"在视图中隐藏"按钮，则可隐藏实例。

图 12-8　选择图层

图 12-9　【导入实例查询】对话框

选择"视图"选项卡，在"图形"面板上单击"可见性/图形"按钮，如图 12-10 所示，打开【楼层平面：F1 的可见性/图形替换】对话框。

图 12-10　单击"可见性/图形"按钮

选择"导入的类别"选项卡,查看导入图纸的相关信息,如图 12-11 所示。取消选择某个图层,该图层被隐藏,所有位于图层之上的图元也被隐藏。

新手问答

问:在【楼层平面:F1 的可见性/图形替换】对话框中可以编辑 Revit 链接模型吗?

答:在对话框中选择"Revit 链接"选项卡,显示链接进来的 Revit 模型信息,如图 12-12 所示。在列表中取消选择模型,结果是模型在视图中被隐藏。

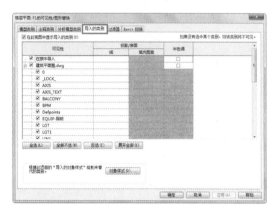
图 12-11 "导入的类别"选项卡

图 12-12 "Revit 链接"选项卡

12.1.3 创建贴花类型

选择"插入"选项卡,在"链接"面板中单击"贴花"按钮,在列表中选择"贴花类型"命令,如图 12-13 所示。

图 12-13 选择"贴花类型"命令

打开【贴花类型】对话框,单击左下角的"新建贴花"按钮，打开【新贴花】对话框。输入名称"风车",如图 12-14 所示,单击"确定"按钮返回【贴花类型】对话框。

在对话框中显示贴花类型的属性参数,单击右上角的矩形按钮,如图 12-15 所示,打开【选择文件】对话框。

图 12-14 输入名称

图 12-15 单击矩形按钮

在对话框中选择图像，如图 12-16 所示，单击"打开"按钮，载入图像。在【贴花类型】对话框中显示图像及其属性参数，如图 12-17 所示。

图 12-16　选择图像　　　　　　　　　　图 12-17　显示参数

12.1.4　新手点拨——放置贴花

素材文件：第 12 章/12.1.4 新手点拨——放置贴花-素材.rvt

效果文件：第 12 章/12.1.4 新手点拨——放置贴花-结果.rvt

视频课程：12.1.4 新手点拨——放置贴花

☞放置贴花

（1）选择"插入"选项卡，在"链接"面板中单击"贴花"按钮，在列表中选择"放置贴花"命令，如图 12-18 所示。

图 12-18　选择"放置贴花"命令

（2）进入"修改|贴花"选项卡，在选项栏中显示图像的"宽度""高度"，保持选择"固定宽高比"选项，如图 12-19 所示。

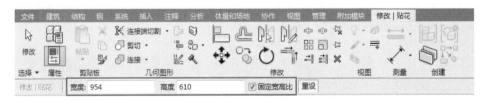

图 12-19　"修改|贴花"选项卡

（3）移动鼠标指针于墙面之上，预览图像的边界线，如图 12-20 所示。单击鼠标左键，在墙面上放置图像。

（4）在视图控制栏上单击"视觉样式"按钮，在列表中选择"真实"样式，如图 12-21 所示。

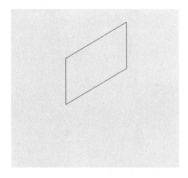

图 12-20　预览放置图像　　　　　　　　　图 12-21　选择"真实"样式

（5）在视图中查看放置图像的效果，如图 12-22 所示。

☞编辑贴花

（6）为了更好地观察图像，在 ViewCube 上单击"右"按钮，如图 12-23 所示，转换至右立面视图。

图 12-22　放置图像　　　　　　　　　　　图 12-23　单击"右"按钮

（7）选择图像，在四个角点显示蓝色的实心圆点。鼠标指针置于圆点之上，按住鼠标左键不动，向右下角拖曳鼠标指针，预览放大图像的效果，如图 12-24 所示。

（8）在合适的位置松开鼠标左键，放大图像的结果如图 12-25 所示。

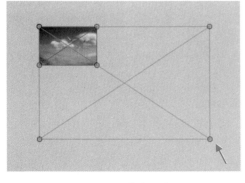

图 12-24　拖曳夹点　　　　　　　　　　　图 12-25　放大图像

（9）选择图像，在"属性"选项板中显示图像的尺寸。取消选择"固定宽高比"选项，如图 12-26 所示。

（10）激活夹点调整图像大小时，可以在水平方向或者垂直方向上拖曳鼠标指针，如图 12-27 所示，最终影响图像的尺寸。

图 12-26　"属性"选项板　　　　图 12-27　在水平方向上拖曳鼠标指针

新手问答

问：为什么通常情况下，在编辑图像尺寸的时候会建议选择"固定宽高比"选项？

答：选择"固定宽高比"选项，在调整图像尺寸时，可以等比例缩小或者放大图像。如果取消选择该项，在编辑图像时容易产生变形的结果。

12.1.5　管理链接

选择"插入"选项卡，在"链接"面板上单击"管理链接"按钮，如图 12-28 所示，打开【管理链接】对话框。

图 12-28　单击"管理链接"按钮

在对话框中选择"Revit"选项卡，在列表中显示已链接到项目的 Revit 模型信息，如图 12-29 所示。在列表中选择模型信息，激活列表下方的按钮。单击按钮，可以执行编辑操作影响项目中的链接模型。

单击"重新载入来自"按钮，打开【添加链接】对话框，选择模型，如图 12-30 所示。单击"打开"按钮，将模型载入项目。

单击"重新载入"按钮，则重新载入已有的 Revit 模型。

单击"卸载"按钮，打开【卸载链接】对话框，如图 12-31 所示。阅读对话框中的提示后，用户决定是否要卸载链接。单击"确定"按钮，执行"卸载链接"操作。

单击"添加"按钮，打开【导入/链接 RVT】对话框，选择模型，如图 12-32 所示。单击"打开"按钮，添加链接模型至项目。

图 12-29　显示链接模型的信息

图 12-30　选择模型

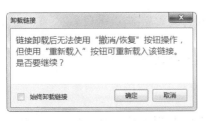

图 12-31　【卸载链接】对话框

图 12-32　选择模型

单击"删除"按钮，打开【删除链接】对话框，如图 12-33 所示。用户阅读提示文字，了解删除链接所产生的后果，单击"确定"按钮，删除选中的链接。单击"取消"按钮，返回【管理链接】对话框。

在【管理链接】对话框中选择"CAD 格式"选项卡，在其中显示链接进来的 CAD 图纸信息，如图 12-34 所示。选择信息，激活对话框下方的按钮。单击按钮，执行编辑操作修改 CAD 图纸。

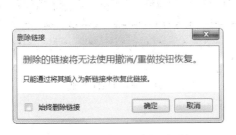

图 12-33　【删除链接】对话框

图 12-34　显示 CAD 图纸信息

12.2　插入文件

可以在 Revit 中插入进来的外部文件包括 CAD 图纸、图像等。在本节中，介绍导入 CAD 图纸与光栅图像的方法。

12.2.1 新手点拨——导入 CAD 图纸

效果文件：第 12 章/12.2.1 新手点拨——导入 CAD 图纸 . rvt

视频课程：12.2.1 新手点拨——导入 CAD 图纸

（1）选择"插入"选项卡，在"链接"面板上单击"导入 CAD"按钮，如图 12-35 所示，打开【管理链接】对话框。

图 12-35　单击"导入 CAD"按钮

（2）打开【导入 CAD 格式】对话框，选择图纸，设置"颜色"为"黑白"，"单位"为"毫米"，如图 12-36 所示。

（3）单击"打开"按钮，导入 CAD 图纸至项目，如图 12-37 所示。

新手问答

问："链接 CAD"与导入"CAD"有什么不同？

答：无论是"链接 CAD"还是"导入 CAD"，都可以将 CAD 图纸插入项目。但是二者有一个不同的地方。链接到项目的 CAD 图纸，当图纸被改动后，包括图纸的存储路径以及图纸在 AutoCAD 中被再编辑，其改动的结果都会影响项目中的 CAD 图纸。但是导入到项目中的 CAD 图纸却不会有上述的问题。

图 12-36　选择图纸

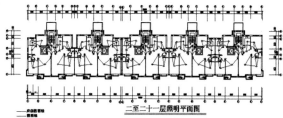

图 12-37　导入 CAD 图纸

12.2.2 导入图像

☞导入图像

选择"插入"选项卡，在"导入"面板上发现"图像"按钮显示为灰色，如图 12-38 所示。

图 12-38　按钮显示为灰色

选择项目浏览器，展开视图列表，选择平面图名称，如图 12-39 所示。双击视图名称，切换至平面视图。再次观察"导入"面板中"图像"按钮，如图 12-40 所示，发现已显示为可用状态。

图 12-39　选择视图　　　　　图 12-40　单击"图像"按钮

单击"导入图像"按钮，打开【导入图像】对话框，选择图像，如图 12-41 所示。单击"打开"按钮，导入图像至项目。

此时鼠标指针显示为对角线样式，如图 12-42 所示。移动鼠标指针，在合适的位置单击鼠标左键，放置图像的结果如图 12-43 所示。

图 12-41　选择图像　　　　　图 12-42　鼠标指针显示为对角线样式

☞编辑图像

选择图像，将鼠标指针置于图像之上，切换至移动模式，按住鼠标左键不放，拖曳鼠标指针即可移动图像。将鼠标指针置于图像的对角点之上，按住鼠标左键不放，拖曳鼠标指针即可放大或缩小图像，如图 12-44 所示。

图 12-43　导入图像

图 12-44　放大图像

以两幅图像为例说明"前景""背景"的模式。首先查看视图中两幅图像的排列方式，可以看到"大道.jpg"位于"花园城市.jpg"的前面，如图 12-45 所示。

选择"花园城市.jpg"，在"属性"选项板中显示图像的尺寸，并在"绘制图层"选项中显示"背景"，如图 12-46 所示，表示"花园城市.jpg"目前处在"背景"模式。

图 12-45　图像的放置模式

图 12-46　"属性"选项板

在选择图像的同时，进入"修改|光栅图像"选项卡。在选项栏中显示"背景"，如图 12-47 所示，表示所选图像的模式。

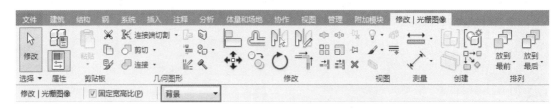

图 12-47　选择"背景"

在选项栏中选择"前景"，视图中的"花园城市.jpg"向前移动，显示在"大道.jpg"的前面，效果如图 12-48 所示。

也可以选择图像，在"排列"面板上单击"放在最前"按钮，在列表中选择"放在最前"或"前移"命令，如图 12-49 所示，向前移动图像。在"放到最后"列表中，选择命令，向后移动图像。

图 12-48　修改图像的放置模式

新手问答

问："放置贴花"与"导入图像"有什么不同？

答：首先，"放置贴花"前需要"创建贴花类型"。其次，贴花图像必须放置在一个指定的面上。最后，只有将"视觉样式"设置为"真实"，才可观察贴花图像的内容。与此相反，在平面图中即可导入图像与观察图像。

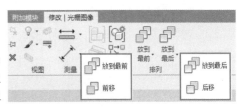

图 12-49　命令列表

12.2.3　管理图像

选择"插入"选项卡，在"导入"面板上单击"管理图像"按钮，如图 12-50 所示，打开【管理图像】对话框。

图 12-50　单击"管理图像"按钮

在对话框中显示已导入图像的信息，如图 12-51 所示。选择图像信息，激活对话框下方的按钮，单击按钮，可以"添加"图像，"删除"图像或者"重新载入来自"计算机的图像。

在删除图像时，弹出提示对话框，如图 12-52 所示。在对话框中提醒用户删除图像的后果，单击"确定"按钮，删除所选的图像。

图 12-51　显示导入的图像

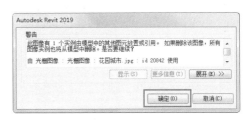

图 12-52　提示对话框

第 **13** 章

工作平面与临时尺寸标注

本章介绍工作平面与临时尺寸标注的使用方法。利用工作平面可以帮助用户确定模型的位置。临时尺寸标注是Revit Architecture的一个利器，在用户绘制或者编辑图元时提供定位。但是在退出命令后标注随即被隐藏，不影响图元的显示效果。

13.1 利用工作平面

默认情况下工作平面是出于隐藏状态，在需要参考工作平面绘制图元时，可以显示工作平面。还可以在"属性"选项板中修改参数，影响工作平面的显示效果。

13.1.1 显示工作平面

☞显示工作平面

选择"建筑"选项卡，在"工作平面"面板上单击"显示"按钮，如图 13-1 所示。

图 13-1　单击"显示"按钮

当"显示"按钮被选中后，高亮显示，如图 13-2 所示。同时，在视图中也可以观察工作平面的显示效果，如图 13-3 所示。

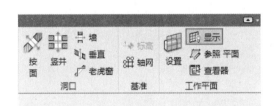

图 13-2　高亮显示"显示"按钮

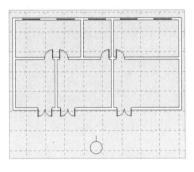

图 13-3　显示工作平面

☞编辑工作平面

选择工作平面，如图 13-4 所示，进入编辑模式。在"属性"选项板中，显示"工作平面网格间距"值，如图 13-5 所示。默认值为"2000.0"，重新输入参数可以调整网格间距。

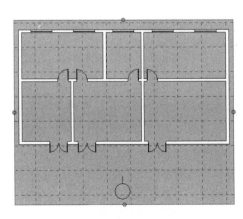

图 13-4　选择工作平面

图 13-5　"属性"选项板

在"修改 | 工作平面网格"选项卡中，修改"间距"值，如图 13-6 所示，也可以重定义工作平面的网格间距。

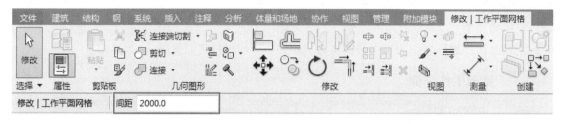

图 13-6 "修改 | 工作平面网格"选项卡

选择工作平面，在边界线的中点显示蓝色夹点。激活夹点，按住鼠标左键不放，向右拖曳鼠标指针，预览调整工作平面大小的效果，如图 13-7 所示。

在合适的位置松开鼠标左键在视图中观察调整工作平面尺寸的结果，如图 13-8 所示。

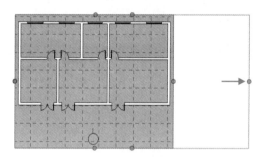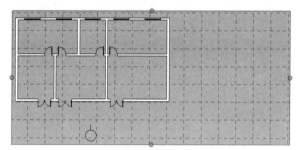

图 13-7 拖曳鼠标指针　　　　　　　图 13-8 调整工作平面的尺寸

13.1.2 设置工作平面

切换至三维视图，观察工作平面默认的显示效果，如图 13-9 所示。在"工作平面"面板上单击"设置"按钮，如图 13-10 所示，打开【工作平面】对话框。

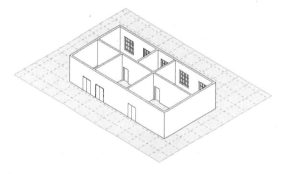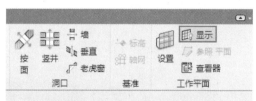

图 13-9 工作平面的默认显示效果　　　　　图 13-10 单击"设置"按钮

在对话框中显示工作平面的默认位置在"标高：F1"上，如图 13-11 所示。选择"拾取一个平面"选项，如图 13-12 所示，表示可以通过指定面更改工作平面的位置。

将鼠标指针置于立面墙之上，高亮显示墙体边界线，如图 13-13 所示。在墙体上单击鼠标左键拾取墙体，此时发现工作平面的位置被改变，显示为与墙面重合，如图 13-14 所示。

图 13-11 【工作平面】对话框　　　　图 13-12 选择 "拾取一个平面" 选项

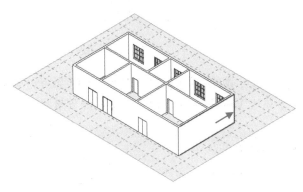

图 13-13 拾取墙面

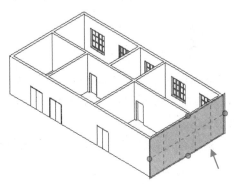

图 13-14 工作平面的显示效果

新手问答

问：除了墙立面，是否还可以指定其他面放置工作平面？

答：可以，不过弧形面不能指定为工作平面的位置。以迹线屋顶为例，拾取屋顶斜面为工作平面的位置，如图 13-15 所示。重新显示工作平面后，发现工作平面显示在屋顶斜面上，如图 13-16 所示。

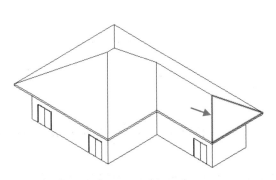

图 13-15 拾取屋顶斜面

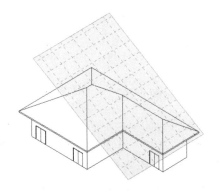

图 13-16 工作平面的显示效果

13.1.3 启用工作平面查看器

在 "工作平面" 面板上单击 "查看器" 按钮，如图 13-17 所示，弹出【工作平面查看器】

窗口。将鼠标指针置于窗口边界线上，按住鼠标左键不放，拖曳鼠标指针，调整窗口的大小。

在窗口中，工作平面高亮显示，如图 13-18 所示。选择工作平面，可以通过拖曳夹点调整平面尺寸。

图 13-17　单击"查看器"按钮

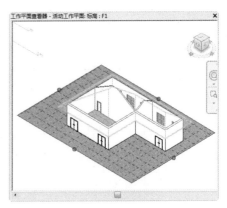

图 13-18　查看工作平面

在窗口右上角的 ViewCube 中单击"上"按钮，切换至俯视图，如图 13-19 所示。单击"前"按钮，切换至前视图，如图 13-20 所示。单击 ViewCube 左上角的"主视图"按钮 🏠，返回主视图。

最后单击窗口右上角的"关闭"按钮 ☒，关闭窗口即可。

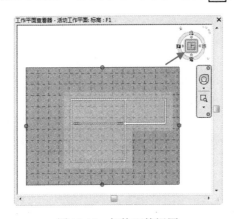

图 13-19　切换至俯视图

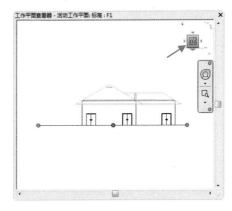

图 13-20　切换至前视图

13.1.4　参照平面

☞绘制参照平面

选择"建筑"选项卡，在"工作平面"上单击"参照平面"按钮，如图 13-21 所示，进入"修改 | 放置参照平面"选项卡。

图 13-21　单击"参照平面"按钮

在"绘制"面板上单击"线"按钮，如图 13-22 所示。保持选项栏"偏移值"为"0.0"不变，如图 13-22 所示。

图 13-22 单击"线"按钮

在绘图区域中单击鼠标左键，指定参照平面的起点。向下移动鼠标指针，单击鼠标左键指定终点，如图 13-23 所示。观察创建完毕的参照平面，如图 13-24 所示。在线的两端，显示注释文字"〈单击以命名〉"。

在"属性"选项板中的"名称"选项中输入名称，如图 13-25 所示。在视图中查看为参照平面命名的结果，如图 13-26所示。

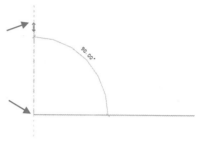

图 13-23 指定起点与终点

图 13-24 创建参照平面

图 13-25 输入名称

图 13-26 重命名参照平面

单击参照平面端点一侧的注释文字"〈单击以命名〉"，进入编辑模式，输入名称，如图 13-27 所示。在空白位置单击鼠标左键，重命名参照平面。

新手问答

问：为什么退出参照平面的选择状态后，名称却不见了？

答：为参照平面命名后，只有在选择参照平面的状态下才可以显示名称。如果视图中所有的参照平面都显示名称，那么图面会显得眼花缭乱。用户可以选择参照平面后到"属性"选项板中查看其名称。

☞拾取线生成参照平面

通过拾取视图中已有的线，可以在此基础上生成参照平面。以模型线为例，介绍创建方法。

选择"建筑"选项卡，在"模型"面板上单击"模型线"按钮，如图 13-28 所示，进入"修改 | 放置线"选项卡。

图 13-27 输入名称

在"绘制"面板上单击"矩形"按钮，如图 13-29 所示。

图 13-28　单击"模型线"按钮

图 13-29　单击"矩形"按钮

在绘图区域中单击鼠标左键，指定起点与对角点，绘制模型线的结果如图 13-30 所示。激活"参照平面"命令，在"修改 | 放置参照平面"选项卡中单击"拾取线"按钮，如图 13-31 所示。

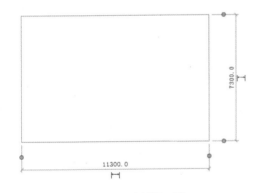

图 13-30　绘制模型线

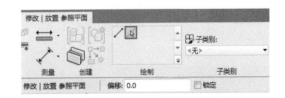

图 13-31　单击"拾取线"按钮

将鼠标指针置于水平模型线之上，单击鼠标左键，在模型线的基础上生成参照平面，如图 13-32 所示。单击参照平面端点一侧的注释文字"〈单击以命名〉"，进入编辑模式，输入名称，如图 13-33 所示。

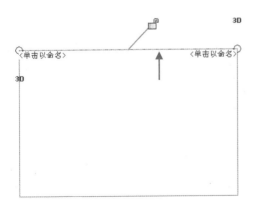

图 13-32　生成参照平面

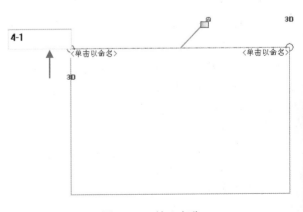

图 13-33　输入名称

在空白的位置上单击鼠标左键，重命名参照平面的结果如图 13-34 所示。继续拾取其他的模型线，生成参照平面的最终效果如图 13-35 所示。

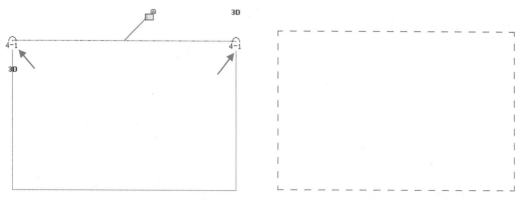

图 13-34　重命名参照平面　　　　　　　　图 13-35　最终效果

新手问答

问：我也是在模型线的基础上生成参照平面，为什么退出命令后，却没有显示参照平面？

答：在模型线的基础上生成参照平面，退出操作后，模型线并没有自动删除，而是与参照平面重合显示。用户需要移动模型线至一旁，或者干脆删除模型线，才可以显示参照平面。

13.1.5　新手点拨——参照平面的用法

素材文件：第 13 章/13.1.5 新手点拨——参照平面的用法-素材 . rvt

效果文件：第 13 章/13.1.5 新手点拨——参照平面的用法-结果 . rvt

视频课程：13.1.5 新手点拨——参照平面的用法

☞绘制参照平面

（1）选择"建筑"选项卡，在"工作平面"上单击"参照平面"按钮，如图 13-36 所示。

图 13-36　单击"参照平面"按钮

（2）进入"修改 | 放置参照平面"选项卡，在"绘制"面板上单击"线"按钮，如图 13-37 所示。

图 13-37　单击"线"按钮

（3）鼠标指针置于内墙线上，显示临时尺寸标注，预览鼠标指针所在位置与左侧墙中心线的间距，如图 13-38 所示。

（4）在内墙线上单击鼠标左键，指定参照平面的起点，向下移动鼠标指针，指定参照平面的终点，如图 13-39 所示。

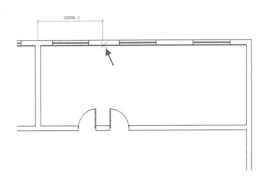

图 13-38　指定起点

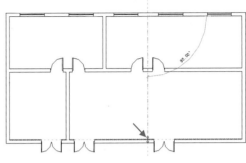

图 13-39　指定终点

（5）绘制参照平面的结果如图 13-40 所示。

☞依据参照平面绘制墙体

（1）选择"建筑"选项卡，在"构建"面板上单击"墙"按钮，如图 13-41 所示。

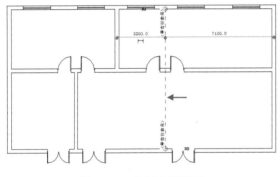

图 13-40　绘制参照平面

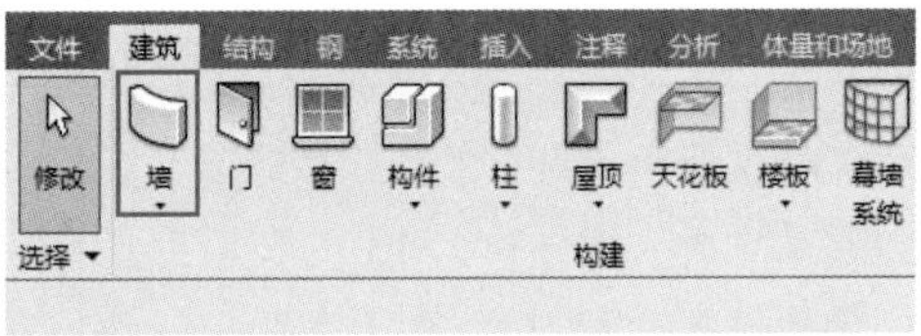

图 13-41　单击"墙"按钮

（2）进入"修改 | 放置墙"选项卡，在"绘制"面板中单击"线"按钮，如图 13-42 所示。

图 13-42　单击"线"按钮

（3）拾取参照平面的端点，指定绘制起点，如图 13-43 所示。

（4）向下移动鼠标指针，拾取参照平面的端点，指定绘制终点，如图 13-44 所示。

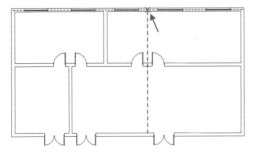

图 13-43　指定起点

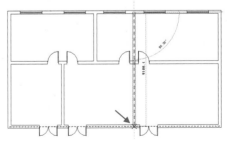

图 13-44　指定终点

（5）参考参照平面创建墙体的结果如图13-45所示。

（6）选择参照平面，按下键盘上的〈Delete〉键将其删除，结果如图13-46所示。

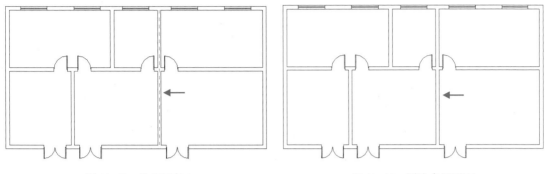

图 13-45　绘制墙体　　　　　　　　　　　　图 13-46　删除参照平面

新手问答

问：选不到参照平面，所以无法将其删除怎么办？

答：在参照平面的基础上创建墙体后，单独要选中参照平面就很不容易。提供两个方法供用户选用。第一个方法，选择所有的图元，激活"过滤器"命令，在【过滤器】对话框中单独选择"参照平面"。关闭对话框后，可按〈Delete〉键将其删除。第二个方法，选择墙体，单击鼠标右键，选择"在视图中隐藏"→"图元"命令，隐藏墙体，接着删除参照平面，再恢复显示墙体。

13.2　临时尺寸标注

借助临时尺寸标注，可以在绘制图元或者编辑图元的过程中确定图元的位置。用户可以使用默认样式的临时尺寸标注，也可以自定义临时尺寸标注的显示样式。

13.2.1　显示标注

在平面视图中，选中平开门，在其上方显示临时尺寸标注，如图13-47所示。借助临时尺寸标注，了解以门中点为基准，与左右两侧墙中心线的间距。

选择墙体，参考临时尺寸标注，了解以该墙体中心线为基准，与左右两侧墙中心线的间距，如图13-48所示。

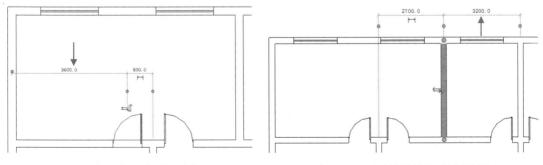

图 13-47　显示门的临时尺寸标注　　　　　　图 13-48　显示墙体的临时尺寸标注

切换至立面视图，选择立面门显示临时尺寸标注，了解门的高度，与墙体顶边的距离，以及与左侧墙体中心线的距离，如图13-49所示。

在三维视图中同样可以显示临时尺寸标注，如图 13-50 所示。借助临时从标注，更加直观地了解门的尺寸以及在墙体上的位置。

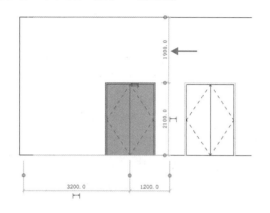

图 13-49　立面图中的临时尺寸标注

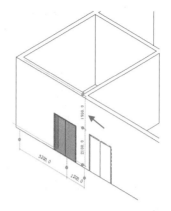

图 13-50　三维图中的临时尺寸标注

13.2.2　修改标注

在平面视图中选择门，在其上方显示临时尺寸标注。将鼠标指针置于临时尺寸标注之上，此时在尺寸数字的周围显示矩形框，如图 13-51 所示。

在尺寸数字上单击鼠标左键，进入在位编辑模式。输入距离参数，如图 13-52 所示。

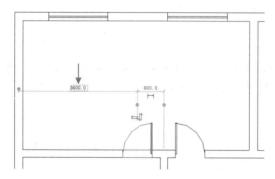

图 13-51　激活尺寸数字

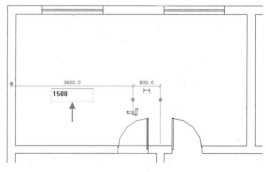

图 13-52　输入参数

在空白位置单击鼠标左键，退出编辑。修改尺寸距离后，门图元向左移动，结果如图 13-53 所示。单击临时尺寸标注数字下方的符号⊢⊣，可以将临时尺寸标注转换为永久性尺寸标注，如图 13-54 所示。

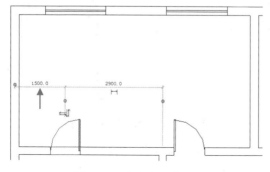

图 13-53　调整门的位置

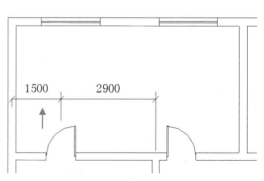

图 13-54　转换为永久性尺寸标注

13.2.3 设置临时尺寸标注

☞设置临时尺寸标注的外观

　　选择"文件"选项卡，在列表中单击"选项"按钮，如图 13-55 所示，打开【选项】对话框。在对话框的左侧选择"图形"选项卡，在"临时尺寸标注文字外观"选项组下显示临时尺寸标注的默认参数设置，如图 13-56 所示。

图 13-55　单击"选项"按钮　　　　图 13-56　显示默认参数设置

　　单击"大小"选项，在弹出的列表中选择编号，如图 13-57 所示，修改标注文字的大小。单击"确定"按钮，返回视图，观察修改参数的结果，如图 13-58 所示。

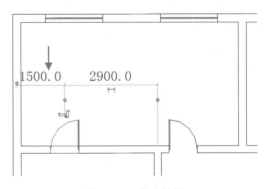

图 13-57　选择字号　　　　　　　图 13-58　修改结果

☞设置临时尺寸标注的属性

　　选择"管理"选项卡，在"设置"面板上单击"其他设置"按钮，在列表中选择"临时尺寸标注"命令，如图 13-59 所示。

　　打开【临时尺寸标注属性】对话框，在"墙"选项组下默认选择"中心线"选项，表示以墙中心线为基准显示临时尺寸标注。

　　在选项组中选择"面"选项，如图 13-60 所示。单击"确定"按钮，返回视图。选择墙体，发现以墙面线为基准显示临时尺寸标注，如图 13-61 所示。

　　用户可以在【临时尺寸标注属性】对话框中选择"核心层中心""核心层的面"选项，调整临时尺寸标注的显示基准。

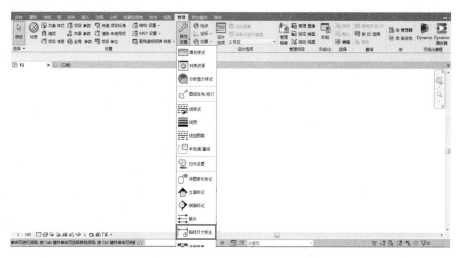

图 13-59　选择"临时尺寸标注"命令

图 13-60　选择"面"选项

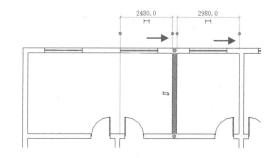

图 13-61　显示效果

在【临时尺寸标注属性】对话框中,在"门和窗"选项组下选择"洞口"选项,如图 13-62 所示。单击"确定"按钮,返回视图。选择门,发现临时尺寸标注以门洞口边界线为基准显示,如图 13-63 所示。

图 13-62　选择选项

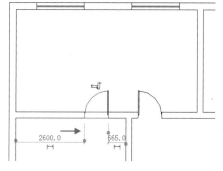

图 13-63　显示效果

13.2.4　新手点拨——利用临时尺寸标注确定图元的位置

素材文件:第 13 章/13.2.4 新手点拨——利用临时尺寸标注确定图元的位置-素材.rvt
效果文件:第 13 章/13.2.4 新手点拨——利用临时尺寸标注确定图元的位置-结果.rvt
视频课程:13.2.4 新手点拨——利用临时尺寸标注确定图元的位置

☞借助临时尺寸标注放置门

（1）选择"建筑"选项卡，在"构建"面板上单击"门"按钮，如图 13-64 所示。

（2）在"属性"选项板中选择"双扇平开木门"，如图 13-65 所示。

图 13-64　单击"门"按钮

图 13-65　选择双扇门类型

（3）将鼠标指针置于外墙线之上，预览放置门的效果。同时随着鼠标指针的移动，临时尺寸也实时更新，如图 13-66 所示。

（4）参考临时尺寸标注，在墙体之上单击鼠标左键，放置门的效果如图 13-67 所示。

（5）在"属性"选项板中选择"单扇平开木门"，如图 13-68 所示。

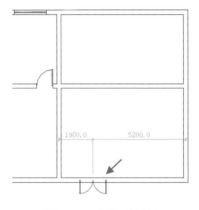

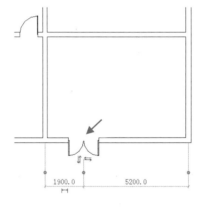

图 13-66　预览放置门

图 13-67　放置双扇门

图 13-68　选择单扇门

（6）将鼠标指针置于内墙体之上，借助临时尺寸标注，确定门与墙体的距离，如图 13-69 所示。

（7）在内墙体上单击鼠标左键，放置单扇门的效果如图 13-70 所示。

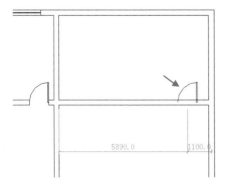

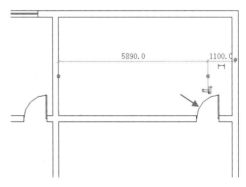

图 13-69　预览放置单扇门

图 13-70　放置单扇门

☞借助临时尺寸标注放置窗

（1）选择"建筑"选项卡，在"构建"面板上单击"窗"按钮，如图 13-71 所示。

图 13-71　单击"窗"按钮

（2）在"属性"选项板中选择"木格平开窗"，如图 13-72 所示。

图 13-72　选择窗

（3）将鼠标指针置于外墙体之上，预览放置窗的效果，临时尺寸标注显示窗与两侧墙体的距离，如图 13-73 所示。

（4）在外墙体上单击鼠标左键，放置窗的效果如图 13-74 所示。

（5）此时仍然处在"窗"命令中，移动鼠标指针，在墙体上指定放置基点，如图 13-75 所示。

（6）参考临时尺寸标注，在墙体上单击鼠标左键，放置窗的结果如图 13-76 所示。

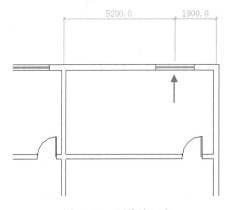

图 13-73　预览放置窗

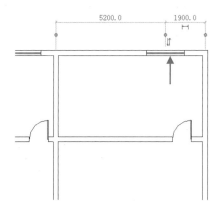

图 13-74　放置窗

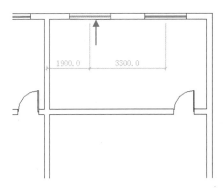

图 13-75　预览放置窗

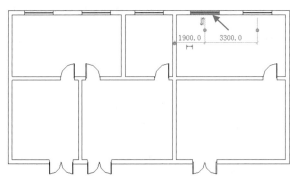

图 13-76　放置窗

第 **14** 章

视图管理与明细表

　　本章介绍管理视图的方法。用户的绘制、编辑结果都在视图中体现，为了更好观察视图或者表现模型，需要掌握如何管理视图。通过创建明细表，总结项目中各构件的信息，方便用户查阅或修改。

14.1 视图样板

视图样板包括的内容有视图比例、模型的详细程度、模型的显示样式等。创建视图样板，可以应用到多个项目，本节介绍操作方法。

14.1.1 创建视图样板

☞新建视图样板

选择"视图"选项卡，在"图形"面板上单击"视图样板"按钮，在列表中选择"从当前视图创建样板"命令，如图 14-1 所示。

图 14-1 选择"从当前视图创建样板"命令

弹出【新视图样板】对话框，输入名称"项目 1 视图样板"，如图 14-2 所示。单击"确定"按钮，打开【视图样板】对话框。在其中显示视图样板的名称、属性参数，如图 14-3 所示。

在"视图属性"列表中，显示各项参数和与之对应的参数值。用户在"值"选项中修改参数，影响模型在视图中的显示样式。

图 14-2 输入名称"项目 1 视图样板"

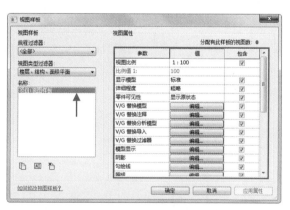

图 14-3 【视图样板】对话框

修改"值"参数有两种方式，一种是在列表中选择选项，另一种是打开对应的对话框设置参数。鼠标左键单击"显示模型"参数对应的"值"选项，在列表中显示三个值，分别是"标准""半色调""不显示"，如图 14-4 所示。选择相应选项，指定模型的显示标准。

单击"V/G 替换模型"参数对应的"编辑"按钮，打开【项目 1 视图样板的可见性/图形替换】对话框，如图 14-5 所示。在"可见性"列表中选择选项，指定在视图中显示的模型。

图 14-4 选择相应选项

图 14-5 【项目 1 视图样板的可见性/图形替换】对话框

☞ 设置视图样板属性

在【视图样板】对话框中单击"阴影"参数右侧的"编辑"按钮,弹出【图形显示选项】对话框。在"阴影"选项组下选择"投射阴影""显示环境阴影"选项,如图 14-6 所示。单击"确定"按钮,完成设置。

单击"勾绘线"参数右侧的"编辑"按钮,在"勾绘线"选项组下选择"启用勾绘线"选项,

图 14-6 "阴影"选项组

图 14-7 "勾绘线"选项组

激活"抖动""延伸"选项。在选项右侧的文本框中输入参数,如图 14-7 所示,设置抖动及延伸的程度。

14.1.2 应用样板

选择"视图"选项卡,在"图形"面板上单击"视图样板"按钮,在列表中选择"将样板属性应用于当前视图"命令,如图 14-8 所示。

图 14-8 选择"将样板属性应用于当前视图"命令

执行上述命令后,打开【应用视图样板】对话框,如图 14-9 所示。在 14.1.1 节中,介绍在【视图样板】对话框中设置样板参数。当要应用样板的时候,是在【应用视图样板】对话框中进行,在此特意提醒,以免用户混淆。

在【应用视图样板】对话框中,显示已创建的视图样板及属性参数。选择样板,单击"应用属性"按钮,即可在视图中观察应用效果。

在"属性"选项板中展开"标识数据"选项组，在"视图样板"选项中显示"＜无＞"，如图 14-10 所示。

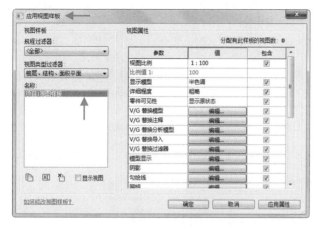

图 14-9　【应用视图样板】对话框　　　　　图 14-10　选项值显示为"＜无＞"

新手问答

问：为什么已经应用了样板属性，却仍然在"视图样板"选项中显示为"＜无＞"？

答：执行"将样板属性应用于当前视图"命令后，只是应用样板属性到视图，并不是为视图指定样板。所以在视图中可以查看应用样板属性的结果，但是该样板并没有指定给当前视图。

单击"视图样板"右侧的"＜无＞"按钮，打开【指定视图样板】对话框，如图 14-11 所示。在本节的开头，介绍在【应用视图样板】对话框中应用样板属性。为视图指定样板时，需要到【指定视图样板】对话框中进行，特此提醒。

在【指定视图样板】对话框中选择样板，单击"应用"按钮，即可将该样板设置为当前视图的样板。返回对话框，观察"属性"选项板的变化。可以发现在选项板中很多选项显示为灰色，无法编辑，如图 14-12 所示。这是因为样板属性已经被指定，所以不可以在"属性"选项板中再编辑。

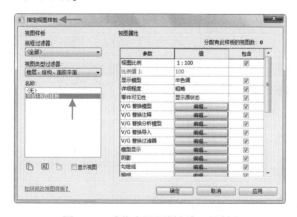

图 14-11　【指定视图样板】对话框　　　　　图 14-12　某些选项显示为灰色

在视图中观察指定样板后模型的显示效果，如图 14-13 所示。可以发现模型的轮廓线以勾绘线显示，同时投射阴影。

单击快速访问工具栏上的"默认三维视图"按钮"⬚"，转换至三维视图。在视图中发现模型没有发生任何改变，如图 14-14 所示。

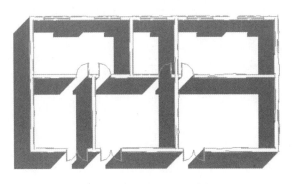

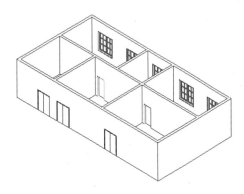

图 14-13　应用样板的效果　　　　　　　　图 14-14　模型保持原样

新手问答

问：明明已经指定了视图样板，为何三维视图中的模型仍然保持原样？

答：因为只是为 F1 视图指定了样板，没有为三维视图指定样板。在同一个项目中，可以包含多种类型的视图。当为其中一个视图指定样板后，其他视图不会受到影响。Revit 允许将同一个视图样板指定给不同的视图。

在三维视图的"属性"选项板中，"视图样板"的选项值显示为"＜无＞"，如图 14-15 所示。单击"＜无＞"按钮，打开【指定视图样板】对话框。选择视图样板，单击"应用"按钮，返回视图观察应用样板的效果，如图 14-16 所示。

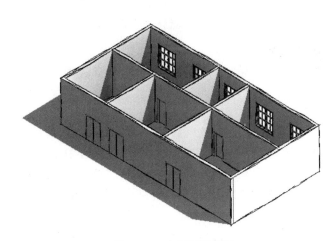

图 14-15　单击＜无＞按钮　　　　　　　　图 14-16　应用视图样板

14.2　设置图元的显示样式

项目中的模型通常以默认的样式显示，用户通过修改参数，可以在视图中观察不同样式的模型，如隐藏线样式、着色样式等。

14.2.1　详细程度

在视图控制栏中单击"详细程度"按钮，向上弹出列表，选择"粗略"样式，如图 14-17 所示。观察视图中墙体的显示效果，发现仅显示墙体的轮廓线，如图 14-18 所示。

图 14-17 选择 "粗略" 选项

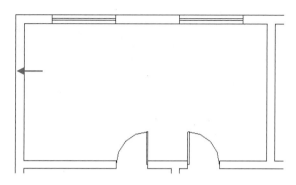

图 14-18 墙体的显示效果

在 "视觉样式" 列表中选择 "精细" 选项,如图 14-19 所示。滑动鼠标中键,放大视图,查看墙体的显示效果,如图 14-20 所示。在视图中显示墙体的结构层轮廓线,包括面层、衬底。

图 14-19 选择 "精细" 选项

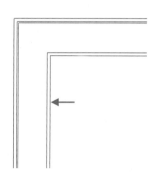

图 14-20 显示墙体结构层轮廓线

新手问答

问:在 "中等" 样式下,墙体的显示效果是什么?

答:在 "粗略" 样式与 "中等" 样式下,墙体的显示效果是相同的。限于篇幅,所以不再截图说明。

选择墙体,在 "属性" 选项板上单击 "编辑类型" 按钮,打开【类型属性】对话框。在 "结构" 选项右侧单击 "编辑" 按钮,如图 14-21 所示,打开【编辑部件】对话框。

在 "层" 列表中显示墙体的结构层,单击左下角的 "预览" 按钮,在预览窗口中查看墙体结构层,如图 14-22 所示。将 "详细程度" 设置为 "精细",点击 "预览" 按钮后就可以在视图中观察墙体的结构层轮廓线。

图 14-21 单击 "编辑类型" 按钮

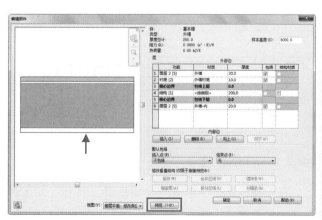

图 14-22 预览墙体结构层

在【编辑部件】对话框中重定义参数，修改结果可以在预览窗口中观察，也可以关闭对话框后到视图中观察。

选择"视图"选项卡，在"图形"面板上单击"可见性/图形"按钮，如图 14-23 所示，打开【楼层平面：F1 的可见性/图形替换】对话框。

在列表中选择墙体，单击末尾的"详细程度"单元格，向下弹出列表。选择相应选项，如图 14-24 所示，设置墙体在视图中显示的详细程度。

同理，选择其他图元，如坡道、天花板，也可在"详细程度"列表中定义图元在视图中显示的详细程度。

图 14-23　单击"可见性/图形"按钮　　　　图 14-24　选择相应选项

14.2.2　图元的显示样式

☞模型显示样式

为了更好地观察模型不同的显示样式，可以先切换至三维视图。

在视图控制栏中单击"视觉样式"按钮，向上弹出列表，选择"线框"选项，如图 14-25 所示。在视图中观察模型的显示效果，墙体、门窗均显示内外轮廓线，如图 14-26 所示。

这种视觉样式只能用来观察单个模型，或者结构比较简单的模型。如果图元较多，或者本身构造较为复杂，在"线宽"样式下显示轮廓线后会导致画面混乱，让人难以分辨。

图 14-25　选择"线框"选项

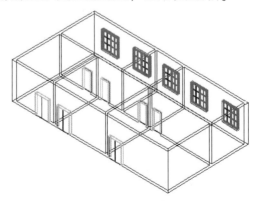

图 14-26　显示图元轮廓线

在视图控制栏中单击"视觉样式"按钮，在列表中选择"隐藏线"选项，如图 14-27 所示。

观察视图中模型的显示效果，发现图元内部的轮廓线已被隐藏，仅显示外部轮廓线，如图 14-28 所示。线面结合的样式能够清楚地观察模型的创建效果，所以这是系统默认的"视觉样式"。

图 14-27　选择"隐藏线"选项

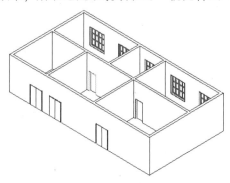

图 14-28　线面结合显示模型

在"视觉样式"列表中选择"着色"选项，如图 14-29 所示。观察视图中模型的显示效果，发现墙体、门窗均显示为不同的颜色，如图 14-30 所示。

在"着色"样式下，模型被赋予颜色，样式更为真实。模型的颜色在【材质浏览器】对话框中设置。

图 14-29　选择"着色"选项

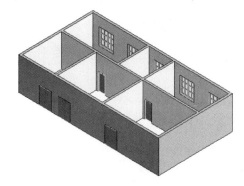

图 14-30　为模型添加颜色

在"视觉样式"列表中选择"一致的颜色"选项，如图 14-31 所示。观察视图，发现墙体、门窗的颜色种类没变，但是显示效果却变了。对比中图 14-30 的模型显示效果，发现如图 14-32 所示中的模型，虽然图元已被着色，但是缺少明暗对比，模型的每个面都显示为相同的颜色以及亮度。

图 14-31　选择"一致的颜色"选项

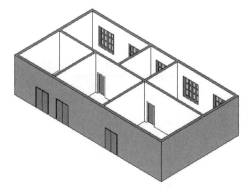

图 14-32　模型各个面显示相同的颜色

在"视觉样式"列表中选择"真实"选项，如图 14-33 所示。在视图中观察墙体、门窗的显示效果，发现颜色与图 14-32 中的显示效果不同，如图 14-34 所示。这是因为在"真实"样式下，图元显示的是自身材质的颜色。

图 14-33　选择"真实"选项

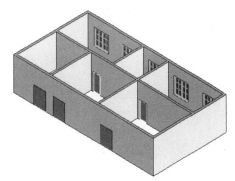

图 14-34　显示材质颜色

☞显示模型阴影

在"视觉样式"列表中选择"图形显示选项"，如图 14-35 所示，打开【图形显示选项】对话框。展开"阴影"选项，选择"投射阴影"选项，如图 14-36 所示。

图 14-35　选择"图形显示选项"选项

图 14-36　选择"投射阴影"选项

单击"确定"按钮，返回视图，观察模型投射阴影的效果，如图 14-37 所示。在【图形显示选项】对话框中选择"显示环境阴影"选项，在视图中查看环境阴影影响模型的效果，如图 14-38 所示。

在视图控制栏上单击"打开阴影"按钮，可以在模型上投射阴影，但是不能打开或关闭环境阴影。

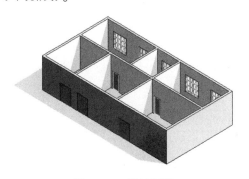

图 14-37　投射阴影

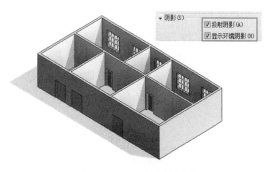

图 14-38　显示环境阴影

☞勾绘线显示效果

在【图形显示选项】对话框中展开"勾绘线"选项组,选择"启用勾绘线"选项。设置"抖动"值为"5","延伸"值为"5",如图 14-39 所示。

单击"确定"按钮,在视图中观察模型的显示效果,发现模型的轮廓线显示为手绘线的样式,如图 14-40 所示。

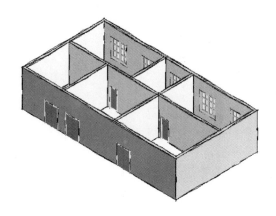

图 14-39 选择"启用勾绘线"选项   图 14-40 显示手绘线的样式

在"勾绘线"选项组下修改"抖动"值与"延伸"值,如图 14-41 所示。单击"确定"按钮,在视图中发现勾绘线的抖动幅度更大,轮廓线似乎不是一笔画成,显示出重复落笔的效果,如图 14-42 所示。

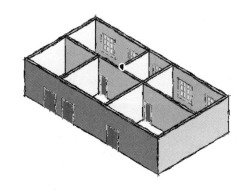

图 14-41 修改参数   图 14-42 显示效果

☞日光设置

在视图控制栏上单击"关闭日光路径"按钮 ☼,向上弹出列表,选择"打开日光路径"选项,如图 14-43 所示。打开【日光路径-日光未显示】对话框,选择"改用指定的项目位置、日期和时间"选项,如图 14-44 所示。

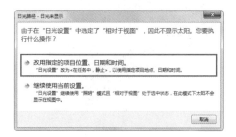

图 14-43 选择"打开日光路径"选项   图 14-44 选择相应选项

在视图中显示日光路径,如图 14-45 所示。此时,"日光设置"自动更改为"＜在任务中,静止＞"模式,显示的效果受到地点、日期、时间的影响。

在【日光路径-日光未显示】对话框中选择"继续使用当前设置"选项,"日光设置"保持当前默认参数不变,但是不会在视图中显示"太阳",如图 14-46 所示。

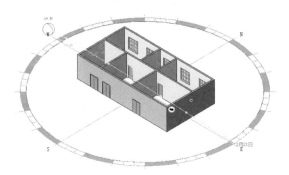

图 14-45　显示日光路径　　　　　　　　图 14-46　显示效果

在列表中选择"日光设置"选项,如图 14-47 所示,打开【日光设置】对话框。在"日光研究"列表下选择"一天",在"预设"列表中选择"＜在任务中,一天＞"模式。在右侧的界面中,显示当前的日期与时间,如图 14-48 所示。

单击"确定"按钮,返回视图,观察显示日光路径的效果,如图 14-49 所示。黄色的圆球代表太阳,太阳上方的红色文字表示当前的时间为 10:06 分。太阳的位置与日期、时间有密切的关系。

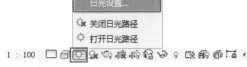

图 14-47　选择"日光设置"选项

图 14-48　设置参数

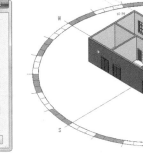

图 14-49　日光路径的显示效果

太阳处在弧线之上,弧线代表太阳运动的轨迹。在太阳的右侧,显示日期为 5 月 17 日,日出时间为 4:25 分。在太阳的右侧,显示日落的时间为 18:59 分。

改变日期和时间,太阳的运动轨迹、日出日落的时间也会相应改变。

14.2.3　图元的可见性

选择"视图"选项卡,在"图形"面板上单击"可见性/图形"按钮,如图 14-50 所示,打开【楼层平面:F1 的可见性/图形替换】对话框。

图 14-50　单击"可见性/图形"按钮

在"可见性"列表中取消选择"墙"选项，该选项显示为灰色，如图 14-51 所示，表示不可被编辑。

单击"确定"按钮，关闭对话框，在视图中查看隐藏图元的效果，如图 14-52 所示。此时墙体被隐藏，仅门窗图元可见。

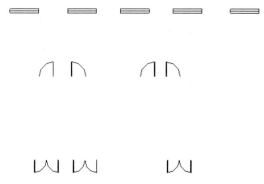

图 14-51　取消选择选项　　　　　　　图 14-52　隐藏墙体

返回【楼层平面：F1 的可见性/图形替换】对话框，重新在"可见性"列表中选择"墙"选项。但是取消选择"门"选项，如图 14-53 所示。

返回视图，查看设置效果。发现墙体已重新在视图中显示，但是门却被隐藏了，如图 14-54 所示。值得注意的是，无论是单扇门还是双扇门，都在被隐藏的范围内。

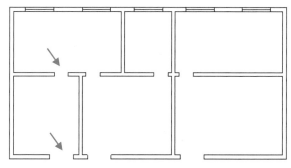

图 14-53　取消选择"门"选项　　　　　　图 14-54　隐藏门

为图元创建尺寸标注后，可以很清楚地查看标注效果，如图 14-55 所示。

在【楼层平面：F1 的可见性/图形替换】对话框中选择"注释类别"选项卡，在"可见性"列表下取消选择"尺寸标注"选项，如图 14-56 所示。

单击"确定"按钮，返回视图，发现尺寸标注已被隐藏，如图 14-57 所示。

综上所述，用户可以在【楼层平面：F1 的可见性/图形替换】对话框中隐藏指定的模型类别或者注释类别。如果不想重

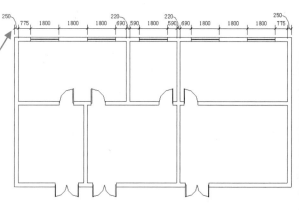

图 14-55　显示尺寸标注

复地打开、关闭【楼层平面：F1 的可见性/图形替换】对话框，可以在设置完毕参数后，单击右下角的"应用"按钮，就可以在开启对话框的状态下观察参数设置的结果。

图 14-56 取消选择选项

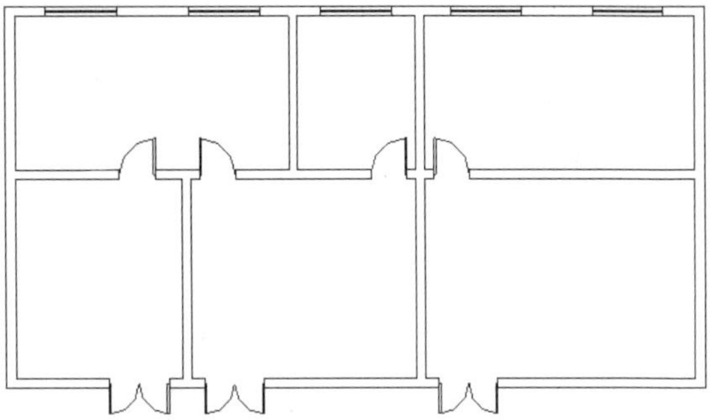

图 14-57 隐藏尺寸标注

14.2.4 新手点拨——创建过滤器

素材文件：第 14 章/14.2.4 新手点拨——创建过滤器-素材.rvt

效果文件：第 14 章/14.2.4 新手点拨——创建过滤器-结果.rvt

视频课程：14.2.4 新手点拨——创建过滤器

☞创建门过滤器

（1）选择"视图"选项卡，在"图形"面板上单击"可见性/图形"按钮，如图 14-58 所示，打开【楼层平面：F1 的可见性/图形替换】对话框。

（2）选择"过滤器"选项卡，单击下方的"编辑/新建"按钮，如图 14-59 所示。

图 14-58 单击"可见性/图形"按钮

图 14-59 单击"编辑/新建"按钮

（3）弹出【过滤器】对话框，在尚未创建过滤器之前，对话框里很多选项显示为不可用，单击左下角"新建"按钮，如图 14-60 所示。

（4）打开【过滤器名称】对话框，输入名称，如图 14-61 所示。

图 14-60 单击左下角"新建"按钮

图 14-61 输入名称

（5）单击"确定"按钮，返回【过滤器】对话框。在"过滤器列表"中选择"建筑"，在列表中选择"门"。在右侧的"过滤器规则"选项组下设置规则，将"宽度"设置为"等于""1500.0"，如图 14-62 所示。

图 14-62　设置过滤器规则

新手问答

问：门的过滤规则的含义是什么？

答：在"过滤器规则"选项组中，提供若干条件供用户选用。以门过滤器为例，将过滤条件设置为"宽度"，接下来要确定"宽度"的范围。将范围设置为"等于""1500.0"，表示宽度等于1500的门都受到门过滤器的影响。

☞创建墙过滤器

（1）在【过滤器】对话框中单击"新建"按钮，打开【过滤器名称】对话框，设置名称，如图 14-63 所示。

（2）在列表中选择类别为"墙"，设置过滤条件为"厚度"，将"厚度"设置为"等于""250.0"，如图 14-64 所示。表示宽度为"250.0"的墙体受到过滤器的影响。

（3）单击"确定"按钮，返回【楼层平面：F1 的可见性/图形替换】对话框。

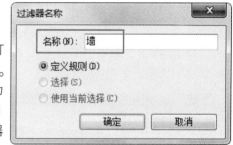

图 14-63　设置名称

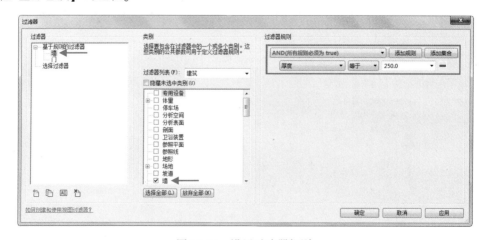

图 14-64　设置过滤器规则

☞ 添加过滤器

（1）在对话框中单击"添加"按钮，打开【添加过滤器】对话框。选择"墙""门"过滤器，如图14-65所示。

（2）单击"确定"按钮，查看添加过滤器的结果，如图14-66所示。

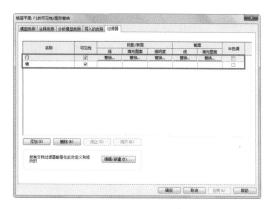

图14-65　选择过滤器　　　　　　　　　图14-66　添加过滤器

☞ 应用过滤器

（1）选择"墙"过滤器，取消选择"可见性"选项，如图14-67所示。

（2）单击"应用"按钮，在视图中查看操作效果，如图14-68所示。

（3）查看修改结果，发现外墙被隐藏，内墙仍然为可视状态。这是因为外墙的宽度为"250.0"，所以受到"墙"过滤器的影响。当过滤器为"不可见"状态时，外墙也不可见。

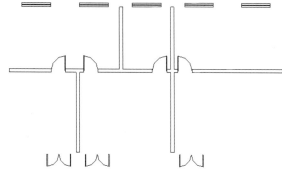

图14-67　取消选择"可见性"选项　　　　图14-68　隐藏外墙体

（4）在对话框中选择"门"过滤器，取消选择"可见性"选项，如图14-69所示。

（5）单击"应用"按钮，发现双扇门被隐藏，如图14-70所示。

（6）查看操作结果，发现单扇门仍然可见，双扇门却被隐藏。这是因为双扇门的宽度为"1500.0"，受到"门"过滤器的影响。所以设置过滤器为"不可见"时，双扇门自然也被隐藏。

新手问答

问：与设置图元的"可见性"相比，利用"过滤器"控制图元的隐藏/显示有什么优势？

答：通过设置图元的"可见性"，可以控制图元在视图中显示或隐藏，但是有一个缺点，就是无论属性如何，只要是同类图元就会受到影响。如设置墙体的"可见性"，即使墙体的属性各不相同，但仍然会被统一显示或隐藏。利用"过滤器"就可以设置隐藏或显示的条件，较之

"可见性"功能要灵活得多。

图 14-69　取消选择"可见性"选项

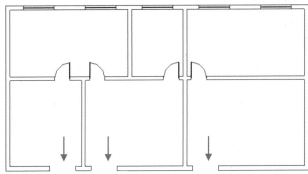

图 14-70　隐藏双扇门

14.2.5　细线

选择"视图"选项卡，在"图形"面板上"细线"按钮显示为被选中的状态，如图 14-71 所示。观察视图中图元的显示效果，发现统一以细线显示，如图 14-72 所示。

在"细线"模式下，即使修改图元的"宽度"，也不会在视图中显示。

图 14-71　按钮显示为选中状态

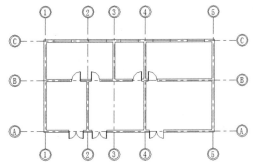

图 14-72　图元以细线显示

为了观察修改图元"宽度"的效果，单击"细线"按钮，退出选择状态，如图 14-73 所示。此时"细线"模式被解除，用户可以修改图元"宽度"并查看修改结果。

选择轴线，在"属性"选项板中单击"编辑类型"按钮，如图 14-74 所示，弹出【类型属性】对话框。

图 14-73　取消选择"细线"按钮

图 14-74　单击"编辑类型"按钮

在对话框中单击"轴线末段宽度"选项，向下弹出列表，选择线宽代号，如图 14-75 所示。代号数字越大，宽度越明显。

单击"确定"按钮，返回视图，观察修改结果，如图 14-76 所示。此时，在"图形"面板上单击"细线"按钮，进入"细线"模式，轴网重新以细线显示。

图 14-75　选择线宽代号

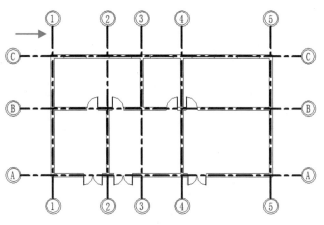

图 14-76　设置轴网线宽

14.3　创建视图

通过创建不同类型的视图，如三维视图、剖面视图、详图等，可以从不同的角度观察模型，了解建模的效果。本节介绍创建视图的方法。

14.3.1　三维视图

项目文件自带三维视图，所以当用户在平面视图创建模型后，可以同步生成三维模型。切换至三维视图有几种方法。

第一种方法。在快速访问工具栏中单击"默认三维视图"按钮，如图 14-77 所示。

图 14-77　单击"默认三维视图"按钮

选择"视图"选项卡，在"创建"面板中单击"三维视图"按钮，在列表中选择"默认三维视图"命令，如图 14-78 所示。

图 14-78　选择"默认三维视图"命令

选择项目浏览器，展开"三维视图"列表，选择视图名称，如图 14-79 所示，按下回车键即可。

在三维视图中观察模型的三维效果，如图 14-80 所示。2019 版本的 Revit 在三维视图中显示标高，方便用户通过标高识别楼层的高度。

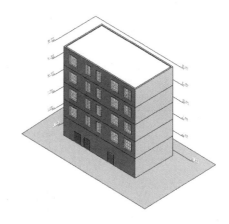

图 14-79　选择视图　　　　　图 14-80　三维视图

14.3.2　放置相机创建三维视图

选择"视图"选项卡，在"创建"面板上单击"三维视图"按钮，在列表中选择"相机"命令，如图 14-81 所示。

图 14-81　选择"相机"命令

进入创建模式，在选项栏中选择"透视图"选项，表示在放置相机后可以创建透视图。保持"偏移"值不变，如图 14-82 所示。

图 14-82　设置参数

新手问答

问："偏移"值的作用是什么？

答：默认的"偏移"值为"1750.0"，这是视点的高度。修改参数值，重定义视点高度。不同的视点高度，透视图的显示效果也不相同。

在绘图区域中单击鼠标左键，指定视点的位置，也就是相机的位置。接着按住鼠标左键不放，向右上角拖动鼠标指针，如图 14-83 所示。在合适的位置单击鼠标左键，结束放置相机的操作。

此时自动切换至三维透视图，显示结果如图 14-84 所示。

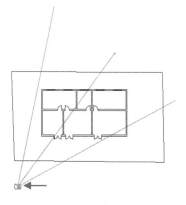

图 14-83　放置相机

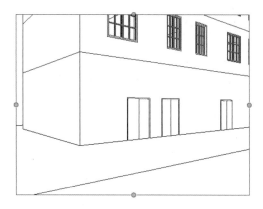

图 14-84　三维视图

选择项目浏览器，在"三维视图"列表中显示新创建的视图名称，如图 14-85 所示。双击视图名称，可以切换至该视图。

裁剪框限制了模型的显示效果，将鼠标指针置于裁剪框蓝色圆点之上，按住鼠标左键不放，向上移动鼠标指针，后松开鼠标左键，如图 14-86 所示，预览拖曳鼠标指针的效果。

图 14-85　选择视图

图 14-86　激活夹点

通过激活夹点，调整裁剪框的大小，使得模型完全显示在裁剪框中，如图 14-87 所示。在右上角的 ViewCube 中单击"主视图"按钮 ，切换视图角度，结果如图 14-88 所示。

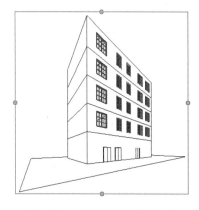

图 14-87　调整裁剪框的大小

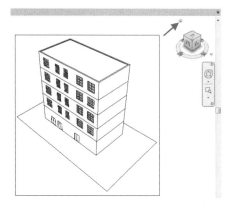

图 14-88　转换视图角度

14.3.3 剖面视图

选择"视图"选项卡,在"创建"面板上单击"剖面"按钮,如图 14-89 所示。进入"修改 | 剖面"选项卡,保持"偏移"值为"0.0"不变,如图 14-90 所示。

图 14-89 单击"剖面"按钮   图 14-90 "修改 | 剖面"选项卡

在"属性"选项板上单击"编辑类型"按钮,如图 14-91 所示,打开【类型属性】对话框。在"图形"列表中设置参数,如图 14-92 所示。单击"确定"按钮,返回视图。

在绘图区域中单击鼠标左键,指定剖面线的起点。向下移动鼠标指针,指定剖面线的终点,如图 14-93 所示。绘制剖面线的结果如图 14-94 所示。

选择项目浏览器,展开"剖面(剖面 1)"列表,选择视图"剖面 1",如图 14-95 所示。双击视图名称,转换至剖面视图。查看创建剖切视图的结果,如图 14-96 所示。

图 14-91 单击"编辑   图 14-92 设置参数   图 14-93 指定起点和终点
　　　类型"按钮

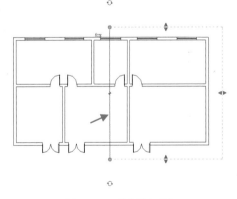

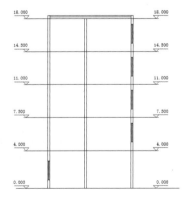

图 14-94 绘制剖面线   图 14-95 选择视图   图 14-96 创建剖面图

14.3.4 平面视图

选择"视图"选项卡,在"创建"面板上单击"平面视图"按钮,在列表中选择"天花板投影平面"命令，如图 14-97 所示。

图 14-97　选择"天花板投影平面"命令

打开【新建天花板平面】对话框，选择标高，如图 14-98 所示。单击"确定"按钮，执行创建视图的操作。选择项目浏览器，展开"天花板平面"列表，查看创建视图的结果，如图 14-99 所示。

在"平面视图"列表中，选择其他命令可以创建不同类型的视图。如选择"楼层平面"命令，可以选定标高创建楼层平面视图。

图 14-98　选择标高　　　图 14-99　创建视图

14.3.5　立面视图

☞创建立面图

选择"视图"选项卡，在"创建"面板上单击"立面"按钮，在列表中选择"立面"命令，如图 14-100 所示。

图 14-100　选择"立面"命令

进入"修改 | 立面"选项卡，取消选择"附着到轴网"选项，如图 14-101所示。在"属性"选项板上单击"编辑类型"按钮，如图 14-102所示，打开【类型属性】对话框。

图 14-101　"修改 | 立面"选项卡

图 14-102　单击"编辑类型"按钮

Revit+VR 建筑设计实操实战思维课堂

在"图形"列表中设置"立面标记"选项值，如图14-103所示。单击"确定"按钮，返回视图。在视图中单击鼠标左键，放置立面符号，结果如图14-104所示。

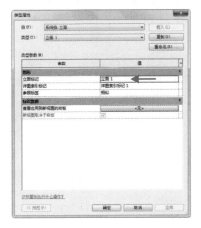

图 14-103 【类型属性】对话框

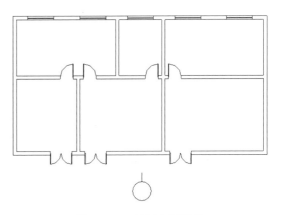

图 14-104 放置立面符号

选择项目浏览器，展开"立面（立面1）"列表，选择立面视图，如图14-105所示。双击视图名称，进入立面视图，观察创建结果，如图14-106所示。

图 14-105 选择视图

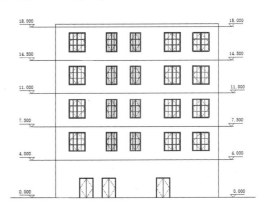

图 14-106 立面视图

☞创建框架立面图

选择"视图"选项卡，在"创建"面板上单击"立面"按钮，在列表中选择"框架立面"命令，如图14-107所示。在视图中拾取轴线，预览放置立面符号的结果，如图14-108所示。

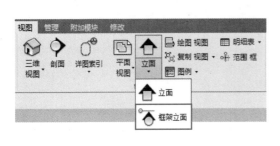

图 14-107 选择"框架立面"命令

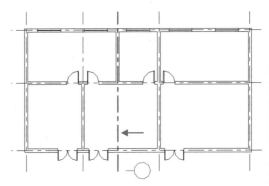

图 14-108 选择轴线

放置立面符号的结果如图 14-109 所示。选择项目浏览器，展开"立面（立面 1）"列表，双击"立面 2-a"名称，进入视图查看创建结果，如图 14-110 所示。

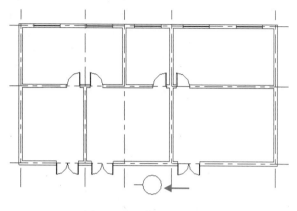

图 14-109　放置立面符号

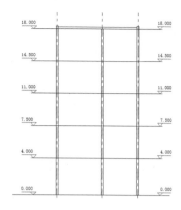

图 14-110　框架立面视图

14.4　明细表

在 Revit 中可以创建各种类型的明细表，如关键字明细表、材质提取明细表等。本节介绍创建明细表的方法。

14.4.1　新手点拨——创建项目门窗明细表

　　素材文件：第 10 章/10.3.2 新手点拨——在项目中放置指北针 . rvt
　　效果文件：第 14 章/14.4.1 新手点拨——创建项目门窗明细表 . rvt
　　视频课程：14.4.1 新手点拨——创建项目门窗明细表

☞创建门明细表

（1）选择"视图"选项卡，在"创建"面板上单击"明细表"按钮，在列表中选择"明细表/数量"命令，如图 14-111 所示。

（2）打开【新建明细表】对话框，在"类别"列表中选择"门"，在"名称"选项中显示默认名称，如图 14-112 所示。

图 14-111　选择"明细表/数量"命令

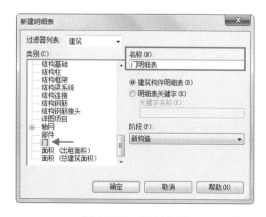

图 14-112　选择类别

（3）单击"确定"按钮，进入【明细表属性】对话框。在"可用的字段"列表中选择字段，单击中间的"添加参数"按钮，将字段添加至右侧的列表中，如图 14-113 所示。

（4）选择"排序/成组"选项卡，设置"排序方式"为"标高"，如图 14-114 所示。

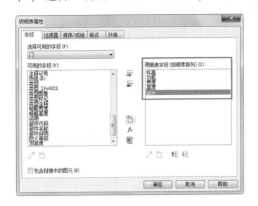

图 14-113　添加字段

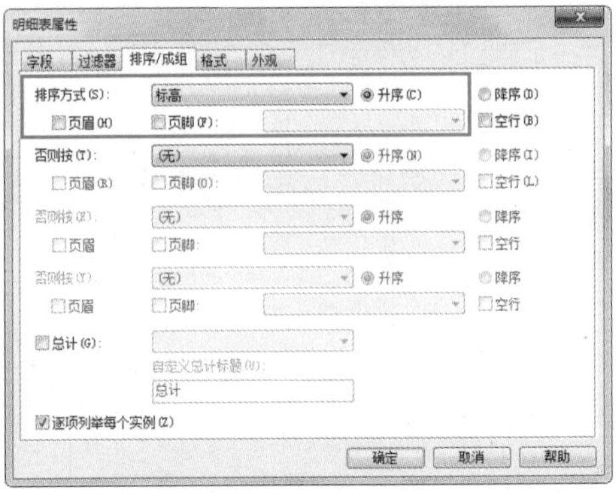

图 14-114　设置排序方式

（5）选择"格式"选项卡，选择字段，设置"对齐"方式为"中心线"，如图 14-115 所示。

（6）选择"外观"选项卡，选择"轮廓"选项，并在列表中选择轮廓的样式为"中粗线"，取消选择"数据前的空行"选项，如图 14-116 所示。

图 14-115　设置对齐方式

图 14-116　设置外观属性

（7）单击"确定"按钮，进入明细表视图，观察创建门明细表的结果，如图 14-117 所示。

（8）将鼠标指针定位在标题栏中，单击"外观"面板中的"字体"按钮，如图 14-118 所示。

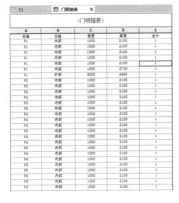

图 14-117　门明细表

图 14-118　单击"字体"按钮

（9）打开【编辑字体】对话框，选择"字体"样式为"黑体"，设置"字体大小"为"5.0000"，选择"斜体"选项，设置"字体颜色"为"蓝色"，如图 14-119 所示。

（10）单击"确定"按钮，返回明细表视图，观察修改标题文本属性的结果，如图 14-120 所示。

图 14-119　设置参数　　　图 14-120　修改标题文本的结果

☞创建窗明细表

（1）执行"明细表/数量"命令，在【新建明细表】对话框中选择"窗"类别，如图 14-121 所示。

（2）单击"确定"按钮，进入【明细表属性】对话框，添加字段如图 14-122 所示。

图 14-121　选择"窗"类别

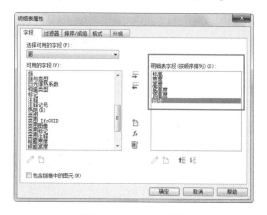

图 14-122　添加字段

（3）参考创建门明细表的内容，设置窗明细表的属性参数。在【明细表属性】对话框中单击"确定"按钮，查看创建窗明细表的结果，如图 14-123 所示。

（4）修改标题文字的属性，结果如图 14-124 所示。

图 14-123　窗明细表　　　　　　图 14-124　修改标题文字的结果

14.4.2 材质提取明细表

☞创建明细表

选择"视图"选项卡,在"创建"面板上单击"明细表"按钮,在列表中选择"材质提取"命令,如图 14-125 所示,打开【新建材质提取】对话框。

在"过滤器列表"中选择"建筑",在"类别"列表中选择"墙"选项,此时在"名称"选项中显示默认名称,如图 14-126 所示。

图 14-125　选择"材质提取"命令　　　　图 14-126　选择类别

新手问答

问:一定要使用默认的名称吗?

答:用户选择类别后,如选择"墙",系统会在"名称"选项中显示一个名称,如"墙材质提取"。如果使用默认名称,单击"确定"按钮进行下一步骤的设置。如果不使用,可以先删除默认名称,重新输入名称即可。

单击"确定"按钮,进入【材质提取属性】对话框。选择"字段"选项卡,在"可用的字段"列表中选择字段,单击中间的 ➡ 按钮,添加字段至右侧的"明细表字段(按顺序排列)"列表,如图 14-127 所示。

选择"排序/成组"选项卡,在"排序方式"列表中选择"材质:名称"选项,如图 14-128 所示。单击"确定"按钮,进入明细表视图,查看创建材质提取明细表的结果,如图 14-129 所示。

图 14-127　选择字段　　　　　　　　图 14-128　设置排序方式

☞编辑明细表

在"属性"选项板中单击"格式"选项右侧的"编辑"按钮,如图 14-130 所示,打开【材质提取属性】对话框。

图 14-129　材质提取明细表　　　　　图 14-130　单击"编辑"按钮

　　自动定位至"格式"选项卡，在"字段"列表中选择"材质：名称"，设置"对齐"方式为"中心线"，如图 14-131 所示，表示字段在明细表中以"中心对齐"的格式显示。继续选择字段，统一将"对齐"方式设置为"中心线"。

　　选择"外观"选项卡，取消选择"数据前的空行"选项，如图 14-132 所示。单击"确定"按钮，关闭对话框。

图 14-131　选择对齐方式　　　　　图 14-132　取消选择"数据前的空行"选项

在明细表视图中观察编辑结果，如图 14-133 所示。

图 14-133　修改结果

14.4.3 图纸列表

☞创建明细表

选择"视图"选项卡，在"创建"面板中单击"明细表"按钮，在列表中选择"图纸列表"命令，如图 14-134 所示，打开【图纸列表属性】对话框。

在"可用的字段"列表中选择字段，单击中间的 ⬅ 按钮，将字段添加至"明细表字段（按顺序排列）"列表，如图 14-135 所示。

图 14-134　选择命令

图 14-135　选择字段

新手问答

问：如何在"明细表字段（按顺序排列）"列表中调整字段的顺序？

答：在列表中选择字段，激活列表下方的"向上"按钮 ⬆、"向下"按钮 ⬇。单击按钮，可以向上或向下调整字段。

选择"排序/成组"选项卡，选择"排序方式"为"审核者"，如图 14-136 所示。单击"确定"按钮，进入明细表视图，观察创建图纸列表明细表的结果，如图 14-137 所示。

图 14-136　选择对齐方式

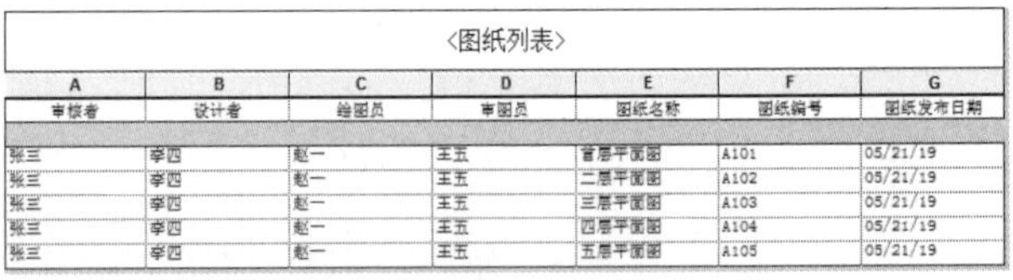

<图纸列表>

A	B	C	D	E	F	G
审核者	设计者	绘图员	审图员	图纸名称	图纸编号	图纸发布日期
张三	李四	赵一	王五	首层平面图	A101	05/21/19
张三	李四	赵一	王五	二层平面图	A102	05/21/19
张三	李四	赵一	王五	三层平面图	A103	05/21/19
张三	李四	赵一	王五	四层平面图	A104	05/21/19
张三	李四	赵一	王五	五层平面图	A105	05/21/19

图 14-137　图纸列表明细表

☞修改明细表的对齐方式

选择项目浏览器，展开"明细表/数量（全部）"列表，选择"图纸列表"明细表，如图 14-138 所示。双击名称，可以进入明细表视图。

在明细表中选择表列，显示为黑色填充样式，如图 14-139 所示。

图 14-138 选择视图名称

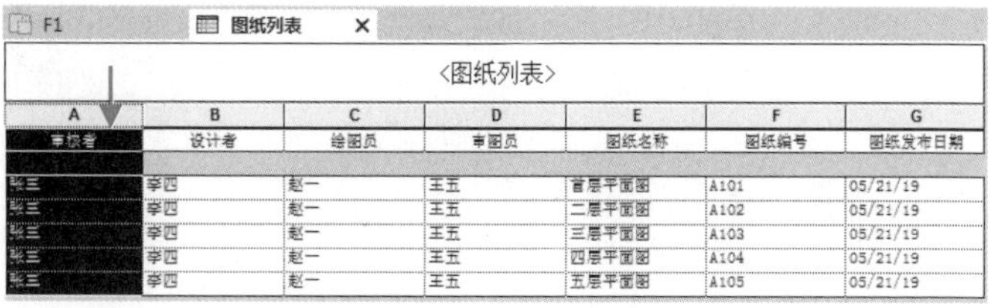

图 14-139 选择表列

选择表列后激活修改按钮，在"外观"面板上单击"对齐水平"按钮，在列表中选择"中心"命令，如图 14-140 所示。

图 14-140 选择"中心"命令

观察修改明细表对齐方式的结果，如图 14-141 所示。此时可以发现，其他未选中的表列没有受到影响。

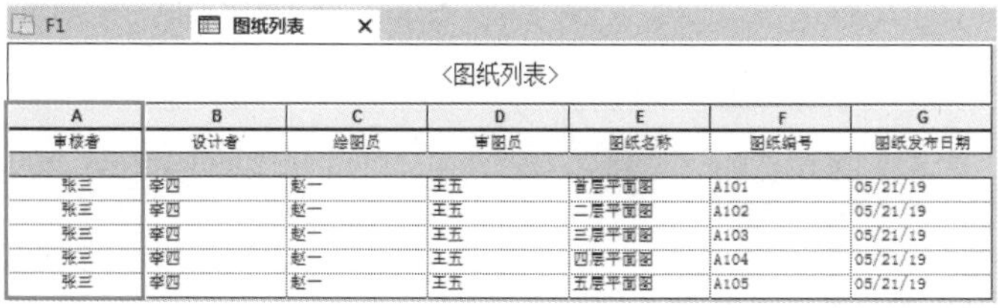

图 14-141 修改对齐方式

依次选择其他表列，修改"对齐水平"为"中心"，最终结果如图 14-142 所示。

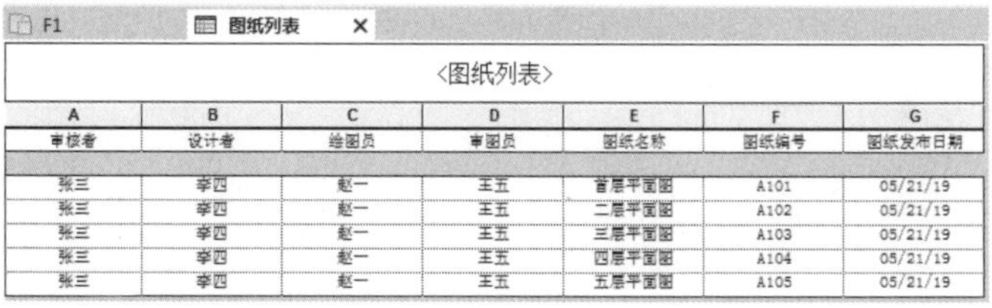

图 14-142 最终结果

14.4.4 注释块

选择"视图"选项卡，在"创建"面板上单击"明细表"按钮，在列表中选择"注释块"

命令，如图 14-143 所示，打开【新建注释块】对话框。

在"族"列表中显示项目文件中所包含的注释符号族。选择族，在"注释块名称"选项中显示默认名称，如图 14-144 所示。

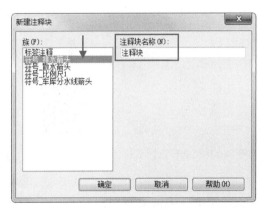

图 14-143　选择"注释块"命令　　　　　　　　　图 14-144　选择族

单击"确定"按钮，进入【注释块属性】对话框，添加字段如图 14-145 所示。选择"排序/成组"选项卡，选择"排序方式"为"类型"，如图 14-146 所示。

图 14-145　选择字段　　　　　　　　　　　　图 14-146　选择排序方式

选择"格式"选项卡，在"字段"列表中选择字段，设置"对齐"方式为"中心线"，如图 14-147 所示。选择"外观"选项卡，取消选择"数据前的空行"选项，如图 14-148 所示。

图 14-147　设置对齐方式　　　　　　　　　　图 14-148　取消选择选项

单击"确定"按钮，进入明细表视图，查看创建注释块明细表的结果，如图 14-149 所示。在标题栏中定位鼠标指针，删除默认名称，重新输入名称，在空白位置单击鼠标左键，退出编辑，修改结果如图 14-150 所示。

〈注释块〉			
A	B	C	D
坡度可见性	排水坡度	类型	合计
☑	0.3%	排水箭头	1
☐	3%	排水箭头-无坡度	1

图 14-149　创建明细表

➡ 〈排水箭头明细表〉			
A	B	C	D
坡度可见性	排水坡度	类型	合计
☑	0.3%	排水箭头	1
☐	3%	排水箭头-无坡度	1

图 14-150　修改名称

第15章

族

　　在Revit中创建建筑模型，需要利用不同类型的族，如墙体、门窗等。这些图元自带属性参数，通过修改参数可以修改图元的显示效果。族可以笼统地分为系统族和外部族。系统族由项目文件自带，外部族则由用户在网络上下载或者自己创建。

　　本章介绍创建族与运用族的方法。

15.1 族样板

在创建族之前，需要了解族样板与族编辑器。Revit 提供多种类型的族样板，包括模型族样板、注释族样板。调用族样板，在族编辑器中创建模型族或注释族。

选择"文件"选项卡，在列表中选择"新建"→"族"命令，如图 15-1 所示。打开【新族-选择样板文件】对话框，选择族样板，如"公制常规模型"族样板，如图 15-2 所示。单击"打开"按钮，调用族样板。

图 15-1　选择"打开"命令

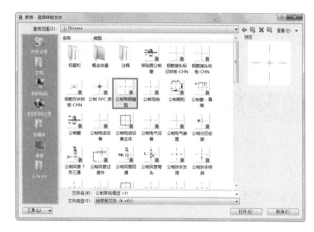

图 15-2　【新族-选择样板文件】对话框

默认情况下，执行"新建"→"族"命令，在【新族-选择样板文件】对话框中显示英文版本的族样板，如图 15-3 所示。返回上一级文件夹，在其中显示多种语言格式的族样板，如图 15-4 所示。通常情况下，在中文版本的文件夹中，比较容易通过识别样板名称来选择适用的族样板。

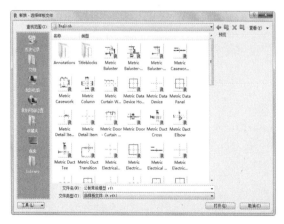

图 15-3　显示英文版本的族样板

图 15-4　显示各种语言的族样板

除了有不同语言版本的族样板，还有不同类型的族样板供用户选用。在"标题栏"文件夹中，显示不同类型的族样板，如图 15-5 所示。打开"注释"文件夹，可以看到其中包含"公制标高标头""公制常规标记"等族样板，如图 15-6 所示。选择族样板，可以创建标题族或者注释族。

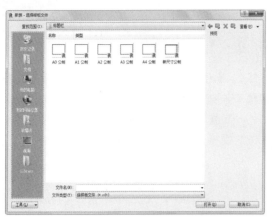

图 15-5 "标题栏"族样板

图 15-6 "注释"族样板

15.2 族编辑器

打开指定的族样板后，进入族编辑器。在编辑器中可以创建新族，也可以编辑族参数更改族在项目中的显示样式。本节介绍族编辑器的知识。

15.2.1 工作界面

在【新族-选择样板文件】对话框中选择"公制常规模型"族样板，单击"打开"按钮，进入族编辑器，工作界面如图 15-7 所示。

工作界面由快速访问工具栏、菜单栏、命令面板、"属性"选项板、项目浏览器以及文件标签等组成，在接下来的内容中介绍主要构件的使用方法。

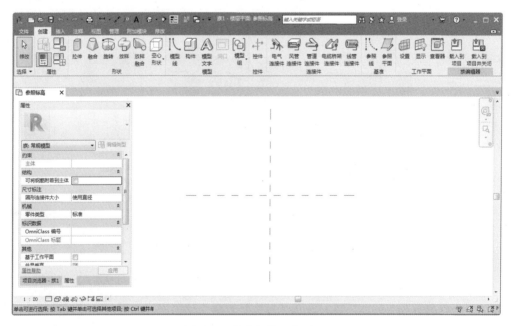

图 15-7 族编辑器工作界面

15.2.2 参照平面

在绘图区域中显示相交的参照平面，如图 15-8 所示。用户在创建模型时，以参照平面为基准绘制模型轮廓线。选择参照平面，在"属性"选项板中显示参照平面的参数，如"名称""是参照"，如图 15-9 所示。

选择参照平面后，在其两端显示名称，如图 15-10 所示。单击名称，进入编辑模式，输入新名称，在空白位置单击鼠标左键，即可完成重命名参照平面的操作。

默认情况下，参照平面为"锁定"模式，不可以删除或移动。单击"锁定"按钮，切换至"解锁"模式，如图 15-11 所示。此时参照平面可以被移动，但是无法删除。

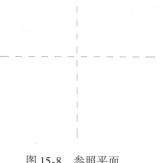

图 15-8 参照平面

图 15-9 显示参数　　　　　图 15-10 显示名称　　　　　图 15-11 解锁参照平面

选择参照平面，进入"修改 | 参照平面"选项卡。在"修改"面板上，激活命令按钮可以编辑参照平面，如"对齐""复制""移动"等，如图 15-12 所示。

有些命令按钮显示为灰色，表示不可调用。

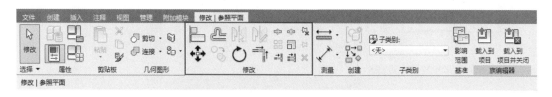

图 15-12 "修改 | 参照平面"选项卡

假如族样板提供的参照平面无法满足使用需求，用户可以选择"创建"选项卡，在"基准"面板上单击"参照平面"按钮，如图 15-13 所示，在绘图区域中指定点绘制参照平面。

图 15-13 单击"参照平面"按钮

15.2.3 工作平面

选择"创建"面板，在"工作平面"上单击"显示"按钮，如图 15-14 所示。

图 15-14　单击"显示"按钮

此时"显示"按钮高亮显示，如图 15-15 所示。在绘图区域中查看显示工作平面的效果，如图 15-16 所示。

图 15-15　高亮"显示"按钮

图 15-16　显示工作平面

选择工作平面，在"属性"选项板中修改"工作平面网格间距"值，如图 15-17 所示，重定义工作平面的显示效果。单击快速访问工具栏上的"默认三维视图"按钮 📦，切换至三维视图，此时却发现在该视图中没有显示工作平面。

原来，在平面视图中显示工作平面，不会影响到三维视图。在三维视图中激活"显示"命令，即可在视图中显示工作平面，如图 15-18 所示。

图 15-17　修改参数

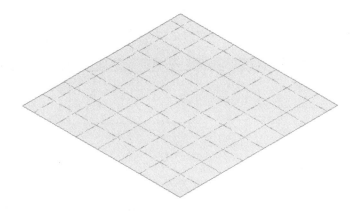

图 15-18　显示工作平面

15.2.4 模型线

选择"创建"选项卡，在"模型"面板上单击"模型线"按钮，如图 15-19 所示，进入"修改 | 放置线"选项卡。

在"绘制"面板上单击"矩形"按钮，如图 15-20 所示。默认选择"放置平面"的类型为"标高：参照标高"，保持默认设置即可。

图 15-19　单击"模型线"按钮

图 15-20　单击"矩形"按钮

将鼠标指针置于参照平面的交点，单击鼠标左键，指定起点，向右上角移动鼠标指针，如图 15-21 所示。在此过程中，借助临时尺寸标注确定边长。

在合适的位置单击鼠标左键，创建矩形如图 15-22 所示。

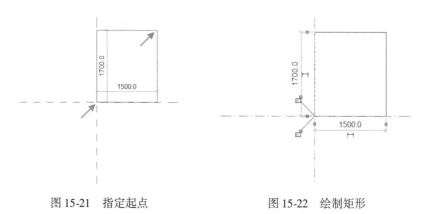

图 15-21　指定起点　　　　　　　　图 15-22　绘制矩形

选择项目浏览器，展开"三维视图"列表，选择视图，如图 15-23 所示。双击视图名称，进入三维视图，观察模型线的三维效果，如图 15-24 所示。

图 15-23　选择视图

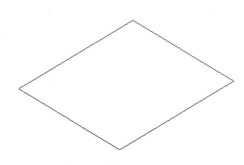

图 15-24　模型线的三维效果

15.2.5　控件

☞添加控件

选择"创建"选项卡，在"控件"面板上单击"控件"按钮，如图 15-25 所示，进入"修

改 | 放置控制点"选项卡。

图 15-25　单击"控件"按钮

在"控制点类型"面板上单击"双向垂直"按钮，如图 15-26 所示，选择控件类型。

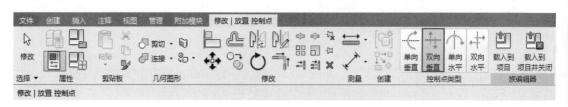

图 15-26　单击"双向垂直"按钮

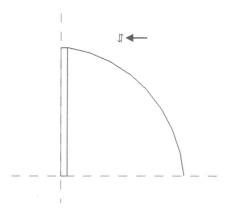

在门的上方单击鼠标左键，放置"双向垂直"控件，如图 15-27 所示。在"控制点类型"面板上单击"双向水平"按钮，如图 15-28 所示。

在门的右侧单击鼠标左键，放置"双向水平"控件，如图 15-29 所示。

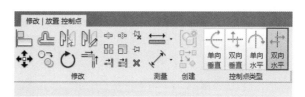

图 15-27　放置"双向垂直"控件

图 15-28　单击"双向水平"按钮

☞**在项目中翻转门的方向**

放置完毕控件后，在"族编辑器"面板上单击"载入到项目"按钮，将已添加控件的门族载入项目。在项目中选择门，显示控件符号。将鼠标指针置于"双向垂直"控件之上，高亮显示控件，如图 15-30 所示。

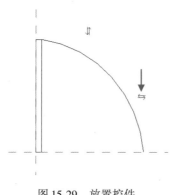

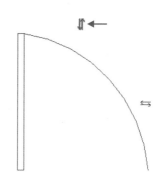

图 15-29　放置控件

图 15-30　激活控件

单击"双向垂直"控件，向下翻转门的开启方向，如图 15-31 所示。激活"双向水平"控件，向右翻转门的开启方向，结果如图 15-32 所示。

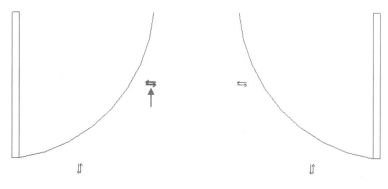

图 15-31　向下翻转　　　　　　图 15-32　向右翻转

新手问答

问：只能为门添加控件吗？

答：不是的。也可以为窗或其他族添加控件，使得族载入项目后可以重定义方向。

15.2.6　族类型

打开"公制门"族样板，如图 15-33 所示，以该样板为例介绍族类型与族参数的知识。选择"创建"选项卡，在"属性"面板上单击"族类型"按钮，如图 15-34 所示。

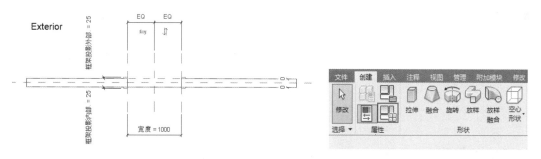

图 15-33　打开"公制门"族样板　　　　　　图 15-34　单击"族类型"按钮

打开【族类型】对话框，显示各项参数设置，如图 15-35 所示。单击"功能"选项，向下弹出列表，显示"内部""外部"选项，如图 15-36 所示。选择选项，指定门的类型。

图 15-35　【族类型】对话框

图 15-36　弹出列表

单击"墙闭合"选项，在列表中显示多种类型供用户选择，默认选择"按主体"类型，如图 15-37 所示。在"尺寸标注"列表中，显示门的"高度"　"宽度"。修改"宽度"值为"1500.0"，如图 15-38 所示。

图 15-37　选择"按主体"选项

图 15-38　修改参数

单击"确定"按钮返回视图，观察修改结果，如图 15-39 所示。如果在【族类型】对话框中修改"高度"值，其修改结果需要到立面视图中查看。

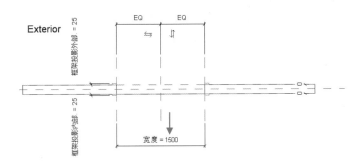

图 15-39　修改结果

15.2.7　族类别和族参数

选择"创建"选项卡，在"属性"面板上单击"族类别和族参数"按钮，如图 15-40 所示，打开【族类别和族参数】对话框。

在"过滤器列表"中选择选项，指定族类别。如选择"建筑"选项，指定族为建筑类别。选择类别后，构件列表同步更新显示。

如选择"建筑"类别后，在构件列表中显示各类建筑构件，如门窗、墙体、柱子等。当前为"公制门"族样板，所以在构件列表中，"门"构件为选中状态，如图 15-41 所示。

图 15-40　单击"族类别和族参数"按钮

图 15-41　【族类别和族参数】对话框

15.2.8 新手点拨——创建指北针

效果文件：第 15 章/15.2.8 新手点拨——创建指北针.rfa

视频课程：15.2.8 新手点拨——创建指北针

☞调用族样板

（1）选择"文件"选项卡，在列表中选择"新建"→"族"命令，如图 15-42 所示，打开【新族-选择族样板文件】对话框。

（2）选择并打开名称为"注释"的对话框，如图 15-43 所示。

图 15-42　选择"新建"→
"族"命令

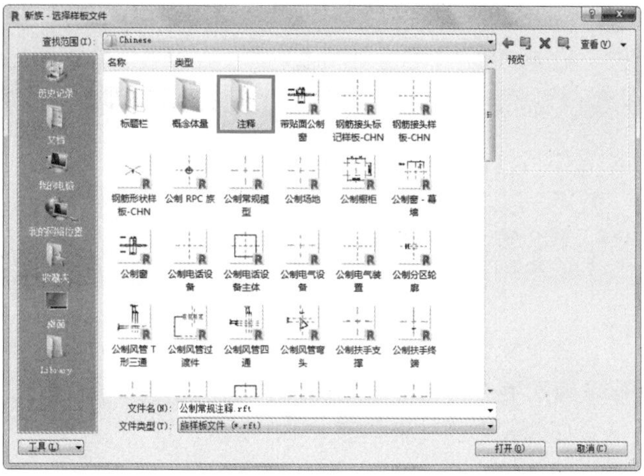

图 15-43　"注释"对话框

（3）在"注释"对话框中选择"公制常规注释"族样板，如图 15-44 所示。单击"打开"按钮，调用族样板。

（4）进入族编辑器，发现在参照平面附近显示红色的注释文字，如图 15-45 所示。

（5）选择文字，按下〈Delete〉键将其删除，结果如图 15-46 所示。

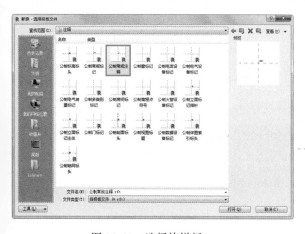

图 15-44　选择族样板

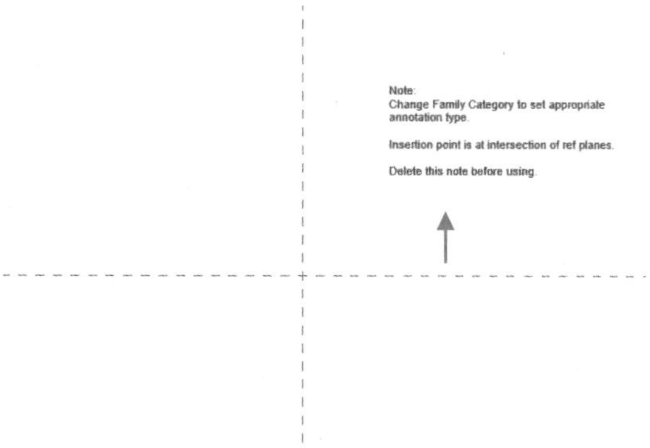

图 15-45　显示注释文字

☞绘制符号轮廓

（1）选择"创建"选项卡，在"详图"面板上单击"线"按钮，如图 15-47 所示。

图 15-46　删除文字　　　　　　　　　　　　图 15-47　单击"线"按钮

（2）进入"修改 | 放置线"选项卡，在"绘制"面板上单击"圆"按钮，如图 15-48 所示。

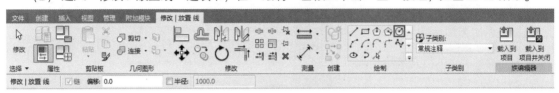

图 15-48　单击"圆"按钮

（3）将鼠标指针置于参照平面的交点，按住鼠标左键不放，向外拖曳鼠标指针，参考临时尺寸标注确定半径值，后松开鼠标左键，如图 15-49 所示。

（4）创建圆形的结果如图 15-50 所示。

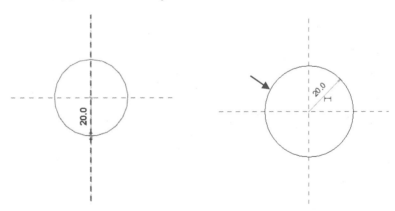

图 15-49　指定半径值　　　　　　　　　　图 15-50　绘制圆形

（5）再次激活"线"命令，在"绘制"面板上单击"线"按钮，如图 15-51 所示。

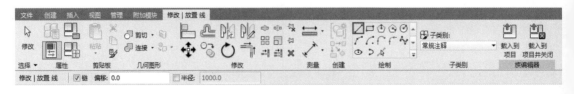

图 15-51　单击"线"按钮

（6）将鼠标指针置于垂直参照平面之上，输入距离值，如图 15-52 所示，调整鼠标指针与圆形的间距。

（7）按下回车键，确定线的起点，向左下角移动鼠标指针，在圆形上单击鼠标左键，指定终点绘制斜线段，结果如图 15-53 所示。

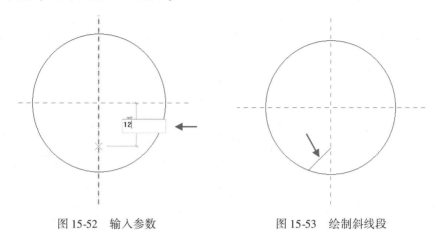

图 15-52　输入参数　　　　　　　图 15-53　绘制斜线段

（8）继续移动鼠标指针，指定起点与终点绘制线段，如图 15-54 所示。

（9）绘制结果如图 15-55 所示。

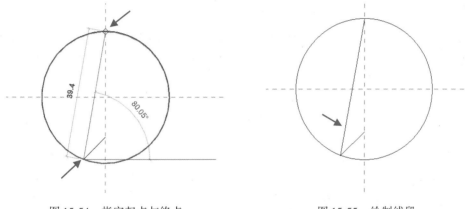

图 15-54　指定起点与终点　　　　　图 15-55　绘制线段

（10）选择绘制完毕的线段，进入"修改 | 线"选项卡。在"修改"面板上单击"镜像-拾取轴"按钮，如图 15-56 所示。

（11）拾取垂直参照平面为镜像轴，如图 15-57 所示。

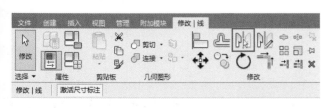

图 15-56　单击"镜像-拾取轴"按钮

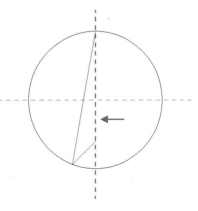

图 15-57　选择镜像轴

（12）向右镜像复制线段的结果如图 15-58 所示。

☞填充实体图案

（1）选择"创建"选项卡，在"详图"面板上单击"填充区域"按钮，如图 15-59 所示。

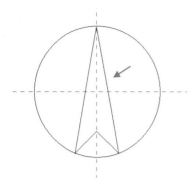

图 15-58　复制线段

图 15-59　单击"填充区域"按钮

（2）进入"修改 | 创建填充区域边界"选项卡，在"绘制"面板上单击"线"按钮，如图 15-60 所示。

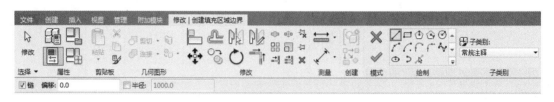

图 15-60　单击"线"按钮

（3）在"属性"选项板上单击"编辑类型"按钮，如图 15-61 所示。

（4）打开【类型属性】对话框，选择"前景填充样式"为"实体填充"，设置"前景图案颜色"为"黑色"，如图 15-62 所示。

图 15-61　单击"边界
类型"按钮

图 15-62　设置参数

（5）单击"确定"按钮，返回视图。参考符号轮廓线，依次指定起点、终点，绘制闭合填充轮廓，如图 15-63 所示。

（6）单击"完成编辑模式"按钮，退出命令，查看填充图案的结果，如图 15-64 所示。

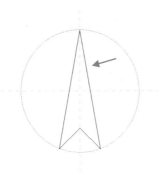

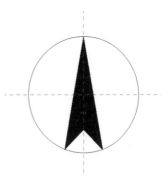

图 15-63　绘制填充轮廓　　　　　　图 15-64　填充图案

☞添加注释文字

（1）选择"创建"选项卡，在"文字"面板上单击"文字"按钮，如图 15-65 所示。

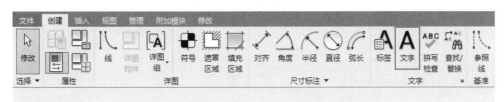

图 15-65　单击"文字"按钮

（2）进入"修改 | 放置文字"选项卡，在"对齐"面板上设置对齐方式，如图 15-66 所示。

图 15-66　设置对齐方式

（3）在"属性"选项板上单击"编辑类型"按钮，打开【类型属性】对话框。在"文字字体"选项中选择"宋体"，修改"文字大小"为"10.000mm"，其余保持默认值即可，如图 15-67 所示。

（4）单击"确定"按钮，返回视图。在符号的上方单击鼠标左键，输入注释文字，接着在空白的位置单击鼠标左键，退出命令。最终结果如图 15-68 所示。

☞保存并载入符号

（1）在快速访问工具栏上单击"保存"按钮"🖫"，打开【另存为】对话框。选择存储路

图 15-67　设置参数

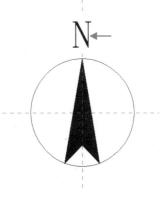

图 15-68　添加注释文字

径，设置“文件名”，如图 15-69 所示。单击“保存”按钮，存储文件至计算机中。

（2）在“族编辑器”面板上单击“载入到项目”按钮，如图 15-70 所示，将指北针载入到已打开的项目。

（3）在项目文件中选择“注释”选项卡，在“符号”面板上单击“符号”按钮，即可放置指北针。

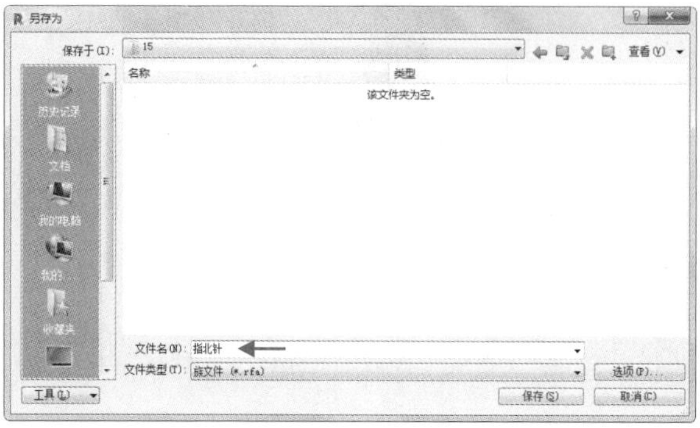

图 15-69　设置名称

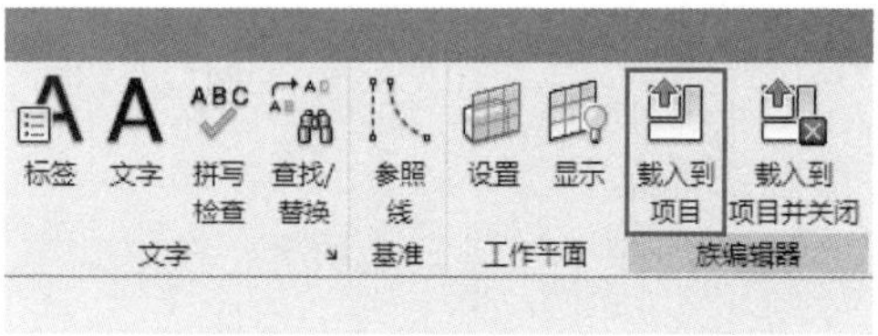

图 15-70　单击“载入到项目”按钮

15.3 创建三维模型

在族编辑器中可以选择不同的命令创建三维模型，如拉伸建模、融合建模及旋转建模等。三维模型分为两种样式，一种是实心模型，另一种是空心模型。

本节介绍创建三维模型的方法。

15.3.1　拉伸

☞拉伸建模

启用“公制常规模型”族样板，进入族编辑器。选择“创建”选项卡，在“形状”面板上单击“拉伸”按钮，如图 15-71 所示。

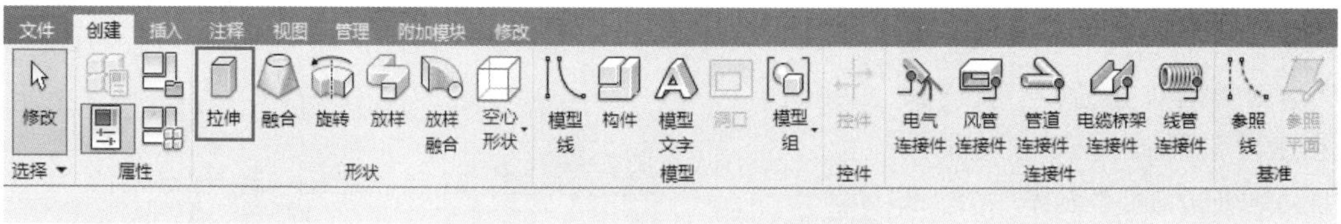

图 15-71　单击“拉伸”按钮

进入“修改 | 创建拉伸”选项卡，在“绘制”面板上单击“线”按钮，如图 15-72 所示。在选项栏中显示“深度”值为“250.0”，保持默认值不变。

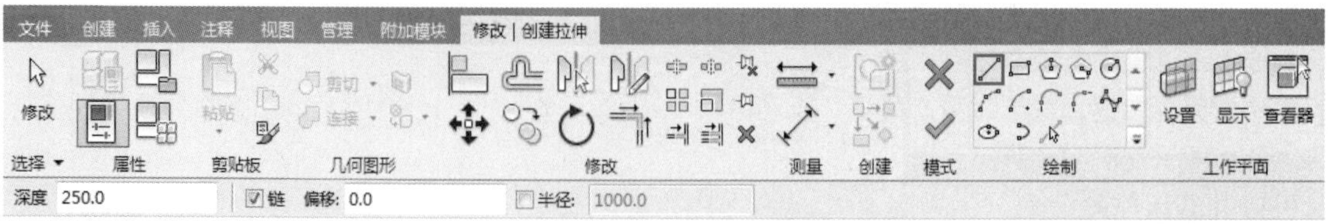

图 15-72　单击“线”按钮

将鼠标指针置于参照平面的交点，单击鼠标左键指定起点。向上移动鼠标指针，单击鼠标左键，如图 15-73 所示，指定下一点。向右下角移动鼠标指针，在水平参照平面的端点单击鼠标左键，如图15-74所示，指定下一点。

向左移动鼠标指针，在参照平面的交点单击鼠标左键，如图 15-75 所示，指定终点。闭合轮廓的结果如图 15-76 所示。

单击"完成编辑模式"按钮，退出命令，查看拉伸建模的平面效果，如图 15-77 所示。单击快速访问工具栏上的"默认三维视图"按钮 ，切换至三维视图，观察模型的三维效果，如图 15-78 所示。

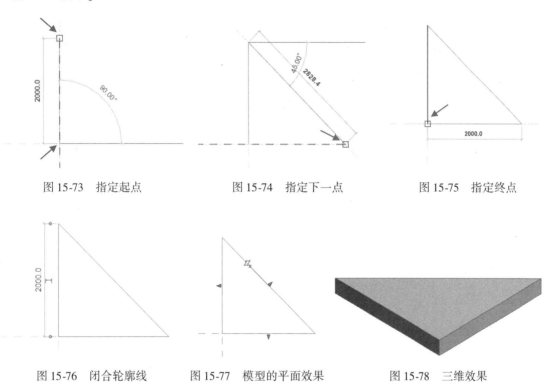

图 15-73　指定起点　　　　图 15-74　指定下一点　　　　图 15-75　指定终点

图 15-76　闭合轮廓线　　　图 15-77　模型的平面效果　　　图 15-78　三维效果

☞编辑模型

默认情况下，模型的"深度"为"250.0"，表示模型的高度为250mm。选择模型，在"属性"选项板中修改"拉伸终点"选项值，如图 15-79 所示。在视图中观察模型的变化效果，如图15-80所示。

新手问答

问：修改"拉伸起点"选项值，模型会有什么变化？

答：修改"拉伸终点"选项值，模型的顶面向上移动。修改"拉伸起点"选项值，模型的底面向上移动。通常会保持"拉伸起点"选项值不变，通过修改"拉伸终点"选项值调整模型的高度。

选择模型，显示若干三角形夹点。激活夹点，按住鼠标左键不放，向上拖曳鼠标指针，预览拉伸模型的效果，如图 15-81 所示。在新位置松开鼠标左键，观察操作效果，如图 15-82 所示。

图 15-79　修改参数

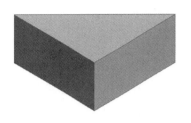
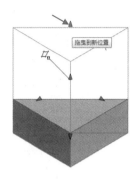
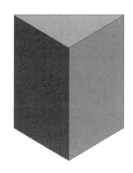

图 15-80　修改结果　　　图 15-81　激活夹点　　　图 15-82　修改结果

15.3.2　新手点拨——创建圆柱

效果文件：第 15 章/15.3.2 新手点拨—创建圆柱 . rfa

视频课程：15.3.2 新手点拨—创建圆柱

☞调用族样板

（1）选择"文件"选项卡，在列表中选择"新建"→"族"命令，如图 15-83 所示。

（2）打开【新族-选择样板文件】对话框，选择"公制柱"族样板，如图 15-84 所示。

（3）单击"打开"按钮，调用族样板，进入族编辑器，如图 15-85 所示。

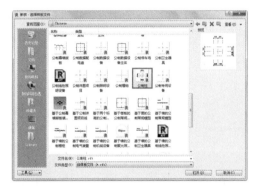

图 15-83　选择相应命令　　　　　图 15-84　选择族样板

☞创建圆柱

（1）选择"创建"选项卡，在"形状"面板上单击"族类型"按钮，如图 15-86 所示。

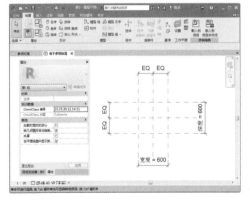
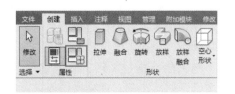

图 15-85　族编辑器　　　　　图 15-86　单击"族类型"按钮

（2）打开【族类型】对话框，修改"深度""宽度"值，如图15-87所示。

（3）单击"确定"按钮，返回视图，观察修改尺寸标注的结果，如图15-88所示。

图15-87　修改参数

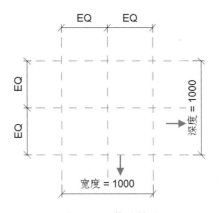

图15-88　修改结果

（4）在"形状"面板上单击"拉伸"按钮，如图15-89所示。

（5）进入"修改 | 创建拉伸"选项卡，在"绘制"面板上单击"圆"按钮，如图15-90所示。

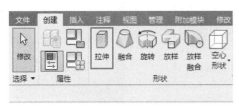

图15-89　单击"拉伸"按钮

图15-90　单击"圆"按钮

（6）将鼠标指针置于参照平面的交点，单击鼠标左键指定圆心，向上拖曳鼠标指针，根据临时尺寸标注指定半径，如图15-91所示。

（7）在合适的位置单击鼠标左键，绘制半径为"500.0"的圆形轮廓线，结果如图15-92所示。单击"完成编辑模式"按钮，退出命令。

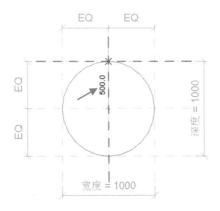

图15-91　指定半径

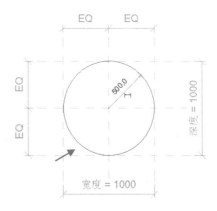

图15-92　绘制圆形

（8）切换至三维视图，观察创建圆柱的效果，如图15-93所示。

（9）选择项目浏览器，展开"立面（立面1）"列表，选择立面图，如图15-94所示。双击视图名称，进入立面视图。

（10）在视图中观察圆柱的立面效果，如图 15-95 所示。

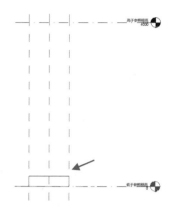

图 15-93　三维效果　　　　图 15-94　选择立面视图　　　　图 15-95　圆柱的立面效果

（11）选择圆柱，激活顶边的三角形夹点，按住鼠标左键不放，向上拖曳鼠标指针，如图 15-96 所示。

（12）在"高于参照标高"线上松开鼠标左键，放置圆柱的顶边，如图 15-97 所示。

（13）切换至三维视图，观察修改圆柱高度的结果，如图 15-98 所示。

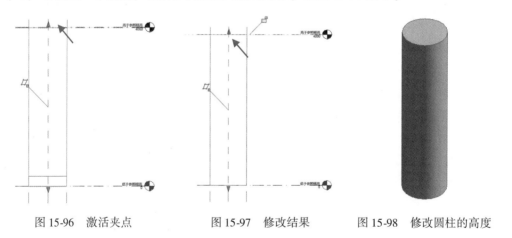

图 15-96　激活夹点　　　　图 15-97　修改结果　　　　图 15-98　修改圆柱的高度

15.3.3　融合

选择"创建"选项卡，在"形状"面板上单击"融合"按钮，如图 15-99 所示。

图 15-99　单击"融合"按钮

进入"修改 | 创建融合底部边界"选项卡，在"绘制"面板上单击"内接多边形"按钮，

如图 15-100 所示。

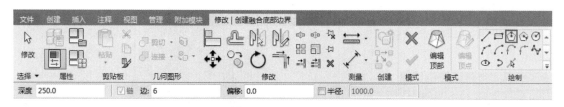

图 15-100 单击"内接多边形"按钮

　　将鼠标指针置于参照平面的交点，按住鼠标左键不放，拖曳鼠标指针，参考临时尺寸标注指定半径值，后松开鼠标左键，绘制多边形的结果如图 15-101 所示。在"模式"面板上单击"编辑顶部"按钮，进入"修改 | 创建融合顶部边界"选项卡。

　　在"绘制"面板上单击"圆"按钮，如图 15-102 所示。

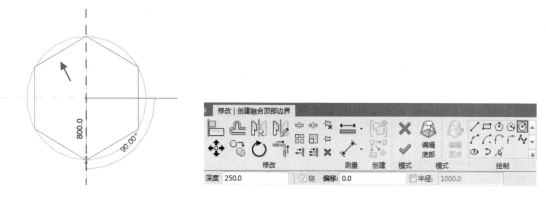

图 15-101 绘制多边形　　　　　　　　　　　　　图 15-102 单击"圆"按钮

　　在参照平面的交点单击鼠标左键，指定圆心。拖曳鼠标指针，参考临时尺寸标注，指定半径，如图 15-103 所示。绘制圆形顶部轮廓的结果如图 15-104 所示。

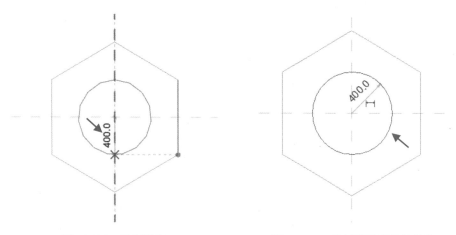

图 15-103 指定半径　　　　　　　　　　　　图 15-104 绘制圆形顶部轮廓线

　　单击快速访问工具栏上的"默认三维视图"按钮 ，切换至三维视图。选择模型，激活顶面三角形夹点，按住鼠标左键不放，向上拖曳鼠标指针，如图 15-105 所示。在合适的位置松开鼠标左键，调整模型高度的结果如图 15-106 所示。

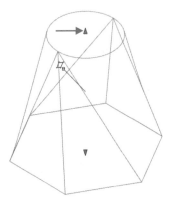
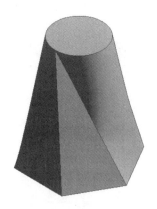

图 15-105　激活夹点　　　　　　图 15-106　修改结果

15.3.4　旋转

选择"创建"选项卡，在"形状"面板上单击"旋转"按钮，如图 15-107 所示。

图 15-107　单击"旋转"按钮

进入"修改 | 创建旋转"选项卡，在"绘制"面板上选择"边界线"，单击"线"按钮，如图 15-108 所示。

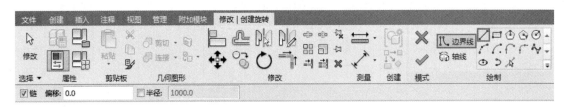

图 15-108　单击"线"按钮

在绘图区域中单击指定线的起点，借助临时尺寸标注，绘制闭合的轮廓线，如图 15-109 所示。在"绘制"面板上选择"轴线"，单击"线"按钮，如图 15-110 所示。

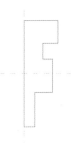

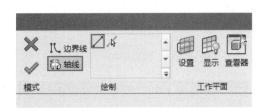

图 15-109　绘制轮廓线　　　　　　图 15-110　单击"线"按钮

在模型轮廓线的一侧单击指定起点、终点,绘制垂直轴线,如图 15-111 所示。单击"完成编辑模式"按钮,退出命令,旋转创建模型的结果如图 15-112 所示。

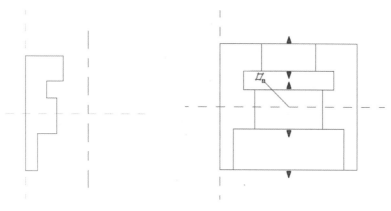

图 15-111　绘制轴线　　　　　　　　图 15-112　创建结果

单击快速访问工具栏上的"默认三维视图"按钮 ⌂,切换至三维视图。选择模型,在"属性"选项板中修改"结束角度"值,如图 15-113 所示。在视图中观察模型的显示效果,如图 15-114 所示。

图 15-113　修改参数　　　　　　　　图 15-114　模型的显示效果

15.3.5　放样

☞绘制路径

选择"创建"选项卡,在"形状"面板上单击"放样"按钮,如图 15-115 所示。

图 15-115　单击"放样"按钮

进入"修改 | 放样"选项卡,单击"绘制路径"按钮,如图 15-116 所示。

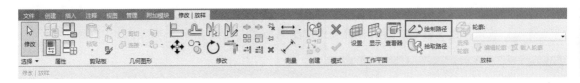

图 15-116　单击"绘制路径"按钮

进入"修改 | 放样 > 绘制路径"选项卡，在"绘制"面板上单击"起点、终点、半径弧"按钮，如图 15-117 所示。

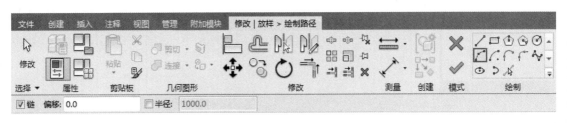

图 15-117　单击"起点、终点、半径弧"按钮

单击水平参照平面的左端点，指定圆弧的起点。向右移动鼠标指针，单击参照平面的右端点，指定圆弧的终点，如图 15-118 所示。向下移动鼠标指针，单击垂直参照平面的端点，指定圆弧的半径，绘制圆弧路径的结果如图 15-119 所示。

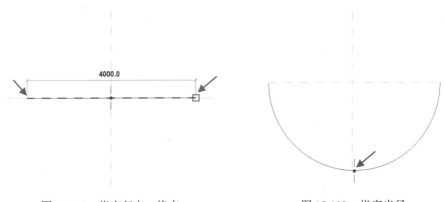

图 15-118　指定起点、终点　　　　　　　图 15-119　指定半径

☞绘制轮廓

单击"完成编辑模式"按钮，返回"修改 | 放样"选项卡。在"放样"面板上单击"编辑轮廓"按钮，如图 15-120 所示。

图 15-120　单击"编辑轮廓"按钮

弹出【转到视图】对话框，选择三维视图，如图 15-121 所示。单击"打开视图"按钮，切换至三维视图，如图 15-122 所示。

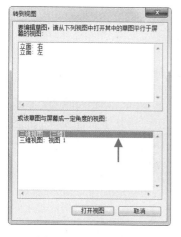

图 15-121　选择视图

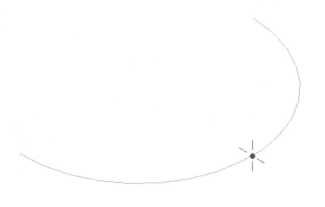

图 15-122　转换视图

新手指点

问：为什么会弹出【转到视图】对话框？

答：因为当前处在平面视图，而系统要求在草图与屏幕成一定角度的视图中绘制轮廓线，所以会打开【转到视图】对话框。也可以在绘制轮廓线之前，先转换至三维视图，就不会打开【转到视图】对话框。

进入"修改丨放样 > 编辑轮廓"选项卡，在"绘制"面板上单击"线"按钮，如图 15-123 所示。

图 15-123　单击"线"按钮

参考参照平面，绘制闭合轮廓线，如图 15-124 所示。单击"完成编辑模式"按钮，退出命令，放样建模的结果如图 15-125 所示。

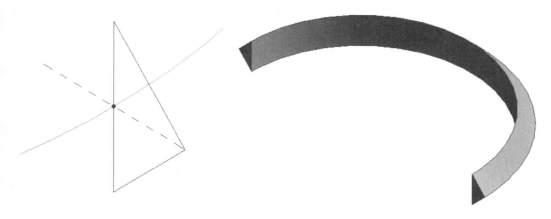

图 15-124　绘制轮廓线　　　　　　　　图 15-125　放样建模

15.3.6　放样融合

☞绘制路径

　　选择"创建"选项卡，在"形状"面板上单击"放样融合"按钮，如图 15-126 所示。

图 15-126　单击"放样融合"按钮

　　进入"修改 | 放样融合"选项卡，单击"绘制路径"按钮，如图 15-127 所示。

图 15-127　单击"绘制路径"按钮

　　进入"修改 | 放样融合 > 绘制路径"选项卡，在"绘制"面板上单击"样条曲线"按钮，如图 15-128 所示。

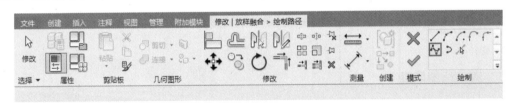

图 15-128　单击"样条曲线"按钮

　　在水平参照平面的左端点单击鼠标左键，指定样条曲线的起点。接着移动鼠标指针，鼠标左键单击垂直参照平面的上端点，指定样条曲线的控制点，如图 15-129 所示。

　　向下移动鼠标指针，鼠标左键单击垂直参照平面的下端点，继续指定样条曲线的控制点，如图 15-130 所示。

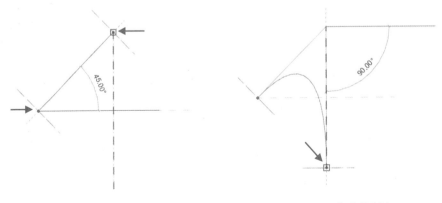

图 15-129　指定起点　　　　　图 15-130　指定控制点

向右上角移动鼠标指针，鼠标左键单击水平参照平面的右端点，指定样条曲线的终点，如图 15-131 所示。按下回车键，结束绘制路径的操作，如图 15-132 所示。

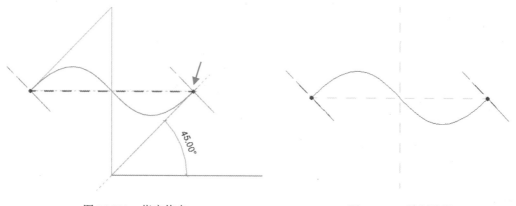

图 15-131　指定终点　　　　　　　　　图 15-132　绘制路径

☞绘制轮廓 1

单击"完成编辑模式"按钮，返回"修改 | 放样融合"选项卡。在"放样融合"面板上首先单击"选择轮廓 1"按钮，再单击"编辑轮廓"按钮，如图 15-133 所示。

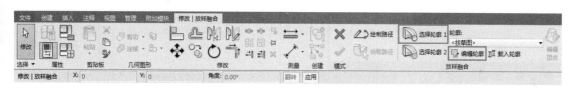

图 15-133　单击"完成编辑模式"按钮

此时会发现系统弹出【选择视图】对话框，选择三维视图，单击"打开视图"按钮，进入三维视图，观察路径的显示效果，如图 15-134 所示。执行"绘制轮廓 1"的命令后，进入"修改 | 放样融合 > 编辑轮廓"选项卡，在"绘制"面板上单击"内接多边形"按钮，如图 15-135 所示。

鼠标左键单击参照平面的交点为圆心，移动鼠标指针指定半径，绘制多边形轮廓线的结果如图 15-136 所示。

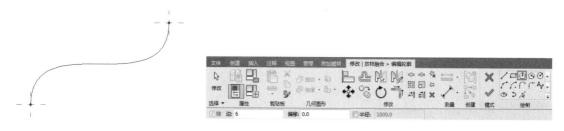

图 15-134　查看路径的绘制效果　　　　　　图 15-135　单击"内接多边形"按钮

☞绘制轮廓 2

单击"完成编辑模式"按钮，返回"修改 | 放样融合"选项卡。在"放样融合"面板上首先单击"选择轮廓 2"按钮，再单击"编辑轮廓"按钮，如图 15-137 所示。

进入"修改 | 放样融合 > 编辑轮廓"选项卡，在"绘制"面板上单击"圆"按钮，如图 15-138 所示。

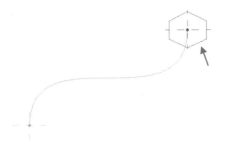

图 15-136　绘制多边形

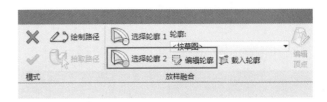

图 15-137　单击"选择轮廓 2"按钮

图 15-138　单击"圆"按钮

拾取参照平面的交点为圆心，移动鼠标指针，指定半径绘制圆形轮廓线，如图 15-139 所示。单击"完成编辑模式"按钮，退出命令，查看放样融合建模的效果，如图 15-140 所示。

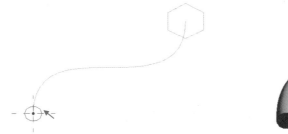

图 15-139　绘制圆形

图 15-140　建模的效果

15.3.7　空心模型

选择"创建"选项卡，在"形状"面板上单击"空心形状"按钮，在列表中显示建模命令，如空心拉伸、空心融合及空心旋转等，如图 15-141 所示。

选择"空心拉伸"命令，进入"修改 | 创建空心拉伸"选项卡，在"绘制"面板上单击"矩形"按钮，如图 15-142 所示。

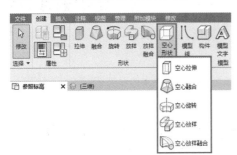

图 15-141　弹出命令列表

图 15-142　单击"矩形"按钮

在视图中指定起点、对角点，绘制矩形轮廓线，如图 15-143 所示。单击"完成编辑模式"按钮，退出命令，查看创建空心模型的效果，如图 15-144 所示。

选择空心模型，在"属性"选项板中单击"实心/空心"选项，在列表中选择"实心"选项，如图 15-145 所示。执行修改操作后，空心模型显示为实心模型，如图 15-146 所示。

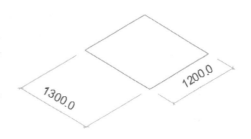

图 15-143　绘制矩形

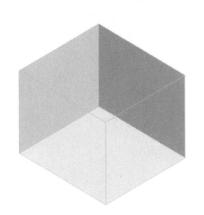

图 15-144　空心模型　　　　图 15-145　选择"实心"选项　　　　图 15-146　转换为实心模型

15.3.8　新手点拨——创建窗模型

效果文件：第 15 章/15.3.8 新手点拨—创建窗模型.rfa

视频课程：15.3.8 新手点拨—创建窗模型

☞选择族样板

（1）选择"文件"选项卡，在列表中选择"新建"→"族"命令，如图 15-147 所示。

（2）打开【新族-选择样板文件】对话框，选择名称为"基于墙的公制常规模型"族样板，如图 15-148 所示。

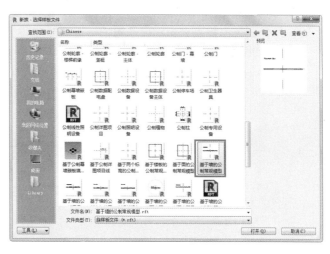

图 15-147　选择相应命令　　　　　　　　图 15-148　选择族样板

（3）单击"打开"按钮，调用族样板，进入族编辑器。

（4）单击"族类别和族参数"按钮🖳，打开【族类别和族参数】对话框。在"族类别"列表中选择"窗"，在"族参数"列表中选择"总是垂直"选项，如图 15-149 所示。

☞绘制参照平面

（1）在"基准"面板上单击"参照平面"按钮，如图 15-150 所示。

图 15-149　选择"总是垂直"选项

图 15-150　单击"参照平面"按钮

（2）在已有垂直参照平面的基础上，输入距离，指定绘制起点，如图 15-151 所示。

（3）绘制垂直参照平面的结果如图 15-152 所示。

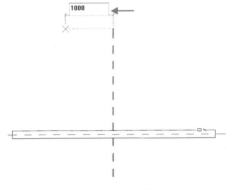

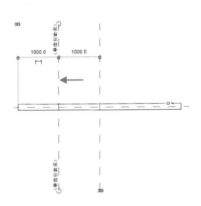

图 15-151　输入距离

图 15-152　绘制参照平面

（4）重复上述操作，继续绘制垂直参照平面，如图 15-153 所示。

（5）选择左侧的参照平面，在"属性"选项板中设置"名称"为"左"，"是参照"的类型为"左"，如图 15-154 所示。

（6）选择右侧的参照平面，在"属性"选项板中设置"名称"为"右"，"是参照"的类型为"右"，如图 15-155 所示。

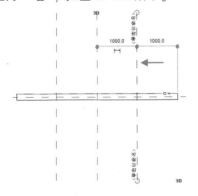

图 15-153　绘制参照平面

图 15-154　设置参数

图 15-155　设置参数

（7）选择"注释"选项卡，在"尺寸标注"面板上单击"对齐"按钮，如图 15-156 所示。

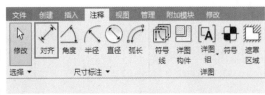

图 15-156　单击"对齐"按钮

（8）依次拾取参照平面，创建连续标注的结果如图 15-157 所示。

（9）选择尺寸标注，单击标注数字中间的按钮"EQ"，将尺寸标注设置为等分标注，如图 15-158 所示。

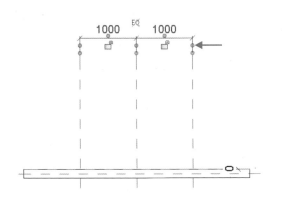

图 15-157　创建尺寸标注

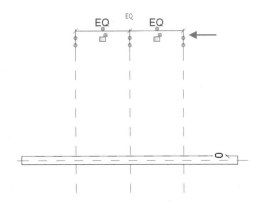

图 15-158　创建等分标注

（10）继续执行"对齐标注"命令，创建尺寸标注，如图 15-159 所示。

（11）选择在上一步骤中创建的尺寸标注，进入"修改 | 尺寸标注"选项卡，在"标签尺寸标注"面板中单击"创建参数"按钮，如图 15-160 所示。

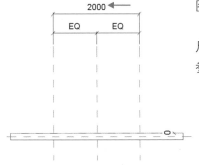

图 15-159　创建尺寸标注

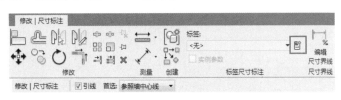

图 15-160　单击"创建参数"按钮

（12）打开【参数属性】对话框，设置"名称"为"宽度"，"参数分组方式"为"尺寸标注"，如图 15-161 所示。

（13）单击"确定"按钮，返回视图，查看创建参数的结果，如图 15-162 所示。

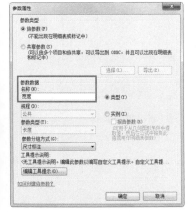

图 15-161　设置参数

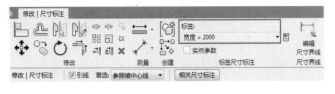

图 15-162　创建参数

（14）为尺寸标注添加标签的结果如图 15-163 所示。

（15）选择项目浏览器，展开"立面（立面1）"列表，选择"放置边"视图，如图 15-164 所示。按下回车键，切换至该视图。

（16）调用"参照平面"命令，绘制水平参照平面。接着激活"对齐标注"命令，创建尺寸标注，如图 15-165 所示。

（17）选择标注数字为"2000"的尺寸标注，执行"创建参数"命令，在【参数属性】对话框中设置名称为"高度"，其余参数值保持默认即可，如图 15-166 所示。

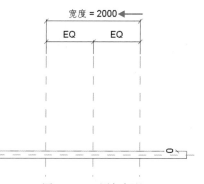

图 15-163　添加标签

图 15-164　选择视图

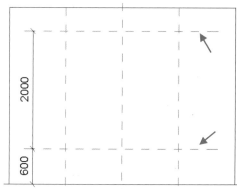

图 15-165　创建尺寸标注

图 15-166　设置参数

（18）单击"确定"按钮，返回视图，查看为尺寸标注添加标签的结果，如图 15-167 所示。

（19）选择标注数字为"600"的尺寸标注，执行"创建参数"命令，在【参数属性】对话框中设置名称为"窗台高"，其余参数值保持默认即可，如图 15-168 所示。

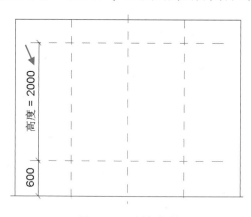

图 15-167　添加标签

图 15-168　设置参数

（20）为尺寸标注添加标签的结果如图 15-169 所示。

（21）选择位于顶部的参照平面，在"属性"选项板中设置"名称"为"顶"，"是参照"设置为"顶"，如图 15-170 所示。

（22）选择位于底部的参照平面，在"属性"选项板中设置"名称"为"底"，"是参照"设置为"底"，如图 15-171 所示。

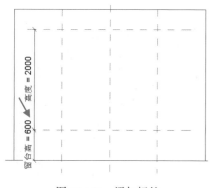

图 15-169　添加标签

图 15-170　设置参数

图 15-171　设置参数

☞创建洞口

（1）选择"创建"选项卡，在"模型"面板上单击"洞口"按钮，如图 15-172 所示。

（2）进入"修改 | 创建洞口边界"选项卡，在"绘制"面板中单击"矩形"按钮，如图 15-173 所示。

（3）指定起点与对角点，如图 15-174 所示。

图 15-172　单击"洞口"按钮

图 15-173　单击"矩形"按钮

图 15-174　指定起点和对角点

（4）绘制矩形洞口轮廓线的结果如图 15-175 所示。

（5）单击"解锁"按钮，"锁定"洞口轮廓线，如图 15-176 所示。

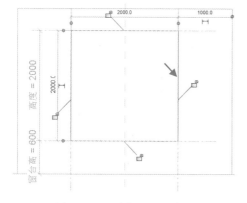

图 15-175　绘制矩形轮廓线

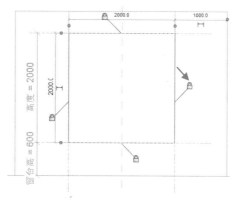

图 15-176　锁定轮廓线

（6）选择项目浏览器，展开"三维视图"列表，选择视图，如图15-177所示。按下回车键，切换至该视图。

（7）在视图中观察在墙体上创建洞口的结果，如图15-178所示。

☞绘制框架

（1）选择"创建"选项卡，在"形状"面板上单击"拉伸"按钮，进入"修改 | 创建拉伸"选项卡。在"绘制"面板上单击"矩形"按钮，如图15-179所示。

图 15-177　选择视图

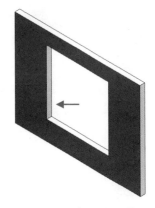

图 15-178　三维效果

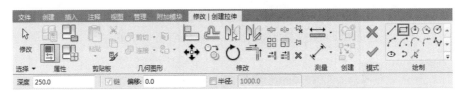

图 15-179　单击"拉伸"按钮

（2）在视图中指定起点、对角点，指定绘制范围，如图15-180所示。

（3）绘制矩形轮廓线的结果如图15-181所示。

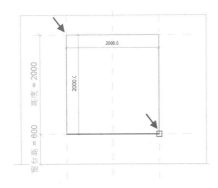

图 15-180　指定起点与对角点

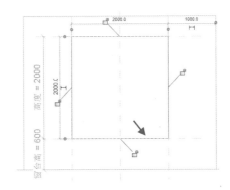

图 15-181　绘制轮廓线

（4）在"绘制"面板中单击"拾取线"按钮，在选项栏中修改"偏移"值为"60.0"，如图15-182所示。

图 15-182　单击"拾取线"按钮

（5）将鼠标指针置于已有绘制的拉伸轮廓线之上，预览蓝色的虚线。接着按下 < Tab > 键，预览创建轮廓线的结果，如图15-183所示。

（6）紧接上一步骤，单击鼠标左键，创建轮廓线的结果如图15-184所示。

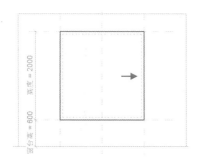

图 15-183　预览创建轮廓线

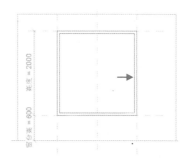

图 15-184　创建轮廓线

（7）在"属性"选项板中修改"拉伸终点""拉伸起点"选项值，如图 15-185 所示。

（8）切换至三维视图，观察创建框架的效果，如图 15-186 所示。

☞绘制窗扇

（1）调用"拉伸"命令，选择"矩形"绘制方式，绘制如图 15-187 所示的轮廓线。

图 15-185　设置参数

图 15-186　三维效果

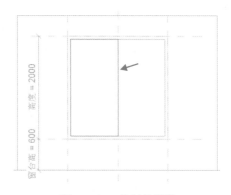

图 15-187　绘制轮廓线

（2）在"绘制"面板上单击"拾取线"按钮，在选项栏中设置"偏移"值为"40"，如图 15-188 所示。

（3）将鼠标指针置于已有绘制的拉伸轮廓线之上，预览蓝色的虚线。接着按下〈Tab〉键，预览创建轮廓线的结果，如图 15-189 所示。

图 15-188　单击"拾取线"按钮

（4）紧接上一步骤，单击鼠标左键，创建轮廓线的结果如图 15-190 所示。

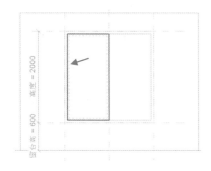

图 15-189　预览创建轮廓线

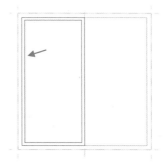

图 15-190　创建轮廓线

（5）在"属性"选项板中修改"拉伸终点""拉伸起点"选项值，如图 15-191 所示。

（6）单击"完成编辑模式"按钮，退出命令，绘制结果如图 15-192 所示。

图 15-191　设置参数

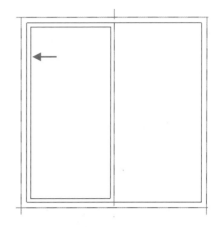

图 15-192　创建结果

（7）选择在上一步骤中创建的拉伸模型，进入"修改 | 拉伸"选项卡，单击"镜像-拾取轴"按钮，如图 15-193 所示。

（8）拾取垂直参照平面为镜像轴，如图 15-194 所示。

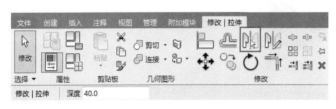

图 15-193　单击"镜像-拾取轴"按钮

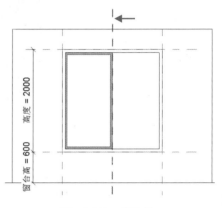

图 15-194　拾取轴

（9）向右镜像复制拉伸模型的结果如图 15-195 所示。

（10）切换至三维视图，观察创建窗扇的结果，如图 15-196 所示。

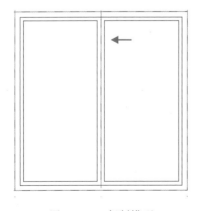

图 15-195　复制模型

图 15-196　三维效果

☞绘制玻璃

（1）调用"拉伸"命令，进入"修改 | 创建拉伸"选项卡。在"绘制"面板上单击"矩

形"按钮,如图 15-197 所示。

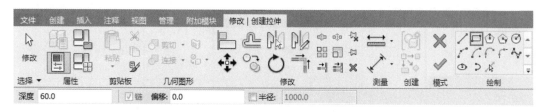

图 15-197　单击"矩形"按钮

(2) 指定起点、对角点,绘制矩形轮廓线,如图 15-198 所示。

(3) 在"属性"选项板中设置"拉伸终点""拉伸起点"选项值,如图 15-199 所示。

(4) 将鼠标指针定位在"属性"选项板中的"材质"选项,单击右侧的矩形按钮,打开【材质浏览器】对话框。在材质列表中选择"玻璃",如图 15-200 所示。

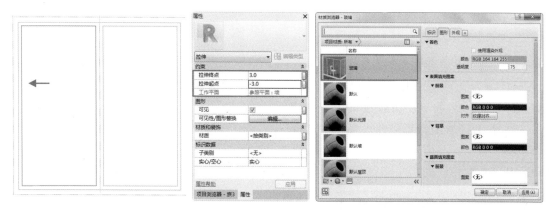

图 15-198　绘制矩形　　　图 15-199　设置参数　　　图 15-200　选择"玻璃"材质

(5) 单击"确定"按钮,返回视图,在"属性"选项板中查看"材质"的名称为"玻璃",如图 15-201 所示。

(6) 单击"完成编辑模式"按钮,退出命令,结果如图 15-202 所示。

(7) 选择在上一步骤创建的拉伸模型,执行"镜像-拾取轴"命令,将其复制至右侧。切换至三维视图,观察创建结果,如图 15-203 所示。

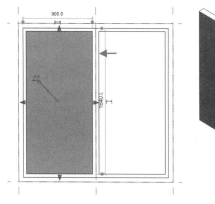

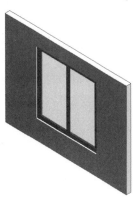

图 15-201　添加材质的结果　　　图 15-202　最终结果　　　图 15-203　三维效果

☞设置属性参数

（1）选择视图中的模型，在"选择"面板上单击"过滤器"按钮，打开【过滤器】对话框。选择"常规模型"选项，即窗框、窗扇、玻璃模型，如图 15-204 所示。

（2）单击"确定"按钮，返回视图，观察选择模型的结果，如图 15-205 所示。

图 15-204　选择类别

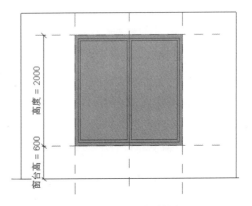

图 15-205　选择结果

（3）进入"修改 | 拉伸"选项卡，单击"可见性设置"按钮，如图 15-206 所示。

（4）打开【族图元可见性设置】对话框，取消选择"平面/天花板平面视图"选项，如图 15-207 所示。

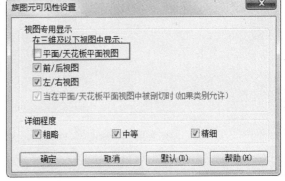

图 15-206　单击"可见性设置"按钮

图 15-207　取消相应选择选项

（5）选择"注释"选项卡，在"尺寸标注"面板上单击"符号线"按钮，如图 15-208 所示。

（6）进入"修改 | 放置符号线"选项卡，在"绘制"面板上单击"线"按钮，在"子类别"列表中选择线的类型，如图 15-209 所示。

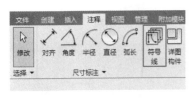

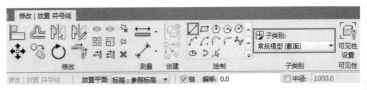

图 15-208　单击"符号线"按钮

图 15-209　单击"线"按钮

（7）在视图中滑动鼠标中键，放大视图，指定符号线的起点，如图 15-210 所示。

（8）向右拖曳鼠标指针，指定符号线的终点，如图 15-211 所示。重复上述操作，继续在下方绘制符号线。

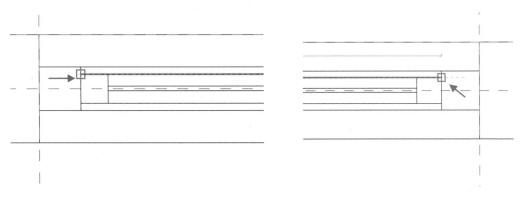

图 15-210　指定起点　　　　　　　　　图 15-211　指定终点

（9）选择"创建"选项卡，在"控件"面板上单击"控件"按钮，如图 15-212 所示。

图 15-212　单击"控件"按钮

（10）进入"修改 | 放置控制点"选项卡，在"控制点类型"面板中单击"双向垂直"按钮，如图 15-213 所示。

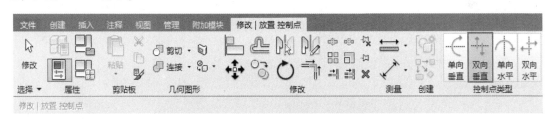

图 15-213　单击"双向垂直"按钮

（11）在视图中单击鼠标左键，放置控件，结果如图 15-214 所示。

（12）选择"创建"选项卡，在"属性"面板上单击"族类型"按钮，打开【族类型】对话框。单击"重命名类型"按钮，如图 15-215 所示。

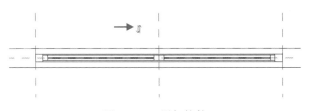

图 15-214　添加控件

图 15-215　单击"新建类型"按钮

（13）打开【名称】对话框，设置名称，如图 15-216 所示。

图 15-216　输入名称

（14）单击"确定"按钮，返回【族类型】对话框，查看重命名的结果，如图 15-217 所示。

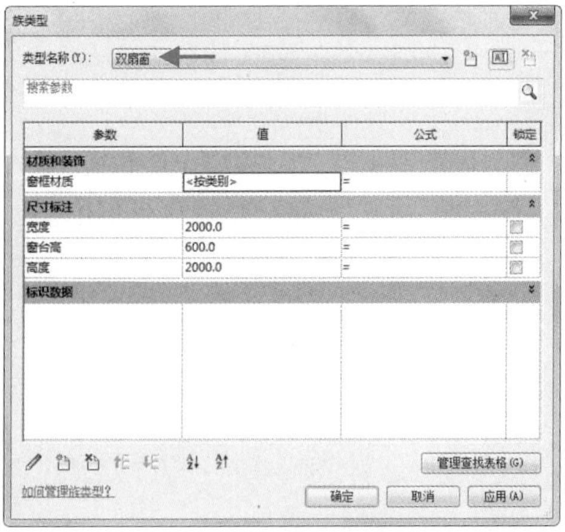

（15）执行"保存"命令，在【另存为】对话框中选择存储路径，设置"文件名"，如图 15-218 所示。单击"保存"按钮，存储族文件至计算机中。

图 15-217　修改结果

（16）执行"载入到项目"命令，将窗模型载入至项目文件。激活"窗"命令，可以在"属性"选项板中查看窗的属性参数，如图 15-219 所示。

（17）在墙体上指定基点，即可放置窗。

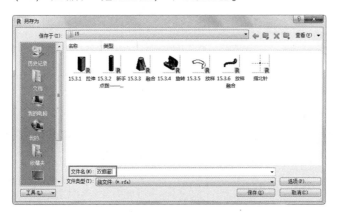

图 15-218　设置相应文件名

图 15-219　显示属性参数

15.4　族的运用

在族编辑器中创建或者编辑族，最终还是要到项目文件检查创建或者编辑结果。本节介绍将族载入项目以及编辑族类型的方法。

15.4.1　载入族

在族编辑器中完成创建族的操作，单击"族编辑器"面板上的"载入到项目"按钮，如图 15-220 所示。

图 15-220　单击"载入到项目"按钮

系统弹出【载入到项目中】对话框，选择项目，如图 15-221 所示，单击"确定"按钮开始执行"载入"操作。操作完毕后，系统会自动切换至项目，并且在"属性"选项板中显示族参数，如图 15-222 所示。

新手问答

问：为什么我执行"载入到项目"操作时，没有弹出【载入到项目中】对话框，是操作失误吗？

答：不是。当用户已经打开 1 个

图 15-221　选择项目

图 15-222　显示属性参数

以上的项目文件时，执行"载入到项目"命令时，会弹出【载入到项目中】对话框，询问用户希望将族载入到哪个项目。如果只打开 1 个项目文件，就不会弹出【载入到项目中】对话框。

在项目文件中选择"插入"选项卡，在"从库中载入"面板中单击"载入族"按钮，如图 15-223 所示，弹出【载入族】对话框。在对话框中选择族，单击"打开"按钮，将族载入到项目。

但是必须在族编辑器中将族存储到计算机中，才可执行上述"载入族"操作。

图 15-223　单击"载入族"按钮

15.4.2　编辑族类型

在平面视图中观察双扇门的绘制效果，通过尺寸标注可以得知门的宽度为 1500mm，如图 15-224 所示。选择"创建"选项卡，在"属性"面板中单击"族类型"按钮，如图 15-225 所示，弹出【族类型】对话框。

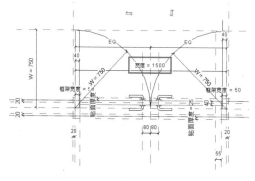

图 15-224　门的绘制效果

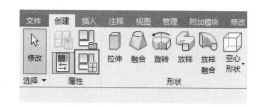

图 15-225　单击"族类型"按钮

在对话框中显示门的族类型参数，在"类型名称"选项中显示门的名称为"1500 × 2100mm"。单击"功能"选项，在列表中显示"内部""外部"，选择选项，如图 15-226 所示，指定门的功能性。

在"尺寸标注"列表下，"粗略宽度"表行中的"公式"单元格显示"=宽度"，表示"粗略宽度"值与"宽度"值相等。观察"值"单元格参数，发现"粗略宽度"值为"1500"，"宽度"值也为"1500"，如图 15-227 所示。

"粗略高度"值与"高度"值也是相等的。

图 15-226　选择选项　　　　图 15-227　查看尺寸参数　　　　图 15-228　修改参数

修改"粗略宽度"值为"1800.0"，"宽度"值也同步更新为"1800.0"，如图 15-228 所示。单击"确定"按钮，返回视图，发现门的宽度也自动更改为 1800mm，如图 15-229 所示。

单击"载入到项目"按钮，打开【族已存在】对话框，选择"覆盖现有版本及其参数值"选项，如图 15-230 所示。完成操作后，原先载入的族的版本和参数值被覆盖。

打开门的【类型属性】对话框，查看属性参数设置。在"功能"选项中显示"外部"，"粗略宽度"值与"宽度"值显示为"1800.0"，如图 15-231 所示，与族编辑器中的【族类型】对话框参数设置相同。

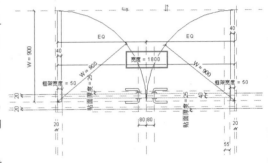

图 15-229　修改结果

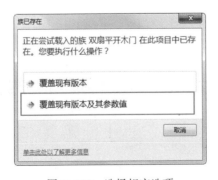

图 15-230　选择相应选项

图 15-231　显示属性参数

15.4.3　新手点拨——创建房间标记

效果文件：第 15 章/15.4.3 新手点拨—创建房间标记.rfa

视频课程：15.4.3 新手点拨—创建房间标记

☞选择族样板

（1）选择"文件"选项卡，在列表中选择"新建"→"族"命令，如图 15-232 所示。

（2）打开【新族-选择样板文件】对话框，在"注释"文件夹中选择"公制房间标记"族样板，如图 15-233 所示。

（3）单击"打开"按钮，调用族样板，进入族编辑器。

图 15-232　选择命令

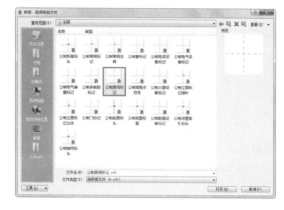

图 15-233　选择相应族样板

☞创建标签

（1）选择"创建"选项卡，在"文字"面板上单击"标签"按钮，如图 15-234 所示。

图 15-234　单击"标签"按钮

（2）移动鼠标指针，在参照平面的交点单击鼠标左键，弹出【编辑标签】对话框。

（3）在"类别参数"列表下选择"编号"参数，单击中间的"将参数添加到标签"按钮，添加结果如图 15-235 所示。

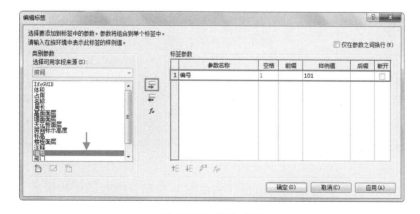

图 15-235　添加参数

（4）默认的"样例值"为"101"，删除默认值，输入新的"样例值"，如图 15-236 所示。

（5）单击"确定"按钮，返回视图，观察创建标签的结果，如图 15-237 所示。

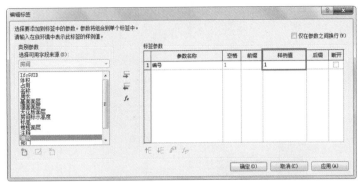
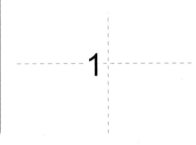

图 15-236　修改"样例值"　　　　　　　　　　　　　图 15-237　修改结果

☞载入到项目

（1）在"族编辑器"面板上单击"载入到项目"按钮，如图 15-238 所示，将房间标记载入到项目。

（2）执行"房间"命令，拾取区域创建房间，如图 15-239 所示。

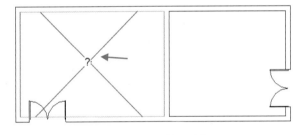

图 15-238　单击"载入到项目"按钮　　　　　　　　图 15-239　选择区域

（3）查看在创建房间的同时放置标记的结果，如图 15-240 所示。

（4）继续执行"房间"命令，房间编号自动按顺序显示，如图 15-241 所示。

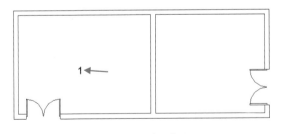

图 15-240　放置标记　　　　　　　　　　　　　　　图 15-241　标记结果

☞编辑族

（1）返回族编辑器，选择标签文字，在"属性"选项板上单击"编辑类型"按钮，如图 15-242 所示。

（2）打开【类型属性】对话框，单击"重命名"按钮，在对话框中修改"新名称"，如图 15-243 所示。

图 15-242　单击"编辑类型"按钮　　　　图 15-243　输入名称

（3）单击"确定"按钮，返回【类型属性】对话框。修改"文字字体""文字大小"选项值，选择"斜体"选项，如图 15-244 所示。

（4）单击"确定"按钮，返回视图，观察修改属性参数的结果，如图 15-245 所示。

图 15-244　设置参数　　　　　　图 15-245　修改结果

（5）单击"载入到项目"按钮，弹出【族已存在】对话框，选择"覆盖现有版本及其参数值"选项，如图 15-246 所示。

（6）在项目中观察修改房间标记族参数的结果，如图 15-247 所示。

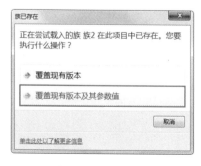
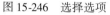

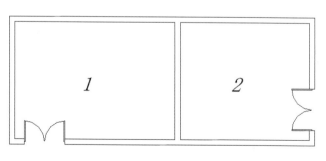

图 15-246　选择选项　　　　　　图 15-247　修改结果

379

第 **16** 章

综合案例——创建公共建筑模型

本章以公共建筑为例，结合本书前面所介绍的知识，介绍创建建筑模型的方法，包括创建轴网与标高，绘制墙体、门窗及幕墙等。可参考第16章视频课程学习。

16.1 新建项目文件

（1）选择"文件"选项卡，在列表中选择"新建"→"项目"命令，如图 16-1 所示。

（2）打开【新建项目】对话框，选择"项目"选项，如图 16-2 所示。

（3）单击"确定"按钮，弹出【未定义度量制】对话框，选择"公制"选项，如图 16-3 所示。

（4）稍等片刻，即可创建空白的项目文件。

图 16-1　选择相应命令

图 16-2　选择"项目"选项

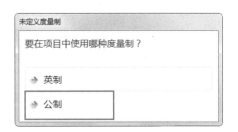

图 16-3　选择度量制

16.2 创建轴网

（1）选择"建筑"选项卡，在"基准"面板上单击"轴网"按钮，如图 16-4 所示。

图 16-4　单击"轴网"按钮

（2）进入"修改 | 放置轴网"选项卡，在"绘制"面板上单击"线"按钮，如图 16-5 所示。

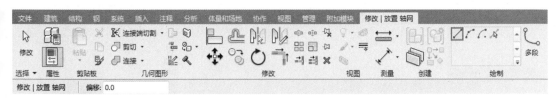

图 16-5　单击"线"按钮

（3）在绘图区域中单击鼠标左键，指定起点、终点，绘制垂直轴线，如图 16-6 所示。

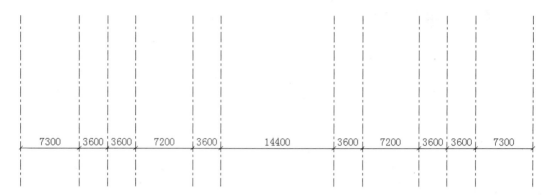

图 16-6　绘制垂直轴线

（4）重复指定起点、终点，绘制水平轴线，如图 16-7 所示。

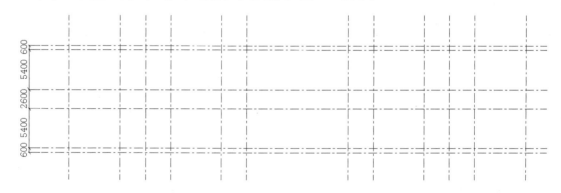

图 16-7　绘制水平轴线

（5）选择轴线，在"属性"选项板上单击"编辑类型"按钮，如图 16-8 所示。

（6）打开【类型属性】对话框，选择"符号"为"轴网标头"，其他参数设置如图 16-9 所示。

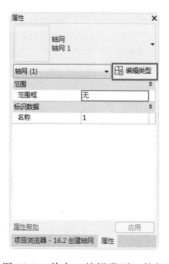

图 16-8　单击"编辑类型"按钮

图 16-9　设置参数

（7）单击"确定"按钮，在视图中查看添加轴网标头的结果，如图 16-10 所示。

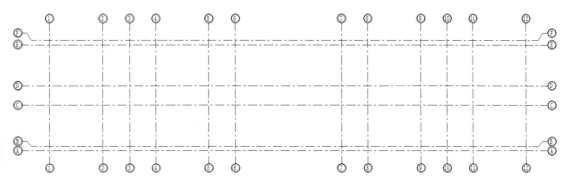

图 16-10　添加轴网标头

16.3 创建标高

☞创建立面视图

（1）选择"视图"选项卡，在"创建"面板上单击"立面"按钮，如图 16-11 所示。

图 16-11　单击"立面"按钮

（2）在平面视图中单击鼠标左键，放置立面符号，结果如图 16-12 所示。

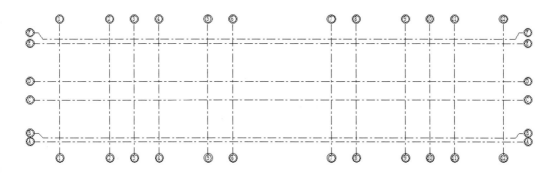

图 16-12　放置立面符号

（3）选择项目浏览器，展开"立面（立面1）"列表，选择立面视图，如图 16-13 所示。按回车键，切换至立面视图。

（4）在"属性"选项板中选择"裁剪视图""裁剪区域可见"选项，如图 16-14 所示。在视图中观察项目文件默认创建的标高线。

图 16-13　选择视图　　　　　图 16-14　选择"裁剪视图"
　　　　　　　　　　　　　　　　　　"裁剪区域可见"选项

☞创建标高

（1）选择"建筑"选项卡，在"基准"面板上单击"标高"按钮，如图 16-15 所示。

图 16-15　单击"标高"按钮

（2）进入"修改 | 放置标高"选项卡，在"绘制"面板上单击"线"按钮，如图 16-16 所示。

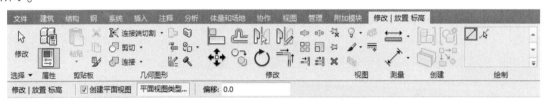

图 16-16　单击"线"按钮

（3）以默认标高为基准，在视图中指定起点、终点，创建标高如图 16-17 所示。

（4）选择标高，在"属性"选项板中单击"编辑类型"按钮，如图 16-18 所示。

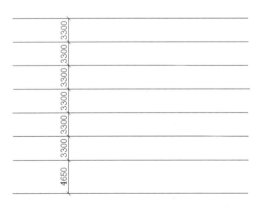

图 16-17　创建标高　　　　　图 16-18　单击"编辑
　　　　　　　　　　　　　　　　　　　类型"按钮

（5）打开【类型属性】对话框，选择"符号"为"标高标头"，其他选项参数设置如图 16-19 所示。

（6）单击"确定"按钮，返回视图，观察添加标高标头的结果，如图 16-20 所示。

图 16-19　设置参数

图 16-20　添加标高标头

☞重命名视图

（1）选择标高，在"属性"选项板中修改"名称"为"F1"，如图 16-21 所示。

（2）随即弹出【确认标高重命名】对话框，单击"是"按钮，如图 16-22 所示。

16-21　输入视图名称

图 16-22　单击"是"按钮

（3）选择项目浏览器，展开"楼层平面"列表，查看修改视图名称的结果，如图 16-23 所示。

（4）重复执行重命名视图的操作，最终结果如图 16-24 所示。

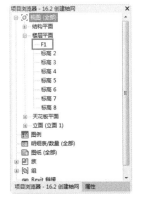

图 16-23　操作结果

图 16-24　重命名视图

新手问答

问：我可以不重命名视图吗？

答：可以。项目文件默认将视图命名为"标高1"，新建标高后，按照顺序将视图命名为"标高2""标高3"及"标高4"等。用户可以使用默认名称，也可以自定义视图名称。

16.4 绘制墙体

☞设置墙体参数

（1）选择"建筑"选项卡，在"构建"面板上单击"墙"按钮，如图16-25所示。

（2）在"属性"选项板上单击"编辑类型"按钮，如图16-26所示，打开【类型属性】对话框。

（3）单击"复制"按钮，打开【名称】对话框，输入名称，如图16-27所示。

（4）单击"确定"按钮，返回【类型属性】对话框。单击"结构"选项中的"编辑"按钮，如图16-28所示。

图16-25 单击"墙"按钮

图16-26 单击"编辑
类型"按钮

图16-27 输入名称

图16-28 单击"编辑"按钮

（5）打开【编辑部件】对话框，单击"插入"按钮，插入新层，并设置层的功能属性，如图16-29所示。

（6）选择第1行，将鼠标指针定位在"材质"单元格中，单击右侧的矩形按钮，打开【材质浏览器】对话框。

（7）在材质列表中选择"默认墙"材质，单击鼠标右键，在菜单中选择"复制"选项。设置材质副本的名称为"项目外墙"，单击右侧的"颜色"按钮，打开【颜色】对话框。

（8）在对话框中设置颜色参数，如图16-30所示。

（9）单击"确定"按钮，返回【材质浏览器】对话框，查看设置颜色参数的结果如图16-31所示。

（10）重复上述操作，创建材质副本，将其命名为"外墙衬底"，设置颜色为"白色"，如图16-32所示。

（11）单击"确定"按钮，返回【编辑部件】对话框，查看指定材质的结果。最后，修改

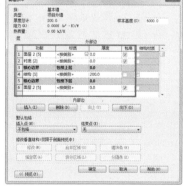

图16-29 插入层

"厚度"值，如图16-33所示。

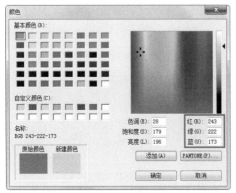

图16-30 设置参数

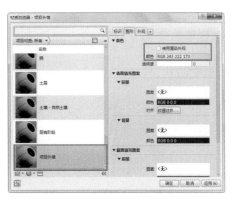

图16-31 设置颜色的结果

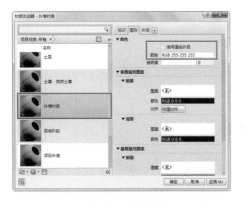

图16-32 创建"外墙衬底"材质

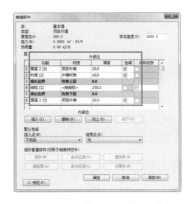

图16-33 修改"厚度"值

（12）单击"确定"按钮，返回【类型属性】对话框。在"类型"选项中选择"项目外墙"，单击"复制"按钮，打开【名称】对话框，输入名称，如图16-34所示。在"项目外墙"的基础上创建新的墙体类型"项目内墙"。

（13）执行上述操作，新建名称为"项目内墙"的墙体类型，打开【编辑部件】对话框。删除"衬底［1］"层，如图16-35所示。

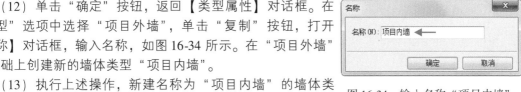

图16-34 输入名称"项目内墙"

（14）选择第1行，单击"材质"单元格中的矩形按钮，打开【材质浏览器】对话框。创建名称为"项目内墙"的材质，设置颜色为"白色"，如图16-36所示。

图16-35 删除层

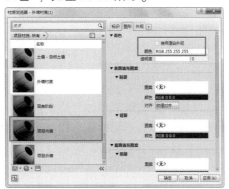

图16-36 创建"项目内墙"材质

（15）单击"确定"按钮，返回【编辑部件】对话框，查看指定材质的结果。修改"厚度"值，如图 16-37 所示。

（16）单击"确定"按钮，返回【类型属性】对话框，修改"功能"为"内部"，如图 16-38 所示。

 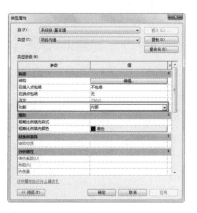

图 16-37　修改"厚度"值　　　　图 16-38　设置参数

☞绘制墙体

（1）在"修改｜放置墙"选项卡中，单击"绘制"面板上的"线"按钮，在选项栏中设置"标高""定位线"等参数，如图 16-39 所示。

图 16-39　单击"线"按钮

（2）在视图中指定起点、下一单、终点，绘制外墙体，结果如图 16-40 所示。

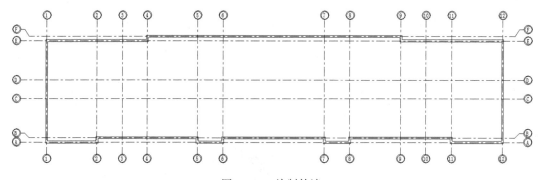

图 16-40　绘制外墙

（3）在"属性"选项板中选择"项目内墙"，设置"底部约束"为"F1"，"底部偏移"为"0.0"，"顶部约束"为"直到标高：F2"，"顶部偏移"为"0.0"。在视图中指定起点、下一点、终点，绘制内墙体的结果如图 16-41 所示。

（4）在快速访问工具栏上单击"默认三维视图"按钮，转换至三维视图，观察墙体的三维效果，如图 16-42 所示。

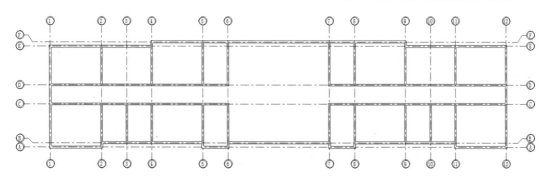

图 16-41　绘制内墙

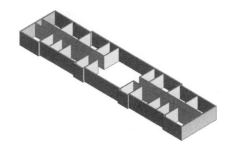

图 16-42　墙体的三维效果

☞复制墙体

（1）在 F1 视图中选择所有的墙体，在"剪贴板"面板上单击"复制到剪贴板"按钮，激活"粘贴"按钮。单击"粘贴"按钮，在列表中选择"与选定的标高对齐"命令，如图16-43所示。

（2）弹出【选择标高】对话框，选择"F2"，如图 16-44所示。单击"确定"按钮，粘贴墙体至 F2 视图。

（3）切换至三维视图，将鼠标指针置于 F2 楼层的外墙体之上，高亮显示墙体轮廓线。按下〈Tab〉键，高亮显示所有的 F2 外墙体。此时单击鼠标左键，选择外墙体，如图 16-45所示。

图 16-43　选择"与选定的标高
对齐"命令

图 16-44　选择标高

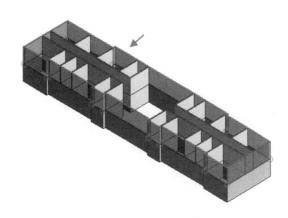

图 16-45　选择外墙体

（4）在"属性"选项板中修改"顶部约束"为"直到标高：F3"，"顶部偏移"为"0.0"，如图 16-46 所示，修改墙体的高度。

（5）切换至 F2 视图，选择内墙体，单击鼠标右键，在菜单中选择"选择全部实例"→"在视图中可见"命令，如图 16-47 所示。

（6）在视图中选择所有的内墙体，如图 16-48 所示。

图 16-46　修改参数　　　　图 16-47　选择相应命令

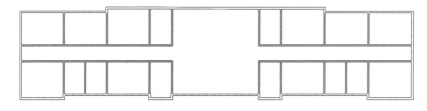

图 16-48　选择内墙体

（7）在"属性"选项板中修改内墙体的"顶部约束"选项值为"直到标高：F3"，"顶部偏移"为"0.0"，如图 16-49 所示。

（8）在 F2 视图中选择所有的墙体，单击"剪贴板"面板上的"粘贴到剪贴板"按钮 。单击"粘贴"按钮，在列表中选择"与选定的标高对齐"命令。

（9）打开【选择标高】对话框，选择标高，如图 16-50 所示。

（10）单击"确定"按钮，将墙体粘贴至其他视图。切换至三维视图，观察操作结果，如图 16-51 所示。

（11）切换至立面视图，查看复制墙体的结果，如图 16-52 所示。

图 16-49　修改参数　　　　图 16-50　选择标高

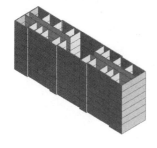

图 16-51　三维视图

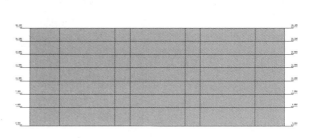

图 16-52　立面视图

16.5 放置门窗

☞放置门

（1）选择"建筑"选项卡，在"构建"面板上单击"门"按钮，如图 16-53 所示。

（2）在"属性"选项板中选择"入口门厅"，如图 16-54 所示。

图 16-53　单击"门"按钮

图 16-54　选择"入口门厅"

（3）将鼠标指针置于外墙体之上，借助临时尺寸标注确定放置基点，放置入口门厅的结果如图 16-55 所示。

（4）重复操作，继续在外墙上放置入口门厅，如图 16-56 所示。

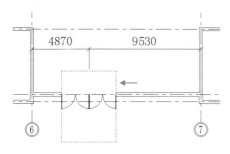

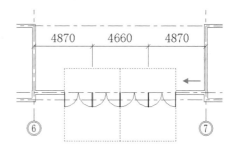

图 16-55　放置入口门厅

图 16-56　放置结果

（5）在"属性"选项板中选择"单扇平开木门"，设置"底高度"为"0.0"，如图 16-57 所示。

（6）在内墙体上指定放置基点，放置单扇门的结果如图 16-58 所示。

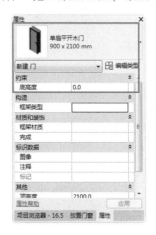

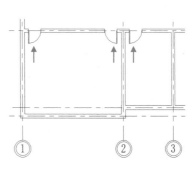

图 16-57　选择门

图 16-58　放置单扇门

（7）重复上述操作，继续指定基点放置单扇门，如图16-59所示。

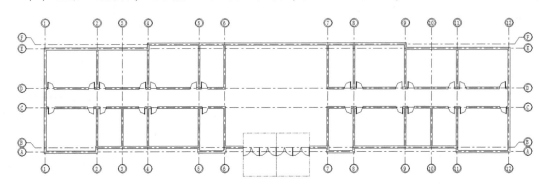

图16-59　放置单扇门的结果

（8）在"属性"选项板中选择"双扇平开门"，设置"底高度"为"0.0"，如图16-60所示。

（9）在外墙体上指定基点，放置双扇平开门，如图16-61所示。

图16-60　选择门

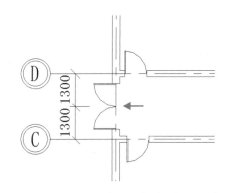

图16-61　放置双扇平开门

☞放置窗

（1）在"构建"面板上单击"窗"按钮，如图16-62所示。

（2）在"属性"选项板上单击"编辑类型"按钮，弹出【类型属性】对话框。在"尺寸标注"列表下修改参数，如图16-63所示。

图16-62　单击"窗"按钮

图16-63　修改参数

（3）单击"确定"按钮，返回视图。在"属性"选项板中设置"底高度"为"1000.0"，如图16-64所示。

（4）在外墙体上指定基点，放置"C1"的结果如图 16-65 所示。

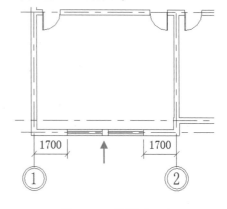

图 16-64　设置"底高度"值　　　　图 16-65　放置"C1"

（5）重复上述操作，继续在外墙体上放置"C1"，如图 16-66 所示。

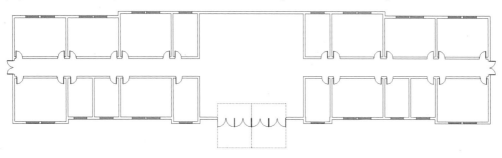

图 16-66　放置 C1 的结果

（6）切换至三维视图，观察放置门窗的结果，如图 16-67 所示。

（7）选择项目浏览器，展开"楼层平面"列表，选择"F2"视图，如图 16-68 所示，按回车键切换至 F2 视图。

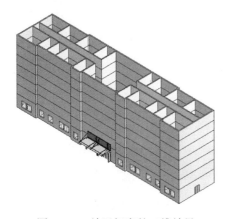

图 16-67　放置门窗的三维效果　　　　图 16-68　选择"F2"视图

（8）在"构建"面板上单击"窗"按钮，单击"属性"选项板中的"编辑类型"按钮，打开【类型属性】对话框。修改"尺寸标注"列表下的"高度""宽度"值，如图 16-69 所示。

（9）单击"确定"按钮，返回视图。在"属性"选项板中设置"底高度"为"900.0"，如图 16-70 所示。

图 16-69　修改参数　　　　　　　　图 16-70　设置"底高度"值

（10）将鼠标指针置于在外墙体之上，参考临时尺寸标注指定基点，放置 C2 的结果如图 16-71 所示。

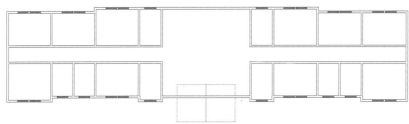

图 16-71　放置 C2 的结果

（11）在 F2 视图中选择所有的图元，单击"选择"面板上的"过滤器"按钮，打开【过滤器】对话框。选择"窗"选项，如图 16-72 所示。

（12）单击"确定"按钮，返回视图，选择视图中所有窗图元。单击"剪贴板"上的"复制到剪贴板"按钮，激活"粘贴"按钮。单击"粘贴"按钮，在列表中选择"与选定的标高对齐"命令，如图 16-73 所示。

（13）打开【选择标高】对话框，选择标高，如图 16-74 所示。

（14）单击"确定"按钮，复制窗图元至指定的楼层，结果如图 16-75 所示。

图 16-72　选择"窗"选项

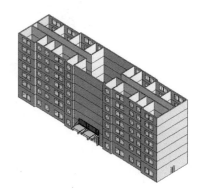

图 16-73　选择"与选定的　　　　图 16-74　选择标高　　　　　图 16-75　复制窗图元的效果
　　　　标高对齐"命令

16.6 绘制幕墙

（1）选择项目浏览器，展开"楼层平面"列表，选择"F3"，如图 16-76 所示，按回车键切换至 F3 视图。

（2）在"构建"面板上单击"墙"按钮，在"属性"选项板中选择"幕墙"，设置属性参数如图 16-77 所示。

新手问答

问：既然在 F3 视图中绘制幕墙，为何将"底部约束"设置为 F2？

答：也可以在 F2 视图中绘制幕墙。但是在 F2 视图中显示入口门厅的轮廓线，为了方便指定幕墙的起点、终点，所以选择在 F3 视图中绘制幕墙。"属性"选项板中的参数设置表示，幕

图 16-76 选择"F3" 图 16-77 设置参数
视图

墙的底部被约束在 F2，但是在 F2 的基础上幕墙底部轮廓线向下移动"1500.0"mm。幕墙的顶部被约束在 F8，"顶部偏移"为"0.0"，表示幕墙的顶部轮廓线与 F8 标高线平齐。

（3）在外墙体上单击鼠标左键，指定起点、终点，绘制幕墙，如图 16-78 所示。

图 16-78 绘制幕墙

（4）切换至三维视图，观察创建幕墙的结果，如图 16-79 所示。

（5）选择项目浏览器，选择立面视图，如图 16-80 所示，按回车键切换至立面图。

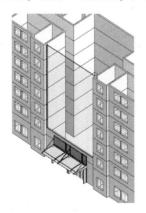

图 16-79 创建幕墙的三维效果 图 16-80 选择视图

（6）在"构建"面板上单击"幕墙网格"按钮，如图 16-81 所示。

（7）进入"修改丨放置幕墙网格"选项卡，单击"全部分段"按钮，如图 16-82 所示。

图 16-81　单击"幕墙网格"按钮

图 16-82　单击"全部分段"按钮

（8）在立面视图中参考临时尺寸标注，指定基点创建垂直网格线，如图 16-83 所示。

（9）重复操作，创建水平网格线，如图 16-84 所示。

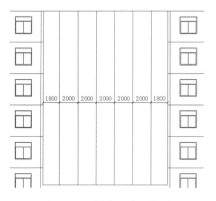

图 16-83　创建垂直网格线

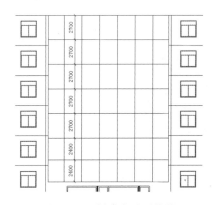

图 16-84　创建水平网格线

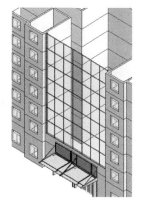

（10）切换至三维视图，观察创建幕墙网格的效果，如图 16-85 所示。

（11）在"构建"面板上单击"竖梃"按钮，如图 16-86 所示。

（12）在"属性"选项中选择"圆形竖梃"，如图 16-87 所示。

（13）拾取网格线，在此基础上创建圆形竖梃，结果如图 16-88 所示。

图 16-85　创建网格线
的三维效果

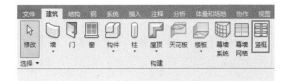

图 16-86　单击"竖梃"按钮

图 16-87　选择"圆形竖梃"

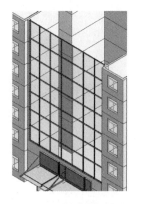

图 16-88　创建圆形竖梃

16.7 绘制楼板

（1）选择"建筑"选项卡，在"构建"面板上单击"楼板"按钮，如图 16-89 所示。

（2）在"属性"选项板中单击"编辑类型"按钮，弹出【类型属性】对话框。在"结构"选项中单击"编辑"按钮，如图 16-90 所示。

图 16-89　单击"楼板"按钮　　　　　　　　图 16-90　单击"编辑"按钮

（3）打开【编辑部件】对话框，修改"厚度"值，如图 16-91 所示。

（4）单击"确定"按钮，返回视图。在"属性"选项板中设置参数，如图 16-92 所示。

图 16-91　修改"厚度"值　　　　　　　　图 16-92　修改参数

（5）在"修改 | 创建楼层边界"选项卡中，单击"绘制"面板上的"拾取墙"按钮。在选项栏上设置参数，如图 16-93 所示。

图 16-93　单击"拾取墙"按钮

（6）拾取外墙体，在此基础上创建闭合轮廓线，如图 16-94 所示。

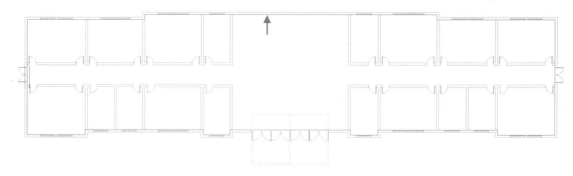

图 16-94　创建闭合轮廓线

（7）单击"完成编辑模式"按钮，退出命令，查看创建楼板的结果，如图 16-95 所示。

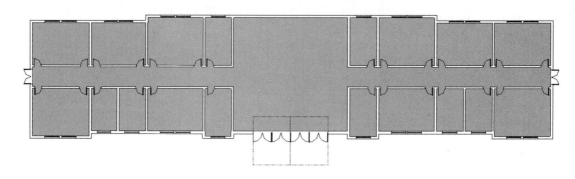

图 16-95　创建楼板

（8）保持楼板的选择状态，在"剪贴板"面板上单击"复制到剪贴板"按钮。接着单击"粘贴"按钮，在列表中选择"与选定的标高对齐"命令，如图 16-96 所示。

（9）打开【选择标高】对话框，选择标高，如图 16-97 所示。单击"确定"按钮，将楼板复制到指定的楼层。

图 16-96　选择相应命令

图 16-97　选择标高

（10）切换至三维视图，单击 ViewCube 上的角点，旋转视图，观察创建楼板的效果，如图 16-98 所示。

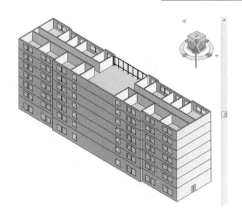

图 16-98 创建楼板的三维效果

16.8 绘制天花板

（1）在三维视图中，将鼠标指针置于顶层外墙体之上，按〈Tab〉键高亮显示所有外墙体的轮廓线。此时单击鼠标左键，选择墙体，如图 16-99 所示。

（2）在"属性"选项板中修改"顶部偏移"值为"1000.0"，如图 16-100 所示，表示所选墙体的顶部轮廓线向上移动 1000mm。

（3）退出墙体的选择状态，查看向上延伸墙体的效果，如图 16-101 所示。

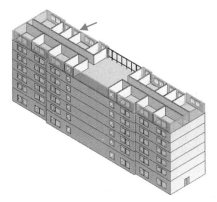
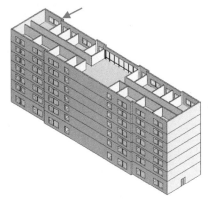

图 16-99 选择墙体　　　　图 16-100 修改参数　　　　图 16-101 墙体向上延伸的结果

（4）选择项目浏览器，展开"楼层平面"列表，选择"F7"视图，按回车键切换至该视图。

（5）在"构建"面板上单击"天花板"按钮，如图 16-102 所示。

（6）进入"修改 | 放置天花板"选项卡，单击"绘制天花板"按钮，如图 16-103 所示。

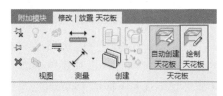

图 16-102 单击"天花板"按钮　　　　图 16-103 单击"绘制天花板"按钮

（7）进入"修改 | 创建天花板边界"选项卡，在"绘制"面板上单击"拾取墙"按钮，选项栏参数保持不变，如图16-104所示。

图16-104　单击"拾取墙"按钮

（8）拾取外墙体创建闭合的天花板轮廓线，如图16-105所示。

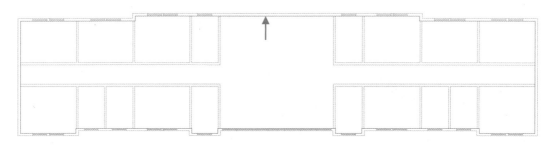

图16-105　创建天花板轮廓线

（9）在"属性"选项板上设置"自标高的高度偏移"值为"3500.0"，如图16-106所示。

（10）单击"完成编辑模式"按钮退出命令。将"视觉样式"设置为"真实"，查看创建天花板的结果，如图16-107所示。

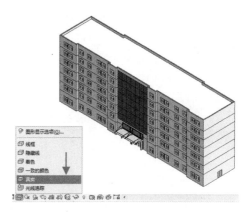

图16-106　修改参数　　　　　图16-107　创建天花板的效果

16.9　创建台阶

☞修改墙高度

（1）在三维视图中选择F1中的外墙体，如图16-108所示。

（2）在"属性"选项板中修改"底部偏移"值为"−450.0"，如图16-109所示，表示墙体底部轮廓线向下移动450mm。

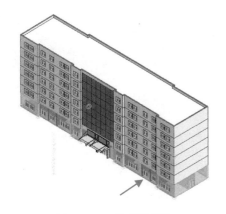

图 16-108　选择外墙体

图 16-109　修改参数

（3）切换至立面视图，发现墙体底部轮廓线与 F1 标高线相距 450mm，如图 16-110 所示。

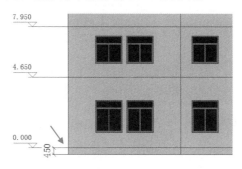

图 16-110　查看修改墙体高度的结果

☞绘制楼板

（1）在"构建"面板上单击"楼板"按钮，在"属性"选项板中单击"编辑类型"按钮，打开【类型属性】对话框。单击"复制"按钮，打开【名称】对话框，输入名称，如图 16-111 所示。

（2）单击"确定"按钮，返回【类型属性】对话框。单击"结构"选项中的"编辑"按钮，打开【编辑部件】对话框。修改"厚度"值为"450.0"，如图 16-112 所示。

图 16-111　输入名称

（3）单击"确定"按钮，返回【类型属性】对话框，修改"功能"为"外部"，如图 16-113 所示。

图 16-112　修改"厚度"值

图 16-113　设置参数

（4）在"修改|创建楼层边界"选项卡中，单击"绘制"面板上的"线"按钮，如图16-114所示。

图16-114　单击"线"按钮

（5）在视图中拾取点绘制楼板轮廓线，如图16-115所示。

（6）单击"完成编辑模式"按钮，退出命令，此时在工作界面的右下角弹出提示对话框，提醒用户"线必须在闭合的环内"，如图16-116所示。

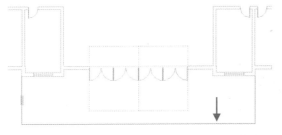

图16-115　绘制楼板轮廓线

图16-116　提示对话框

（7）与此同时，在视图中高亮显示轮廓线开放的端点，如图16-117所示。

（8）在视图中指定起点、下一点、终点，闭合楼板轮廓线，如图16-118所示。

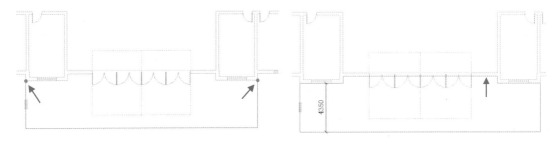

图16-117　高亮显示开放的端点　　　　图16-118　闭合楼板轮廓线

（9）在"属性"选项板中设置"自标高的高度偏移"值（0.0），如图16-119所示。

（10）单击"完成编辑模式"按钮，退出命令，查看创建楼板的结果，如图16-120所示。

图16-119　设置参数

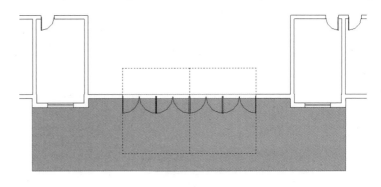

图16-120　创建楼板

（11）切换至三维视图，观察创建楼板的三维效果，如图16-121所示。

（12）返回F1视图，继续在室外创建楼板，如图16-122所示。

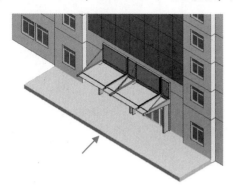

图16-121　楼板的三维效果

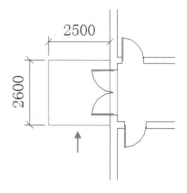

图16-122　绘制楼板

（13）切换至三维视图，查看创建楼板的三维效果，如图16-123所示。

☞创建台阶

（1）在"构建"面板上单击"楼板"按钮，在列表中选择"楼板：楼板边"命令，如图16-124所示。

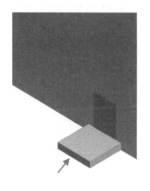

图16-123　楼板的三维效果

图16-124　选择命令

（2）在"属性"选项板中单击"编辑类型"按钮，如图16-125所示，弹出【类型属性】对话框。

（3）在"轮廓"列表中选择台阶轮廓，如图16-126所示。

图16-125　单击"编辑类型"按钮

图16-126　选择台阶轮廓

（4）单击"确定"按钮，返回视图。拾取楼板边缘线，创建台阶，结果如图 16-127 所示。

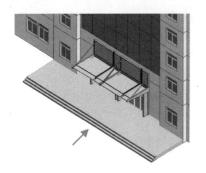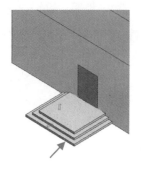

图 16-127　创建台阶

16.10　创建圆弧坡道

☞绘制坡道

（1）选择"建筑"选项卡，在"楼梯坡道"面板上单击"坡道"按钮，如图 16-128 所示。

（2）在"属性"选项板中单击"编辑类型"按钮，打开【类型属性】对话框。选择"造型"为"实体"，其他参数设置如图 16-129 所示。

图 16-128　单击"坡道"按钮

图 16-129　设置参数

（3）单击"确定"按钮，返回【类型属性】对话框。在"属性"选项板中设置参数，如图 16-130 所示。

（4）在"修改 | 创建坡道草图"选项卡中，单击"绘制"面板上的"圆心—端点弧"按钮，如图 16-131 所示。

图 16-130　设置参数

图 16-131　单击"圆心—端点弧"按钮

（5）将鼠标指针置于楼板的左侧边界线之上，单击鼠标左键指定圆弧的中心点，如

图 16-132 所示。

（6）拖曳鼠标指针，输入半径值，如图 16-133 所示。

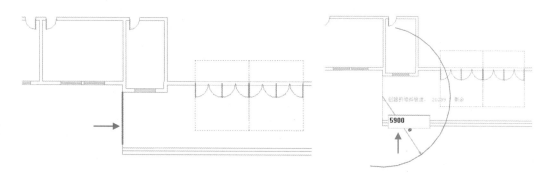

图 16-132　指定圆弧中心点　　　　　　图 16-133　输入半径

（7）输入半径值后按回车键，指定起点，向下移动鼠标指针，预览绘制结果，如图 16-134 所示。

（8）单击鼠标左键指定终点，绘制圆弧坡道的结果如图 16-135 所示。

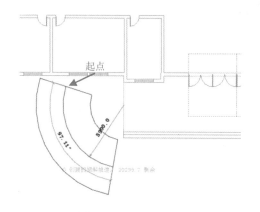

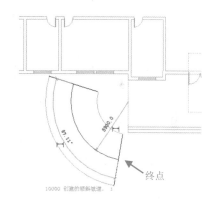

图 16-134　指定起点　　　　　　　　图 16-135　指定终点

（9）单击"完成编辑模式"按钮，退出命令，查看创建结果，如图 16-136 所示。

☞编辑坡道

（1）选择坡道，进入"修改 | 坡道"选项卡，单击"旋转"按钮，如图 16-137 所示。

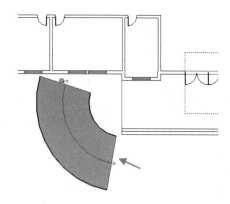

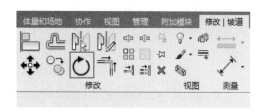

图 16-136　绘制坡道　　　　　　　　图 16-137　单击"旋转"按钮

（2）指定旋转起点、终点，调整坡道的角度，结果如图 16-138 所示。

（3）保持坡道的选择，单击"修改"面板上的"移动"按钮，调整坡道的位置，使其与楼板相接，如图 16-139 所示。

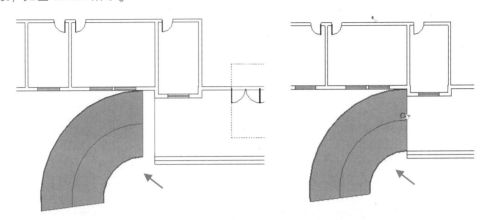

图 16-138　旋转坡道　　　　　　　　　　图 16-139　移动坡道

（4）转换至三维视图，查看创建圆弧坡道的结果，如图 16-140 所示。

（5）返回 F1 视图，选择坡道，在"修改"面板上单击"镜像—拾取轴"按钮，如图 16-141 所示。

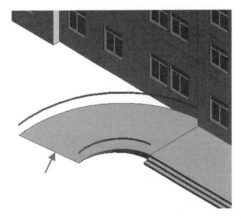

图 16-140　坡道的三维效果

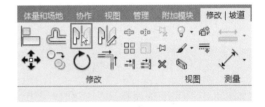

图 16-141　单击"镜像—拾取轴"按钮

（6）在视图中视图入口门厅的轮廓线作为镜像轴，如图 16-142 所示。

（7）向右镜像复制圆弧坡道，结果如图 16-143 所示。

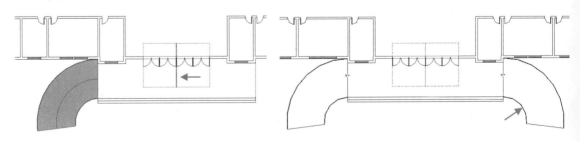

图 16-142　拾取镜像轴　　　　　　　　　　图 16-143　复制坡道

（8）切换至三维视图，观察镜像复制圆弧坡道的结果，如图 16-144 所示。

☞添加栏杆

（1）在三维视图中选择坡道扶手，在"属性"选项板中单击"编辑类型"按钮，如图 16-145 所示。

（2）打开【类型属性】对话框，在"栏杆位置"选项中单击"编辑"按钮，如图 16-146 所示。

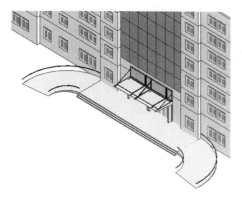

图 16-144　复制坡道的三维效果　　　图 16-145　单击"编辑　　图 16-146　单击"编辑"按钮
类型"按钮

（3）打开【编辑栏杆位置】对话框，选择"栏杆族"，设置"相对前一栏杆的距离"值，如图 16-147 所示。

（4）单击"确定"按钮，返回视图，观察为坡道添加栏杆的结果，如图 16-148 所示。

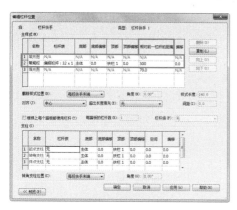

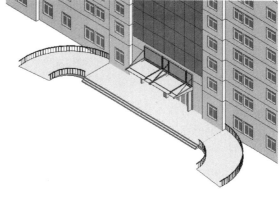

图 16-147　设置参数　　　　　图 16-148　添加栏杆

16.11 创建墙压顶

（1）在三维视图中，选择"建筑"选项卡，在"构建"面板上单击"墙"按钮，在列表中选择"墙：饰条"命令，如图 16-149 所示。

（2）在"属性"选项板中单击"编辑类型"按钮，如图 16-150 所示，打开【类型属性】对话框。

（3）在对话框中单击"复制"按钮，打开【名称】对话框，输入名称，如图 16-151 所示。

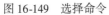

图 16-149 选择命令　　　图 16-150 单击"编辑
　　　　　　　　　　　　　　类型"按钮　　　图 16-151 输入名称

（4）在"轮廓"列表中选择"女儿墙压顶-轮廓"，如图 16-152 所示。

（5）在"修改 | 放置墙饰条"选项卡中，单击"水平"按钮，如图 16-153 所示。

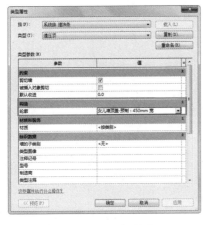

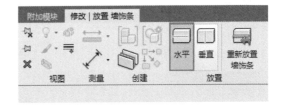

图 16-152 选择轮廓　　　　　　图 16-153 单击"水平"按钮

（6）将鼠标指针置于内墙线之上，预览放置墙压顶的结果，如图 16-154 所示。

（7）单击鼠标左键，移动鼠标指针，继续拾取另一内墙线，此时墙压顶会自动连接，预览结果如图 16-155 所示。

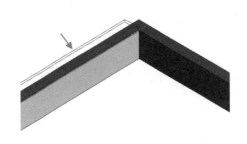

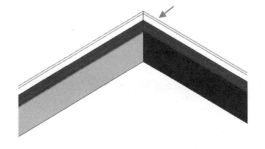

图 16-154 预览创建结果　　　　　图 16-155 显示自动连接

（8）创建墙压顶的结果如图 16-156 所示。

（9）继续拾取内墙线创建墙压顶，滑动鼠标中键观察最终结果，如图 16-157 所示。

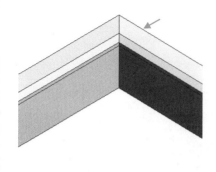

图 16-156 创建墙压顶

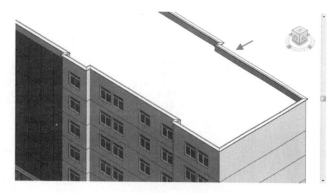

图 16-157 最终结果

16.12 创建墙饰条

（1）在三维视图中，选择"建筑"选项卡，在"构建"面板上单击"墙"按钮，在列表中选择"墙：饰条"命令。

图 16-158 选择轮廓

（2）在"属性"选项板中单击"编辑类型"按钮，打开【类型属性】对话框。在"类型"列表中选择"墙饰条"，同时指定"轮廓"为"默认"样式，如图 16-158 所示。

（3）在"修改 | 放置墙饰条"选项卡中单击"水平"按钮，如图 16-159 所示。

图 16-159 单击"水平"按钮

（4）将鼠标指针置于墙体之上，预览放置墙饰条的结果如图 16-160 所示。

（5）移动鼠标指针，在另一墙面上指定放置墙饰条的基点，此时墙饰条自动连接，预览结果如图 16-161 所示。

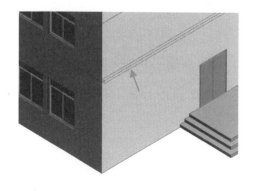

图 16-160 指定放置点

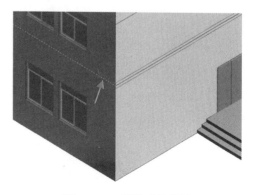

图 16-161 预览连接效果

（6）放置墙饰条的结果如图 16-162 所示。

（7）重复执行上述操作，继续在墙面上放置墙饰条，结果如图 16-163 所示。

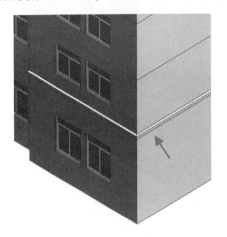

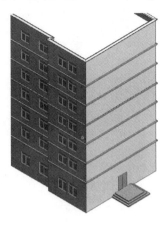

图 16-162　放置墙饰条　　　　　图 16-163　最终结果

16.13　创建散水

（1）在三维视图中，选择"建筑"选项卡，在"构建"面板上单击"墙"按钮，在列表中选择"墙：饰条"命令。

（2）在"属性"选项板中单击"编辑类型"按钮，打开【类型属性】对话框。单击"复制"按钮，打开【名称】对话框，输入名称，如图 16-164 所示。

（3）在"轮廓"列表中选择"散水：散水"选项，如图 16-165 所示。

（4）单击"确定"按钮返回视图，在"属性"选项板中设置"相对标高的偏移"值，如图 16-166 所示。

图 16-164　输入名称

图 16-165　选择轮廓　　　　　图 16-166　设置参数

（5）在视图中拾取墙体，预览放置散水的结果，如图 16-167 所示。

（6）移动鼠标指针，拾取另一面墙体，预览散水自动连接的效果，如图 16-168 所示。

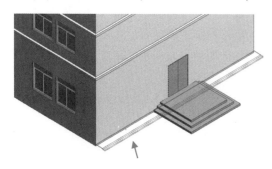

图 16-167　预览放置散水

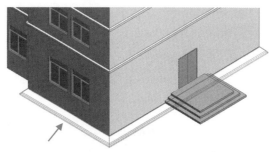

图 16-168　预览连接效果

（7）创建散水的结果如图 16-169 所示。

（8）重复上述操作，继续放置散水，最终结果如图 16-170 所示。

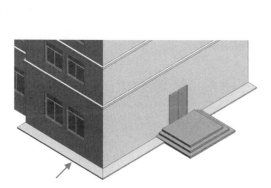

图 16-169　创建散水

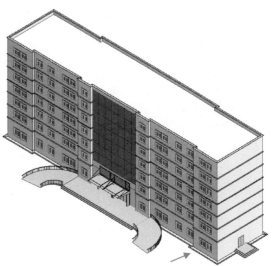

图 16-170　放置散水的最终结果

第 **17** 章

Revit+Live创建虚拟场景

　　虚拟现实，英文名称为"Virtual Reality"，又名虚拟技术、虚拟环境。是指利用计算机模拟产生三维空间的虚拟世界，为用户提供关于视觉等感官的模拟，使其感觉仿佛身临其境，获得较为逼真的体验。

　　Revit结合Live可以为建筑设计或者室内设计创建虚拟场景，使得用户可以提前体验设计效果。本章介绍结合两个软件创建虚拟场景的方法。

　　可参考第17章视频课程学习。

17.1 安装 Live 软件

在网络上下载 Live 软件，将其正确安装到计算机后，就可以与 Revit 软件链接，为创建虚拟场景做准备。值得注意的是，Live 软件与 Revit 软件的链接常常会出现各种问题。作者在安装 Live 软件的过程中就大费周章，花费许多时间才安装成功。

在安装的过程中，用户如有各种疑问，可以到 Autodesk 官方网站中提问，如图 17-1 所示，届时会有专业的技术人员提供解答。不过，解答的时间会稍有延误，用户需要耐心等待。

图 17-1　Autodesk 官方网站

17.2 在官方网站寻求解答

在 Autodesk 官方网站页面上单击"支持与学习"按钮，如图 17-2 所示。稍等几秒，跳转至产品页面。在页面中没有完全显示 Autodesk 的所有产品，单击"显示所有产品"按钮，如图17-3 所示。

图 17-2　单击"支持与学习"按钮　　　　图 17-3　单击"显示所有产品"按钮

弹出产品列表，在列表中选择 Revit Live 产品，如图 17-4 所示。跳转到"REVIT LIVE"页面，默认选择"知识"选项，显示与 Revit Live 的相关知识，如图 17-5 所示。

图 17-4 选择产品   图 17-5 跳转页面

用户在页面中阅读、查找与 Revit Live 相关的知识点，如图 17-6 所示。如果没有发现对自己的问题有帮助的知识，可以到论坛查看网友所发布的帖子以及解答方案。

图 17-6 知识列表

切换到"论坛"页面，显示与 Revit 相关的各种帖子，如图 17-7 所示。因为与 Revit 相关的软件不止 Live，所以在帖子列表中显示各种各样的问题与解答。为了快速查看与 Live 相关的帖子，需要进行"搜索"操作。

图 17-7 "论坛"页面

在"此讨论板"搜索框中输入"LIVE",随即向下弹出建议列表,显示若干与Live相关的内容,如图17-8所示。如果不希望显示建议,可以单击列表右下角的"关闭建议"按钮。

图17-8 输入搜索内容

执行"搜索"操作后,就可以显示与Live相关的问题与解答方案,如图17-9所示。用户通过阅读帖子,与自己的存在的疑问相对照,思考解决问题的方法。如果在列表中依然没有找到解答方案,可以到论坛发帖求助。

图17-9 显示搜索结果

17.3 在论坛发帖求助

在页面中单击"到论坛发帖"按钮,如图17-10所示。稍等几秒,可以跳转到发帖页面。

图17-10 单击"到论坛发帖"按钮

在发帖页面中，网站提供发帖指南，如图 17-11 所示。新用户请仔细阅读指南的内容，遵守正确的发帖规则，可以使自己的帖子可以成功发布。

为了更加清楚地描述自己的问题，用户可以结合文字、图片，甚至是视频来说明自己的困惑。

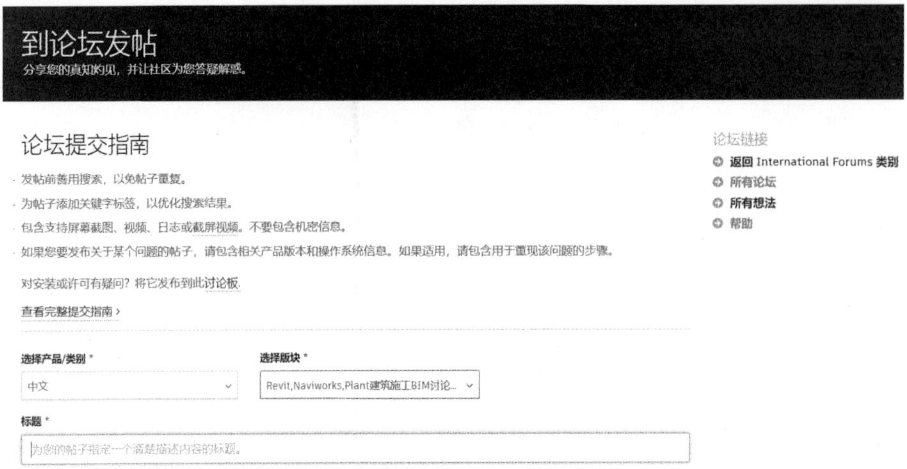

图 17-11　"发帖"页面

输入完毕帖子的内容后，单击页面下方的"发帖"按钮，如图 17-12 所示，即可将帖子发布到论坛。选择"订阅"选项下的"有人回复时给我发电子邮件"选项，在帖子被回复后，可以及时收到邮件提醒。但是在此之前，应该先注册成为 Autodesk 的用户，才可以收到提醒邮件。

图 17-12　单击"发帖"按钮

最后，用户可以收到技术人员提供的解答方案。如果仍然有问题，可以继续发帖求助。但是，作者需要在此提醒新用户，在等待网站提供答案的同时，自己也要开动脑筋，多尝试各种解答方案，过程可能很辛苦，却是加快解决问题的方法之一。

17.4　Revit 与 Live 的链接

在计算机中安装 Revit 与 Live 应用程序后，就可以到 Revit 中查看安装结果，观察 Revit 是否已与 Live 正确链接。

启动 Revit 应用程序，选择"视图"选项卡，在"演示视图"面板中显示"上线"按钮，如图 17-13 所示。这个图标的出现，表示 Revit 已经与 Live 正确链接，可以将 Revit 模型导入到 Live 中体验设计效果了。

假如在"演示面板"中没有显示"上线"按钮，表示 Live 没有链接到 Revit，请用户检查问题所在，以便及时解决。

图 17-13　显示命令按钮——"上线"

有的用户可能一次性就成功链接 Revit 与 Live，也有的用户试验多次仍然无法链接。此时请不要气馁，除了按照本章前面介绍的求助方法之外，请检查计算机的软硬件条件是否符合软件的运行要求，以及 Revit 与 Live 软件的版本是否存在不兼容的问题。

17.5　Go Live

本章以 Revit 提供的建筑样例模型为例，介绍将 Revit 模型导入至 Live 中创建虚拟场景的方法。用户成功链接 Revit 与 Live 后，就可以在 Live 中体验畅游虚拟情境的独特感受。

在 Revit 中单击"演示视图"面板上的"上线"按钮，弹出"Go Live"对话框。在信息列表中显示一个红色的"×"，如图 17-14 所示，并且右下角的"Go"按钮也显示为灰色，表示不可用。

Live 目前流行的版本均为英文版，给中国用户使用造成一定程度的困难。但是仔细阅读英文就可以知道，其实不难。阅读"×"符号右侧的文字，得知是因为当前视图为平面视图，所以无法执行"Go Live"的操作。

关闭对话框，返回 Revit 软件界面。在快速访问工具栏上单击"默认三维视图"按钮，如图 17-15 所示，切换到三维视图。

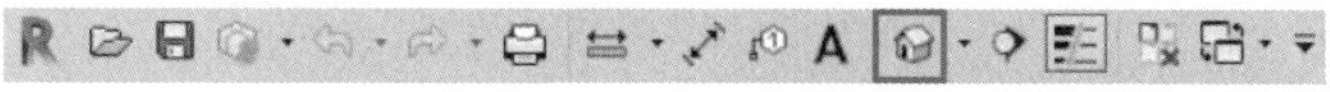

图 17-14　显示错误信息

图 17-15　单击"默认三维视图"按钮

再次单击"上线"按钮，在 Go Live 对话框中已经不会再显示错误提示，并且右下角的"Go"按钮也显示为可用状态，如图 17-16 所示。单击"Browse"按钮，可以重定义导出模型的存储路径。

设置完毕后，单击"Go"按钮，弹出如所示的对话框，如图 17-17 所示。

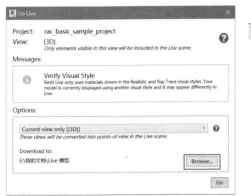

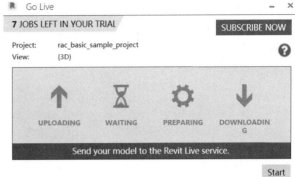

图 17-16　Go Live 对话框　　　　　　　　图 17-17　即将开始导出操作

　　导出 Revit 模型一共分为四个步骤。稍等几秒，第一个步骤开始执行，如图 17-18 所示。

　　第一个步骤执行完毕后，第二个步骤紧随其后，如图 17-19 所示。此时用户不需要执行任何操作，静待导出结束即可。

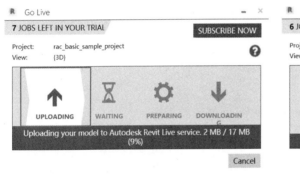

图 17-18　执行第一个步骤　　　　　　　　图 17-19　执行第二个步骤

　　执行完毕的步骤，在图标的右上角显示"√"符号，表示已经操作完毕。如图 17-20 所示为在执行第三个步骤。紧接着执行第四个步骤，如图 17-21 所示。导出时间的长短，与模型的大小以及计算机的性能有关。

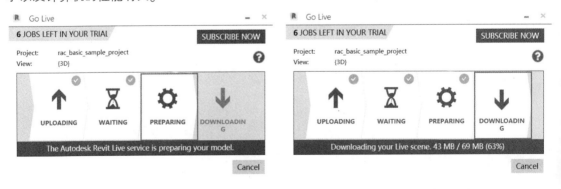

图 17-20　执行第三个步骤　　　　　　　　图 17-21　执行第四个步骤

　　当四个步骤均执行完毕后，对话框的显示结果如图 17-22 所示。单击"Locate"按钮，打开导出模型的存储文件夹。单击"Open"按钮，可以直接在 Live 中打开模型。单击"Done"按钮，关闭"Go Live"对话框。

图 17-22　导出模型完毕

17.6　进入 Live

在如上一节图 17-22 所示的"Go Live"对话框中单击"Open"按钮，执行进入 Live 的操作。此时会弹出如图 17-23 所示的对话框，直接关闭即可。

随即弹出如所示的对话框，表示正在启动 Live，如图 17-24 所示。启动速度的快慢也与模型大小及计算机的性能相关联。

图 17-23　直接关闭对话框　　　　　　　　图 17-24　启动 Live

将模型导入至 Live 的效果如图 17-25 所示。在界面的四周分布着若干命令按钮，激活按钮，可以调整模型的显示效果。

图 17-25　进入 Live

17.7 在 Live 中畅游

本节介绍通过激活 Live 的命令按钮，展现在虚拟的环境中畅游设计效果的独特体验。

17.7.1 基本操作

在 Live 工作界面的左上角单击按钮，向下弹出列表，如图 17-26 所示。选择"Change scene"选项，弹出如图 17-27 所示的窗口。选择模型，单击"Open"按钮，即可在 Live 中打开该模型。

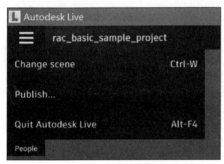

图 17-26　弹出列表

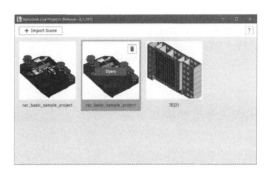

图 17-27　在窗口中选择模型

在列表中选择"Publish"选项，打开如图 17-28 所示的对话框。设置名称以及存储路径，即可在目标位置创建压缩包。解压文件，可以得到与 Live 模型相关的数据资料。

图 17-28　设置文件名称以及保存路径

17.7.2 设置模型的显示风格

单击左上角的按钮，向右弹出列表，显示三种模型的显示风格，如图 17-29 所示。第一种为全彩色风格，也是模型的默认显示风格。

图 17-29　全彩色风格

选择第二种显示风格，可以隐藏除绿色植物之外的模型的颜色，使得模型在场景中显示为白色，如图 17-30 所示。此举可以更加清楚地查看植物在场景中的显示效果。

图 17-30　房屋模型显示为白色

第三种显示风格则将植物的颜色隐藏，使得全部模型在场景中以黑白灰的色调显示，结果如图 17-31 所示。隐藏材质与颜色后，可以更加直观地在漫游的过程中发现瑕疵。如果模型的表面覆盖材质或颜色，错误反而容易被掩盖。

图 17-31　全部模型以黑白灰的色调显示

17.7.3　设置人的显示风格

在界面的左上角，单击■按钮，向右弹出列表，显示三种显示风格，如图 17-32 所示。默认选择第一种，人的显示效果为白色，如图 17-33 所示。观察模型中的人，通体白色，阴影的显示与日照角度有关。

在列表中选择第二种风格，如图 17-34 所示。在模型中观察人的显示效果的变化，发现人的显示颜色为黑色，如图 17-35 所示。但又不是纯黑，而是一种类似于阴影的黑色。当在明度较高的模型上显示人时，选择该种风格，可以在模型上清晰地显示人。

图 17-32　弹出列表　　　图 17-33　人显示为白色　　　图 17-34　选择风格　　　图 17-35　人显示为黑色

在列表中选择第三种显示风格，如图 17-36 所示。此时模型中的人以渐变的风格显示，如图 17-37 所示。选择哪一种风格，由用户自定义，通常是选择第一种风格比较多。

单击 Visibility 选项右侧的 "Off" 按钮，如图 17-38 所示，则关闭列表，无法设置人在场景中的显示风格。

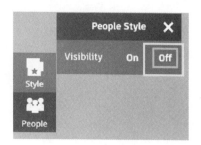

图 17-36　选择风格　　　　图 17-37　人显示为渐变色　　　　图 17-38　关闭列表

17.7.4　设置模型的显示角度

在界面的左上角，显示"Home"按钮与"Views"按钮，如图 17-39 所示。单击"Home"按钮，如所示，全部模型在场景中显示，如图 17-40 所示。在后续的操作中，无论模型的显示样式发生任何变化，单击 Home 按钮，都可以返回模型最初的显示样式。与 Revit 中"返回主视图"的操作效果类似。

图 17-39　单击"Home"按钮　　　　　　图 17-40　模型的显示效果

单击 Views 按钮，如图 17-41 所示，向左弹出列表。在列表中显示当前模型包含的视角，如图 17-42 所示。

图 17-41　单击"Views"按钮　　　　图 17-42　弹出列表

单击"3D"按钮,可以调整视角观察模型,显示效果如图 17-43 所示。

图 17-43　调整视角观察模型

17.7.5　旋转模型

在界面的下方,显示如图 17-44 所示的工具栏,包含多个工具按钮。单击"Orbit"按钮,鼠标指针显示为箭头样式。

图 17-44　工具栏

在场景中按住鼠标左键不放,拖动鼠标指针,即可旋转模型,方便用户全方位查看模型,如图 17-45 所示。

图 17-45　旋转模型

按住鼠标左键不放，朝一定方向拖动鼠标指针，模型进入旋转状态，用户可以在模型旋转的过程中观察模型。再次松开鼠标左键，即可退出旋转状态。

17.7.6 在场景中漫游

Live 的优势是可以为用户提供身临其境的感受。在工具栏中单击 按钮，可以进入漫游模式。此时鼠标指针的显示样式改变，由坐标箭头与相交的斜线段组成。在草地上指定点放置鼠标指针，如图 17-46 所示。

图 17-46　指定位置

在指定点单击鼠标左键，此时场景会自动调整至默认的视点高度。再单击鼠标左键，画面向前推动，带领用户在场景中漫游，犹如置身其中。在某个点前进会停止，如图 17-47 所示。如果用户需要继续漫游，再次单击鼠标左键即可。移动鼠标指针，可以改变漫游的方向。

图 17-47　漫游结果

用户也可以移动鼠标指针，重新定义漫游起点。如将漫游起点指定在阳台地面，如图 17-48所示。单击鼠标左键，即可以该点为起点，开始在场景中漫游。

图 17-48　重新指定起点

画面向前推进，漫游至室内后，可以观察室内场景，如图 17-49 所示。

图 17-49　查看室内场景

通过楼梯，上到二楼，并且依照行进路线，来到户外平台，观察室外的树木与天空，如图 17-50 所示。

图 17-50　查看户外风景

17.7.7 调整日照参数

在工具栏中单击❄按钮，向上弹出列表，显示当前日照的时间为 6 月 1 日的早上 10：00，如图 17-51 所示。建筑物与植物的阴影受到日照的直接影响。

图 17-51 默认的日照参数

移动滑块，调整时间为下午 4 点 37 分，阴影的显示效果随之发生变化，如图 17-52 所示。用户根据需要修改时间，测试模型在不同的日照条件下的显示效果。

图 17-52 修改时间

即使是在相同的时间，不同的日期，日照的显示效果也不相同。调整当前日期为 10 月 2 日，同样是下午 4 点 37 分，但是阴影与 6 月 1 日的下午 4 点 37 分显示效果不同，如图 17-53 所示。

图 17-53　修改日期

17.7.8　查看模型参数

在畅游的过程中，如果想要了解某个模型的
参数能否实现？当然可以。在工具栏中单击
"Info" 按钮，如图 17-54 所示。

图 17-54　单击 "Info" 按钮

移动鼠标指针，将其置于需要查询信息的模
型之上即可得到查询结果。例如要查询红色屋
顶，就将鼠标指针移动至屋顶之上，单击鼠标左键，即可在界面左上角的 "BIM Information" 选
项板中显示屋顶的相关信息，如图 17-55 所示，包括面积大小、类型等。

图 17-55　查询屋顶的信息

同理，也可以查询一些面积较小的建筑构件的信息。选择玻璃窗，在 "BIM Information" 选
项板中显示窗的宽度、面积、高度等，如图 17-56 所示。

图 17-56　查询窗户的信息

17.7.9　设置场景环境参数

☞设置漫游速度

在工具栏中单击"Settings"按钮，向上弹出"Settings"工具栏，单击"Travel Speed"按钮，如图 17-57 所示，可以设置漫游的速度。

图 17-57　弹出 Settings 工具栏

在"Travel Speed"面板中，调节滑块，如图 17-58 所示，可以控制漫游速度。

☞调整视野角度

在 Settings 工具栏中单击"Field of View"按钮，如图 17-59 所示，设置参数调整视野大小来查看模型。

图 17-59　单击"Field of View"按钮

在"Field of View"面板中选择视野的类型，调整滑块的位置，如图 17-60 所示，控制当前的视野大小。

选择"Extra-Wide"选项，视角角度保持默认大小。将

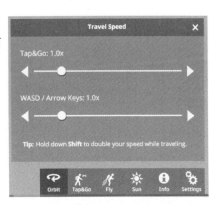

图 17-58　"Travel Speed"面板

图 17-60　Field of View 面板

当前时间设置为午夜12点，不仅能够在场景中欣赏在黑夜中沉睡的建筑物，还能感受星光璀璨的天空，如所图17-61示。

图 17-61　观察星空下的建筑物

调整时间为早上10点，可以观察蓝天下的建筑物，如图17-62所示。

图 17-62　观察蓝天下的建筑物

如果想要观察月夜下的建筑物，需要调整时间，此时可以欣赏一轮明月遥挂天际的情景，如图17-63所示。

图 17-63　观察月光下的建筑物

在 "Field of View" 面板中选择 "Wide" 选项，在场景中缩放建筑物，可以近距离观察在月光的照耀下，红色屋顶呈现出来的质感，如图 17-64 所示。

用户可以选择 "Regular" "Narrow" 选项，感受在不同的视野下，建筑物所呈现出来的效果。

图 17-64　观察屋顶的质感

☞调整视点高度

在 Settings 工具栏中单击 "Set Height" 按钮，如图 17-65 所示，弹出 "Set Tap&Go Height" 面板，如图 17-66 所示。在面板的左侧，显示人群分类，以美国人为标准，包含六种类型的人群。默认选择美国男人的平均身高，即 175cm 为视点。用户可以选择适用的人群类型累定义漫游场景时使用的视点高度。

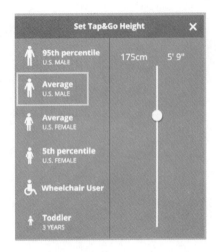

图 17-66　Set Tap&Go Height 面板

图 17-65　单击 "Set Height" 按钮

☞定位视点

在 "Settings" 工具栏中单击 Show Pins 按钮，可以在场景中显示视点的位置，如图 17-67 所示。单击场景中的视点，模型自动旋转，模拟从该视点观察模型的效果。默认情况下，Show Pins 按钮为选中状态。如果取消选择该按钮，视点在场景中被隐藏。

图 17-67　显示视点

☞调节场景中的灯光

在 Settings 工具栏中单击 "Lights" 按钮，如图 17-68 所示，可以在场景中打开或关闭灯光。

图 17-68　单击 "Lights" 按钮

首先在"Sun Position"面板中调整当前的时间为半夜 12 点，此时屋里一片漆黑，如图 17-69 所示。

图 17-69　漆黑的屋内

单击"Lights"按钮后，弹出"Artificial Lights"面板。单击"On"按钮，此时在屋内可以观察到柔和的灯光效果，如图 17-70 所示。

图 17-70　显示灯光

☞改善模型的表现效果

在 Settings 工具栏中单击 Graphics 按钮，如图 17-71 所示，弹出"Graphics"面板，通过调整滑块改善模型的表现效果。

图 17-71 单击 "Graphics" 按钮

在 "Graphics" 面板中单击 "Appearance" 按钮，改善模型的外观，使其以最佳状态显示，效果如图 17-72 所示。这也是默认的显示模型的效果模式。

图 17-72 选择 "Appearance" 模式显示模型

在 "Graphics" 面板中单击 "Balance" 按钮，通过协调各方面的参数，调整模型在场景中的显示效果，如图 17-73 所示。与 "Appearance" 效果模式相比，"Balance" 效果模式缺少了一点点细腻感。

图 17-73 选择 "Balance" 模式显示模型

在"Graphics"面板中单击"Performance"按钮，此时可以发现场景中的模型阴影被隐藏，仅显示模型在场景中的效果，如图17-74所示。

用户根据需要选择不同的表现效果来观察模型，通常选择"Appearance"为显示模型的效果模式。

图17-74　选择"Performance"模式显示模型

17.7.10　查看帮助页面

单击界面右上角的"Help"按钮，如图17-75所示，跳转至帮助页面。

在页面中，解释说明每一个工具按钮，如图17-76所示。新用户请仔细阅读说明文字，可以加快熟悉Live的步伐。

图17-76　帮助页面

图17-75　单击"Help"
　　　　按钮

在界面的右下角，显示VR按钮为不可用状态，如图17-77所示。如果希望知道原因，可以单击该按钮，在界面中弹出说明面板，如图17-78所示。

阅读面板中的文字，可以得知需要连接"VR Headset"并且确保设备正常运行才可以激活VR 按钮。然后，用户就可以戴着"VR Headset"漫游场景了。

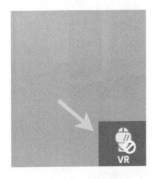

图 17-77　按钮不可用

图 17-78　显示面板